11G101系列图集应用讲解与实例丛书

11G101－3
独立基础、条形基础、筏形基础及桩基承台应用详解与实例

主　编　郑淳峻
副主编　张建新
主　审　李　辉

中国建材工业出版社

图书在版编目（CIP）数据

11G101－3独立基础、条形基础、筏形基础及桩基承台应用详解与实例/郑淳峻主编．—北京：中国建材工业出版社，2016.1

（11G101系列图集应用详解与实例丛书）

ISBN 978-7-5160-1326-7

Ⅰ.①1…　Ⅱ.①郑…　Ⅲ.①混凝土结构-建筑制图-识别　Ⅳ.①TU204

中国版本图书馆CIP数据核字（2015）第295292号

内　容　简　介

本书共分为六章，主要内容包括：概述，建筑制图基本规定，独立基础平法施工图制图及识图，条形基础平法施工图制图及识图，筏形基础平法施工图、基础相关构造制图及识图和桩基承台平法施工图制图及识图。

本书根据11G101－3系列图集进行编写，对其中的内容进行讲解，并穿插识图实例进行强化，内容具体、全面，对学习、应用11G101－3系列图集提供了参考，可供设计人员、施工技术人员、工程造价人员以及相关专业的大中专师生学习参考。

11G101－3独立基础、条形基础、筏形基础及桩基承台应用详解与实例

主编　郑淳峻

出版发行：中国建材工业出版社

地　　址：北京市海淀区三里河路1号

邮　　编：100044

经　　销：全国各地新华书店

印　　刷：北京鑫正大印刷有限公司

开　　本：787mm×1092mm　1/16

印　　张：12

字　　数：242千字

版　　次：2016年1月第1版

印　　次：2016年1月第1次

定　　价：48.00元

本社网址：www.jccbs.com.cn　　微信公众号：zgjcgycbs

本书如出现印装质量问题，由我社网络营销部负责调换。联系电话：（010）88386906

编 委 会

前　言

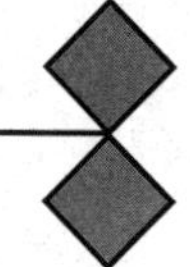

平法识图，简单地讲就是混凝土结构施工图采用建筑结构施工图平面整体设计的方法。平法的创始人陈青来教授，为了加快结构设计的速度，简化结构设计的过程，吸收国外的经验，并结合实践，创立了“平法”。平法是种通行的语言，直接在结构平面图上把构件的信息（截面、钢筋、跨度、编号等）标在旁边，整体直接表达在各类构件的结构平面布置图上，再与标准构造详图相配合，即构成一套新型完整的结构设计。平法改变了传统的那种将构件从结构平面布置图中索引出来，再逐个绘制配筋详图的烦琐方法。

“平法”是对我国原有的混凝土结构施工图的设计表示方法做了重大的改革，现已普遍应用，对现有结构设计、施工概念与方法的深刻反思和系统整合思路，不仅在工程界已经产生了巨大影响，对结构教育界、研究界的影响也逐渐显现。

11G101 系列图集于 2011 年 9 月 1 日正式实施。为便于学习 11G101 系列图集，中国建材工业出版社组织人员编写了本套丛书。本丛书依据 11G101 系列图集进行编写，并在书中穿插讲解了有关实例。本书由郑淳峻任主编，张建新任副主编；四川建筑职业技术学院李辉教授任主审。

本丛书在编写过程中，参阅和借鉴了许多优秀的书籍、图集和有关国家标准，并得到了有关领导和专家的帮助，在此一并致谢。由于编者的学识和经验有限，书中难免存在疏漏或未尽之处，恳请有关专家和读者提出宝贵意见。

编者

2016 年 1 月

中国建材工业出版社
China Building Materials Press

目　录

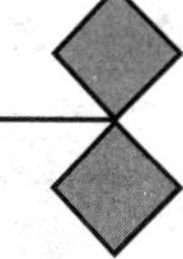

第一章 概述

第一节 平法的概述

一、平法的概念

平法，是“混凝土结构施工图平面整体表示方法制图规则和构造详图”的简称，包括制图规则和构造详图两大部分。就是把结构构件的尺寸和配筋等，按照平面整体表示方法制图规则，整体直接表达在各类构件的结构平面布置图上，再与标准构造详图相配合，即构成一套新型完整的结构设计。把钢筋直接表示在结构平面图上，并附之以各种节点构造详图，设计师可以用较少的元素，准确地表达丰富的设计意图，这是一种科学合理、简洁高效的结构设计方法。具体体现在：图纸的数量少、层次清晰；识图、记忆、查找、校对、审核、验收较方便；图纸与施工顺序一致；对结构易形成整体概念。

平法将结构设计分为创造性设计内容与重复性（非创造性）设计内容两部分。

（1）设计师采用制图规则中标准符号、数字来体现其设计内容，属于创造性的设计内容；传统设计中大量重复表达的内容，如节点详图，搭接、锚固值，加密范围等，属于重复性通用性设计内容。

（2）重复性设计内容部分（主要是节点构造和构件构造）以“广义标准化方式”编制成国家建筑标准构造设计有其现实合理性，符合我国现阶段的国情。

标准构造的实质是图形化的构造规则；由设计师来进行构造设计缺少充分必要条件：

1）结构分析结果不包括节点内的应力；

2）以节点边界内力进行节点设计的理论依据并不充分；

3）节点设计缺少足够的试验依据。构造设计缺少试验依据是普遍现象，现阶段由国家建筑标准设计将其统一起来，是一种理性的选择。

二、平法的基本原理

平法的系统科学原理：视全部设计过程与施工过程为一个完整的主系统，主系统由多个子系统构成，主要包括以下几个子系统：基础结构、柱墙结构、梁结构、板结构，各子系统有明确的层次性、关联性、相对完整性。

（1）层次性。基础、柱墙、梁、板，均为完整的子系统。

（2）关联性。柱、墙以基础为支座——柱、墙与基础关联；梁以柱为支座——梁与柱关联；板以梁为支座梁——板与梁关联。

（3）相对完整性。基础自成体系，仅有自身的设计内容而无柱或墙的设计内容；柱、墙自成体系，仅有自身的设计内容（包括在支座内的锚固纵筋）而无梁的设计内容；梁自成体系，仅有自身的设计内容（包括锚固在支座内的纵筋）而无板的设计内容；板自成体系，仅有板自身的设计内容（包括锚固在支座内的纵筋）。在设计出图的表现形式上它们都是独立的板块。

平法贯穿了工程生命周期的全过程，平法从应用的角度讲，就是一本有构造详图的制图规则。

三、平法的认识方法

1. 第一层次

（1）内容：认识平法设计方法产生的结果：平法设计的建筑结构施工图。

（2）说明：平法是一种结构设计方法，其结果是平法设计的结构施工图，要认识平法施工图构件、如何识图，以及和传统结构施工图区别。

第一层次：“平法”是“建筑结构平面整体设计方法”的简称。应用平法设计方法，就对结构设计的结果——“建筑结构施工图”的结果表现有了大的变革。钢筋混凝土结构中，结构施工图表达钢筋和混凝土两种材料的具体配置。设计文件要由两部分组成，一是设计图样，二是文字说明。从传统结构设计方法的设计图样，到平法设计方法的设计图样，其演进情况，如图 1-1 所示，传统结构施工图中的平面图及断面图上的构件平面位置、截面尺寸及配筋信息，演变为平法施工图的平面图；传统结构施工图中剖面上的钢筋构造，演变为国家标准构造即《混凝土结构施工图平法整体表示方法制图规则和构造详图》（11G101）。

应用平法设计方法，就取消传统设计方法中的“钢筋构造标注”，将钢筋构造标准形成《混凝土结构施工图平法整体表示方法制图规则和构造详图》（11G101）系列国家标准构造图集。

2. 第二层次

（1）内容：认识了平法设计产生的结果之后，就要根据自己的角色，认识自己应该把握的工作内容。

（2）说明：不同角色，在平法设计方法下完成本职工作，比如结构工程师，按平法制图规则绘制平法施工图；造价工程师按平法标注及构造详图进行钢筋算量；施工人员按平法标注及构造详图进行钢筋施工。

第二层次：平法设计方式下，设计、造价、施工等工程相关人员有相应的学习及工作内容，工程造价人员在钢筋算量过程中，对平法设计方式下的结构施工图设计文件要学习的内容，见表 1-1。

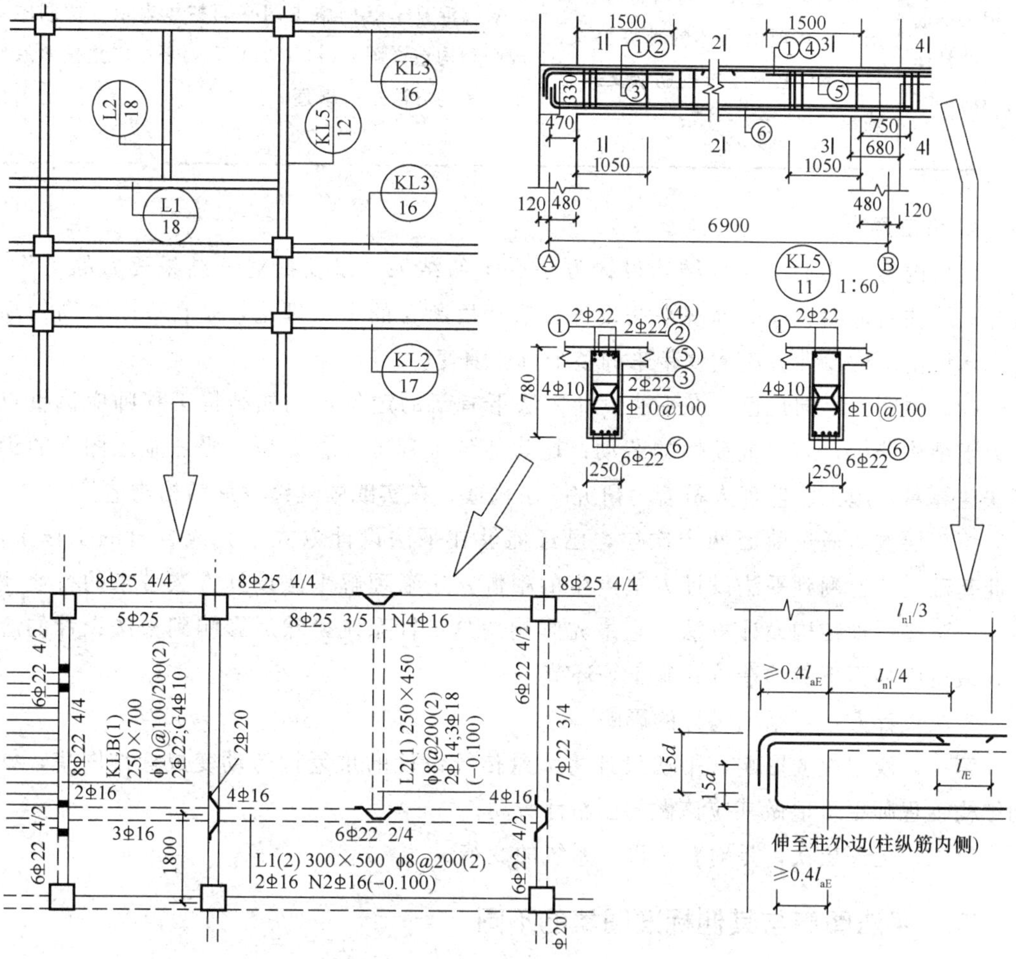

图 1-1　结构施工图设计图样的演进

表 1-1　平法学习内容

内容	目的	内容
学习识图	能看懂平法施工图	学习《混凝土结构施工图平面整体表示方法制图规则和构造详图》（11G101）系列平法图集的“制图规则”

（续表）

内容	目的	内容
理解标准构造	理解平法设计和各构件的各钢筋的锚固、连接、根数的构造	学习《混凝土结构施工图平面整体表示方法制图规则和构造详图》（11G101）系列平法图集的“构造详图”
整理出钢筋算量的具体计算公式	在理解平法设计的钢筋构造基础上，整理出具体的计算公式，比如KL上部通长钢筋端支座弯锚长度$=h_c-c+15d$	对《混凝土结构施工图平面整体表示方法制图规则和构造详图》（11G101）系列平法图集按照系统思考的方法进行整理

3. 第三层次

（1）内容：从平法这种结构设计方法产生的结果，以及针对该结果要做的工作，这样层层往后追溯，逐渐理解平法设计方法背后蕴含的平法理论，站在一个更高的高度来认识由结构设计方法演变带来的整个行业演变。

（2）说明：不同角色，在平法设计方法下有新的定位，比如结构工程师应该重点着力于结构分析，而非重复性的劳动；比如造价工程师，着力研究平法施工图下的钢筋快速算量；施工、监理人员着力研究平法构造，在实践中继续发展结构构造。

第三层次：通过前面两个次层，已经能够在平法设计方式下完成各自的工作了，在此基础上，追溯到平法设计方法产生的根源，逐渐理解平法设计方法带来的行业演变。平法是一种结构设计方法，它最先影响的是设计系统，然后影响到平法设计的应用，最后影响到下游的造价、施工等环节。

平法设计方法对结构设计的影响：

第一，浅层次的影响，平法设计将大量传统设计的重复性劳动变成标准图集，推动结构工程师更多地做其应该做的创新性劳动；

第二，更深层次，是对整个设计系统的变革。

四、平法图集与其他标准图集的不同

人们接触的大量标准图集，一般都是“构件类”标准图集（如：预制平板图集、薄腹梁图集、梯形屋架图集、大型屋面板图集），图集对每一个“图号”（即一个具体的构件），除了明示其工程做法以外，还都给出了明确的工程量（混凝土体积、各种钢筋的用量和预埋件的用量等）。

然而，平法图集不是“构件类”标准图集，它不是讲某一类构件，而是讲混凝土结构施工图平面整体表示方法，也就是“平法”。

“平法”的实质，是把结构设计师的创造性劳动与重复性劳动区分开来。一方面，把结构设计中的重复性部分，做成标准化的节点构造；另一方面，把结构设计中的创

造性部分，使用标准化的设计表示法——“平法”来进行设计，从而达到简化设计的目的。

所以，看每一本平法标准图集，有一半的篇幅是讲“平法”的标准设计规则，另一半的篇幅是讲标准的节点构造。

使用“平法”设计施工图以后，结构设计工作大大简化了，图纸也大大减少了，设计的速度加快了，改革的目的达到了。但是，给施工和预算带来了麻烦。以前的图纸有构件的大样图和钢筋表，照表下料、按图绑扎就可以完成施工任务。钢筋表还给出了钢筋重量的汇总数值，做工程预算是很方便的。但现在整个构件的大样图要根据施工图上的平法标注，结合标准图集给出的节点构造去进行想象，钢筋表更是要自己努力去把每根钢筋的形状和尺寸逐一计算出来。要知道，一个普通工程也有几千种钢筋，显然，采用手工计算来处理上述工作是极端麻烦的。

为解决此麻烦，系统分析师和软件工程师共同努力，研究出“平法钢筋自动计算软件”，用户只需要在“结构平面图”上按平法进行标注，就能够自动计算出《工程钢筋表》。但是，光靠软件是不够的，计算机软件不能完全取代人的作用，使用软件的人也要看懂平法施工图纸、熟悉平法的基本技术。

五、11G101 图集的适用

1. 11G101 图集总说明

(1) 本图集根据住房和城乡建设部建质［2011］46 号“关于印发《二〇一一年国家建筑标准设计编制工作计划》的通知”进行编制。

(2) 本图集是混凝土结构施工图采用建筑结构施工图平面整体设计方法的国家建筑标准设计图集。

平法的表达形式，概括来讲，是把结构构件的尺寸和配筋等，按照平面整体表示方法制图规则，整体直接表达在各类构件的结构平面布置图上，再与标准构造详图相配合，即构成一套完整的结构设计。

平法系列图集包括：

1)《混凝土结构施工图平面整体表示方法制图规则和构造详图（现浇混凝土框架、剪力墙、梁、板）》11G101－1；

2)《混凝土结构施工图平面整体表示方法制图规则和构造详图（现浇混凝土板式楼梯）》11G101－2；

3)《混凝土结构施工图平面整体表示方法制图规则和构造详图（独立基础、条形基础、筏形基础及桩基承台）》11G101－3。

(3) 本图集标准构造详图的主要设计依据。

《混凝土结构设计规范》(GB 50010—2010)；

《建筑抗震设计规范》(GB 50011—2010)；

《建筑地基基础设计规范》(GB 50007—2011);

《高层建筑混凝土结构技术规程》(JGJ 3—2010);

《建筑桩基技术规范》(JGJ 94—2008);

《地下工程防水技术规范》(GB 50108—2008);

《建筑结构制图标准》(GB/T 50105—2010)。

(4) 本图集的制图规则，既是设计者完成平法施工图的依据，也是施工、监理人员准确理解和实施平法施工图的依据。

(5) 本图集中未包括的构造详图，以及其他未尽事项，应在具体设计中由设计者另行设计。

(6) 当具体工程设计需要对本图集的标准构造详图做某些变更，设计者应提供相应的变更内容。

(7) 本图集构造节点详图中的钢筋，部分采用深红色线条表示。

(8) 本图集的尺寸以“mm”为单位，标高以“m”为单位。

2. 平面整体表示方法制图规则

(1) 为了规范使用建筑结构施工图平面整体设计方法，保证该平法设计绘制的结构施工图实现全国统一，确保设计、施工质量，特制定本制图规则。

(2) 当采用本制图规则时，除遵守本图集有关规定外，还应符合国家现行有关标准。

(3) 按平法设计绘制的施工图，一般是由各类结构构件的平法施工图和标准构造详图两大部分构成，但对于复杂的工业与民用建筑，尚需增加模板、基坑、留洞和预埋件等平面图和必要的详图。

(4) 按平法设计绘制结构施工图时，必须根据具体工程设计，按照各类构件的平法制图规则，在基础平面布置图上直接表示构件的尺寸、配筋。出图时，宜按基础、柱、剪力墙、梁、板、楼梯及其他构件的顺序排列。

(5) 在平面布置图上表示各构件尺寸和配筋的方式，分平面注写方式、列表注写方式和截面注写方式三种。

(6) 按平法设计绘制结构施工图时，应将所有构件进行编号，编号中含有类型代号和序号等。其中，类型代号的主要作用是指明所选用的标准构造详图；在标准构造详图上，已经按其所属构件类型注明代号，以明确该详图与平法施工图中该类型构件的互补关系，使两者结合构成完整的结构设计图。

(7) 按平法设计绘制结构施工图时，应当用表格或其他方式注明包括地下和地上各层的结构层楼（地）面标高、结构层高及相应的结构层号。

其结构层楼面标高和结构层高在单项工程中必须统一，以保证基础、柱与墙、梁、板、楼梯等用同一标准竖向定位。为施工方便，应将统一的结构层楼面标高和结构层高分别放在柱、墙、梁等各类构件的平法施工图中。

注：按平法设计绘制基础结构施工图时，应采用表格或其他注明基础底面基准标高、±0.000 的绝对标高。

（8）为了确保施工人员准确无误地按平法施工图进行施工，在具体工程施工图中必须写明与平法施工图密切相关的内容。

（9）对钢筋的混凝土保护层厚度、钢筋搭接和锚固长度，除在结构施工图中另有注明者外，按本图集标准构造详图中的有关构造规定执行。

3. 适用于 11G101 图集的方面

（1）《混凝土结构施工图平面整体表示方法制图规则和构造详图（现浇混凝土框架、剪力墙、梁、板）》11G101－1：适用于非抗震和抗震设防烈度为 6～9 度地区的现浇混凝土框架、剪力墙、框架一剪力墙和部分框支剪力墙等主体结构施工图的设计，以及各类结构中的现浇混凝土板（包括有梁楼盖和无梁楼盖）、地下室结构部分现浇混凝土墙体、柱、梁、板结构施工图的设计。

（2）《混凝土结构施工图平面整体表示方法制图规则和构造详图（现浇混凝土板式楼梯）》11G101－2：适用于非抗震及抗震设防烈度为 6～9 度地区的现浇钢筋混凝土板式楼梯。

（3）《混凝土结构施工图平面整体表示方法制图规则和构造详图（独立基础、条形基础、筏形基础及桩基承台）》11G101－3：适用于各种结构类型下现浇混凝土独立基础、条形基础、筏形基础（分梁板式和平板式）、桩基承台施工图设计。

第二节　钢筋的概述

一、钢筋的等级

1. Ⅰ级钢筋

HPB300 为热轧光圆钢筋，用Φ表示。

2. Ⅱ级钢筋

HRB335 为热轧带肋钢筋，用Φ表示。

3. Ⅲ级钢筋

HRB400 为热轧带肋钢筋，用Φ表示。

4. Ⅳ级钢筋

RRB400 为余热处理钢筋，光圆或螺纹，用Φ表示。

5. 冷拔低碳钢丝

冷拔是使Φ 6～Φ 9 的光圆钢筋通过钨合金的拔丝模进行强力冷拔，钢筋通过拔丝模时，受到拉伸和压缩双重作用，使钢筋内部晶体产生塑性变形，因而能较大幅度地提高抗拉强度

(可提高 50%～90%)。光圆钢筋经冷拔后称为冷拔低碳钢丝，用ф表示。

二、钢筋的分类及其作用

钢筋混凝土构件的配筋构造，如图 1-2 所示。

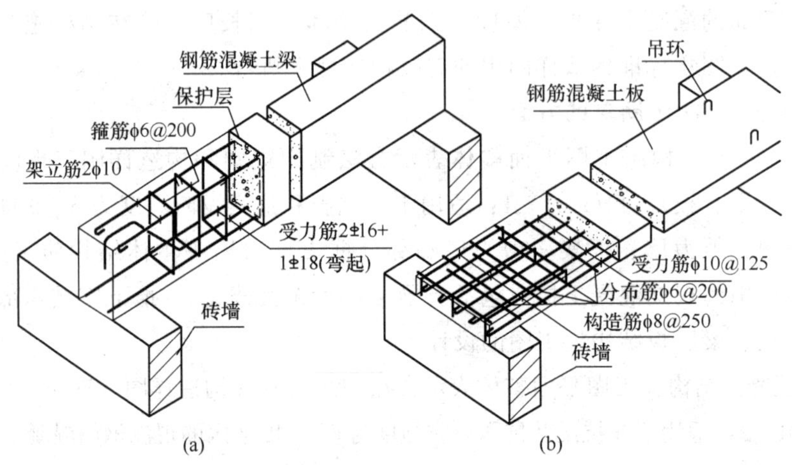

图 1-2　钢筋混凝土构件的配筋构造

(a) 钢筋混凝土梁；(b) 钢筋混凝土板

按钢筋在构件中所起的不同作用，可分为：

(1) 受力筋——是构件中主要的受力钢筋。

承受构件中拉力的钢筋，叫做受拉筋；在梁、柱等构件中有时还需要配置承受压力的钢筋，叫做受压筋。

(2) 箍筋——是构件中承受剪力或扭力的钢筋，同时用来固定纵向钢筋的位置，一般用于梁和柱中。

(3) 架立筋——一般用于梁中，它与梁内的受力筋、箍筋一起构成钢筋的骨架。

(4) 分布筋——一般用于板中，它与板内的受力筋一起构成钢筋骨架。

(5) 构造筋——因构件的构造要求或施工安装需要而配置的钢筋。

构件中若采用 HPB300 级钢筋（表面光圆钢筋），为了加强钢筋与混凝土的黏结力，钢筋的两端都要做成弯钩，如梁内上部架立钢筋端部的半圆形弯钩、箍筋端部的 45°斜弯钩和板内上部构造筋端部的直角弯钩等；若采用 HRB335 级或 HRB335 级以上的钢筋（表面带肋的人字形或螺纹钢筋），则钢筋的两端不必做成弯钩。

三、钢筋的尺寸标注

钢筋的直径、根数或相邻钢筋中心距一般采用引出线方式标注，其尺寸标注有下列两种形式：

(1) 标注钢筋的根数、等级和直径，如梁内受力筋和架立筋，如图 1-3 (a) 所示。

(2) 标注钢筋的等级、直径和相邻钢筋中心距，如梁内箍筋和板内钢筋，如图 1-3

（b）所示。

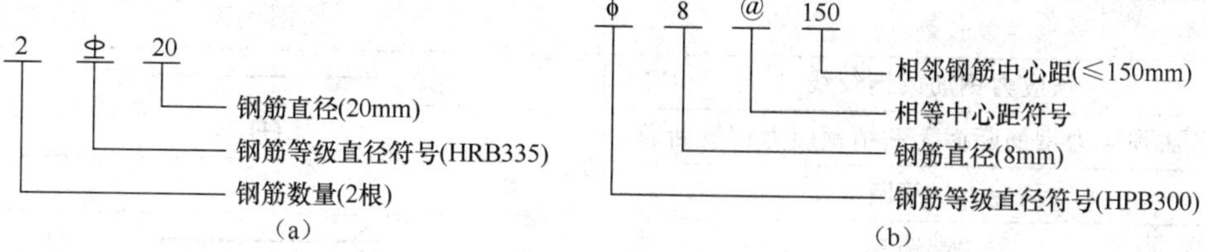

图 1-3 标注钢筋

（a）根数、等级和直径标注；（b）等级、直径和相邻钢筋中心距标注

钢筋的长度在配筋图中一般不予标注，常列入构件的钢筋材料表中，而钢筋材料表通常由施工单位编制。

四、钢筋的一般表示方法与简化表示方法

1. 钢筋的一般表示方法

（1）普通钢筋的一般表示方法应符合表 1-2 的规定。预应力钢筋的表示方法应符合表 1-3 的规定。钢筋网片的表示方法应符合表 1-4 的规定。钢筋的焊接接头的表示方法应符合表 1-5 的规定。

表 1-2 普通钢筋

名称	图例	说明
钢筋横断面	●	—
无弯钩的钢筋端部		下图表示长、短钢筋投影重叠时，短钢筋的端部用 45°斜画线表示
带半圆形弯钩的钢筋端部		—
带直钩的钢筋端部		—
带丝扣的钢筋端部		—
无弯钩的钢筋搭接		—
带半圆弯钩的钢筋搭接		—
带直钩的钢筋搭接		—
花篮螺栓钢筋接头		—
机械连接的钢筋接头		用文字说明机械连接的方式（如冷挤压或直螺纹等）

表 1-3　预应力钢筋

名称	图例
预应力钢筋或钢绞线	
后张法预应力钢筋断面无粘结预应力钢筋断面	
预应力钢筋断面	
张拉端锚具	
固定端锚具	
锚具的端视图	
可动连接件	
固定连接件	

表 1-4　钢筋网片

名称	图例
一片钢筋网平面图	W-1
一行相同的钢筋网平面图	3W-1

注：用文字注明焊接网或绑扎网片。

表 1-5　钢筋的焊接接头

名称	接头形式	标注方法
单面焊接的钢筋接头		
双面焊接的钢筋接头		
用帮条单面焊接的钢筋接头		
用帮条双面焊接的钢筋接头		
接触对焊的钢筋接头（闪光焊、压力焊）		
坡口平焊的钢筋接头	60° b	60° b
坡口立焊的钢筋接头	45° b	45° b
用角钢或扁钢做连接板焊接的钢筋接头		
钢筋或螺（锚）栓与钢板穿孔塞焊的接头		

（2）常见的钢筋画法应符合表1-6的规定。

表1-6 钢筋的画法

说明	图例
在结构楼板中配置双层钢筋时，低层钢筋的弯钩应向上或向左，顶层钢筋的弯钩则向下或向右	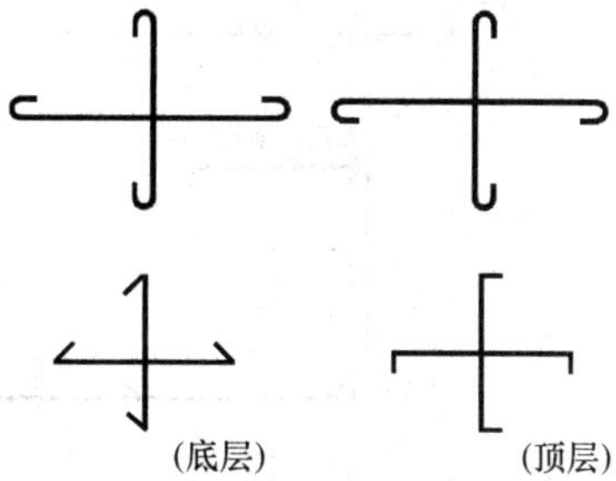 （底层） （顶层）
钢筋混凝土墙体配双层钢筋时在配筋立面图中，远面钢筋的弯钩应向上或向左，而近面钢筋的弯钩向下或向右（JM近面，YM远面）	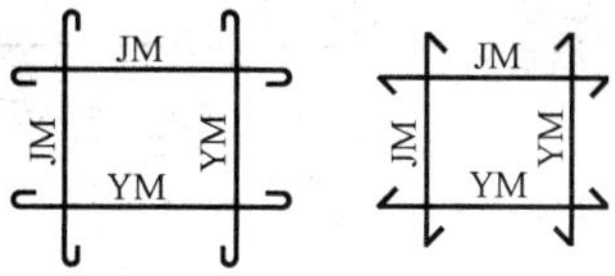 JM YM JM YM JM YM JM YM
若在断面图中不能表达清楚的钢筋布置，应在断面图外增加钢筋大样图（如：钢筋混凝土墙、楼梯等）	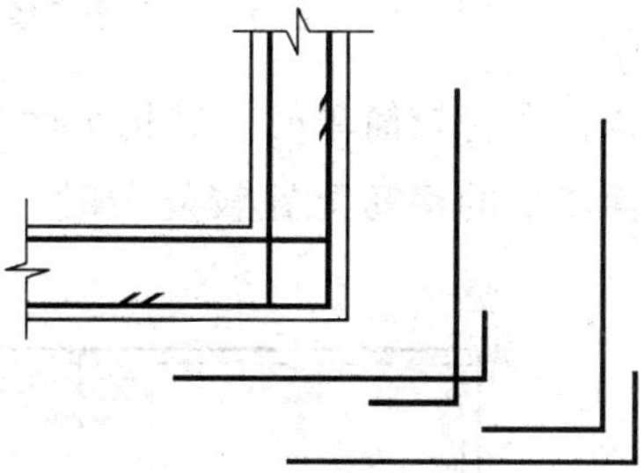
图中所表示的箍筋、环筋等若布置复杂时，可加画钢筋大样及说明	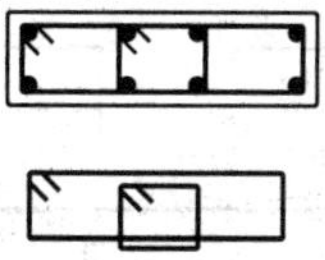
每组相同的钢筋、箍筋或环筋，可用一根粗实线表示，同时用一两端带斜短画线的横穿细线，表示其钢筋及起止范围	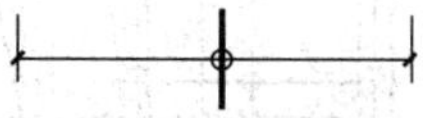

（3）钢筋、钢丝束及钢筋网片应按下列规定进行标注。

1）钢筋、钢丝束的说明应给出钢筋的代号、直径、数量、间距、编号及所在位置，其说明应沿钢筋的长度标注或标注在相关钢筋的引出线上。

2）钢筋网片的编号应标注在对角线上，网片的数量应与网片的编号标注在一起。

3）钢筋、杆件等编号的直径宜采用5～6mm的细实线圆表示，其编号应采用阿拉伯数字按顺序编写。

4）简单的构件、钢筋种类较少可不编号。

（4）钢筋在平面、立面、剖（断）面中的表示方法应符合下列规定。

1）钢筋在平面图中的配置应按图 1-4 所示的方法表示。

当钢筋标注的位置不够时，可采用引出线标注的方法。引出线标注钢筋的斜短画线应为中实线或细实线。

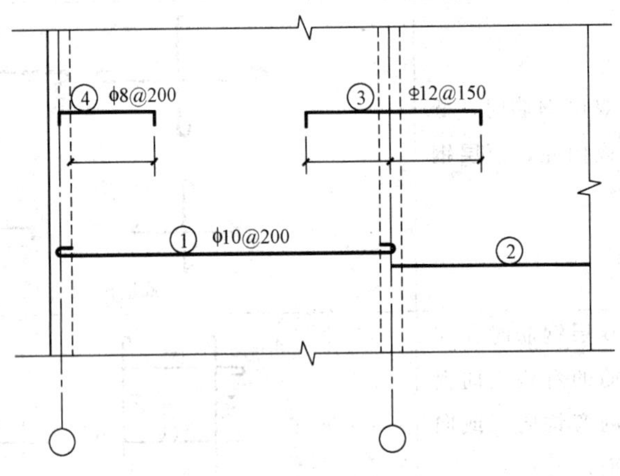

图 1-4　钢筋在楼板配筋图中的表示方法

2）当构件布置较简单时，结构平面布置图可与板配筋平面图合并绘制。

3）平面图中的钢筋配置较复杂时，可按表 1-6 的方法绘制，其表示方法如图 1-5 所示。

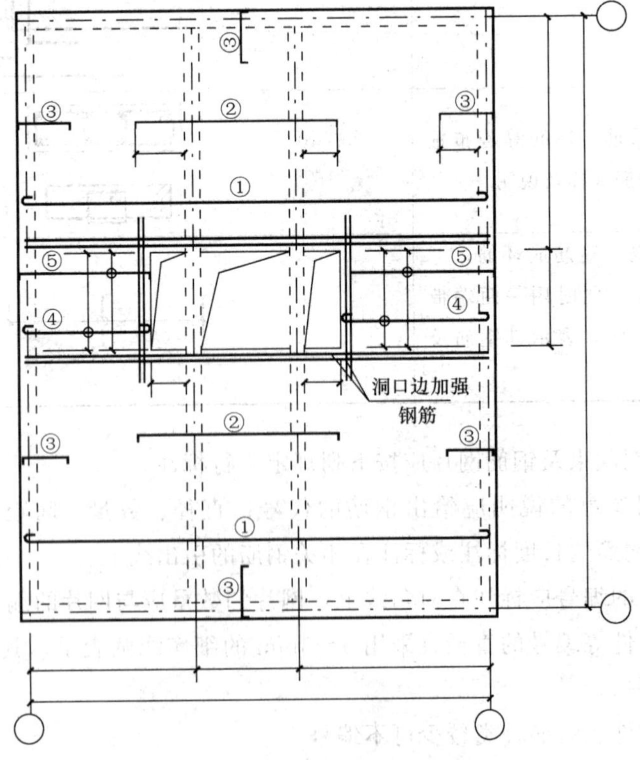

图 1-5　楼板配筋较复杂的表示方法

4）钢筋在梁纵、横断面图中的配置，应按图 1-6 所示的方法表示。

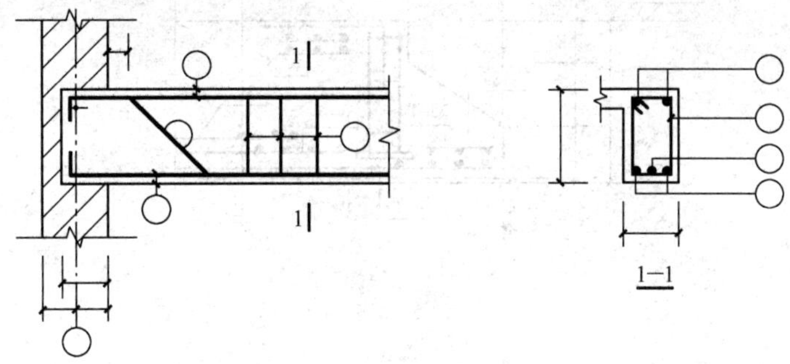

图 1-6 梁纵、横断面图中钢筋表示方法

（5）构件配筋图中箍筋的长度尺寸，应指箍筋的里皮尺寸。弯起箍筋的高度尺寸应指钢筋的外皮尺寸，如图 1-7 所示。

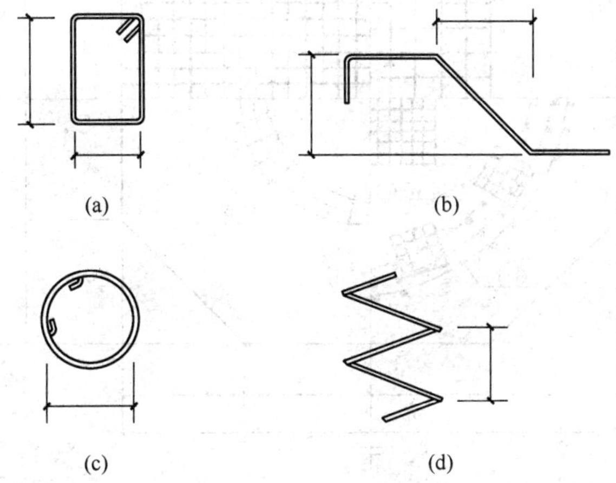

图 1-7 钢箍尺寸标注法

（a）箍筋尺寸标注图；（b）弯起钢筋尺寸标注图；
（c）环形钢筋尺寸标注图；（d）螺旋钢筋尺寸标注图

2. 钢筋的简化表示方法

（1）当构件对称时，采用详图绘制构件中的钢筋网片可按图 1-8 所示的方法用 1/2 或 1/4 表示。

（2）钢筋混凝土构件配筋较简单时，宜按下列规定绘制配筋平面图：

1）独立基础宜按图 1-9（a）的规定在平面模板图左下角绘出波浪线，绘出钢筋并标注钢筋的直径、间距等。

2）其他构件宜按图 1-9（b）的规定在某一部位绘出波浪线，绘出钢筋并标注钢筋的直径、间距等。

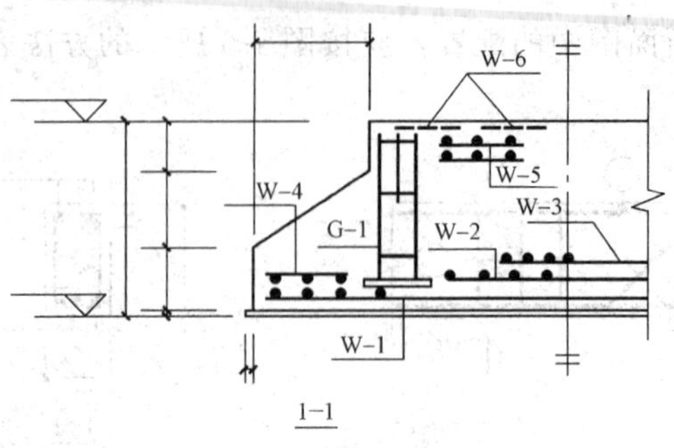

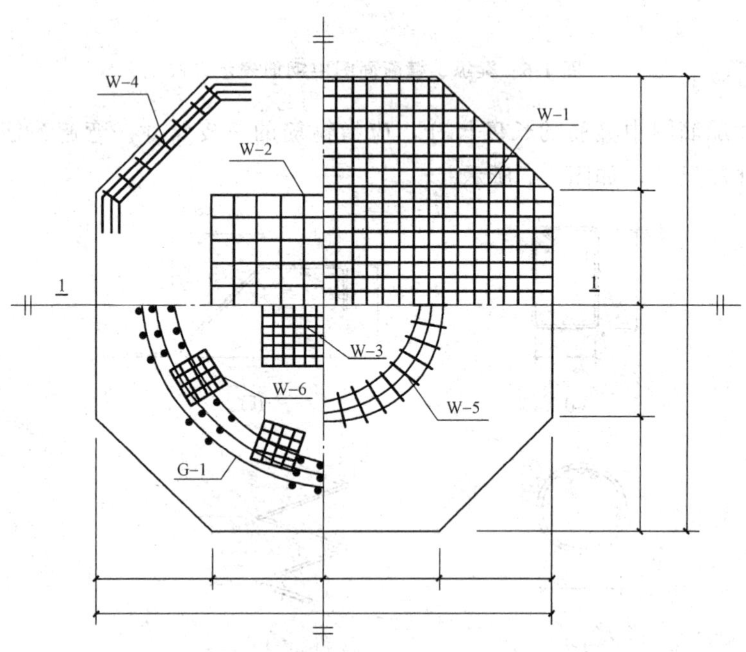

图 1-8 构件中钢筋简化表示方法

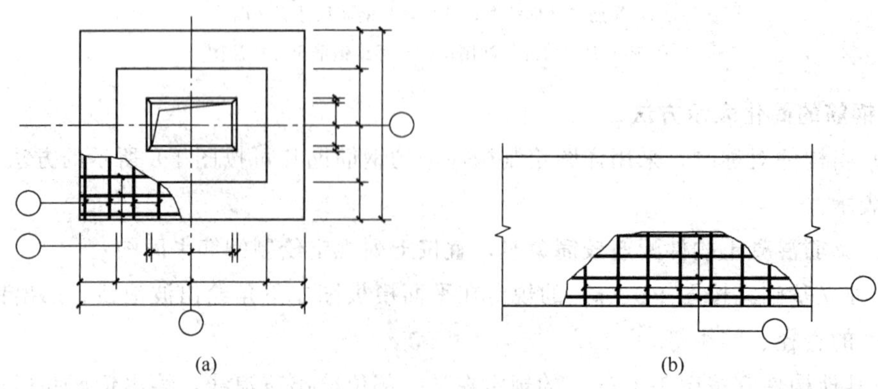

图 1-9 构件配筋简化表示方法

（a）独立基础；（b）其他构件图

（3）对称的混凝土构件，宜按图 1-10 的规定在同一图样中一半表示模板，另一半表示配筋。

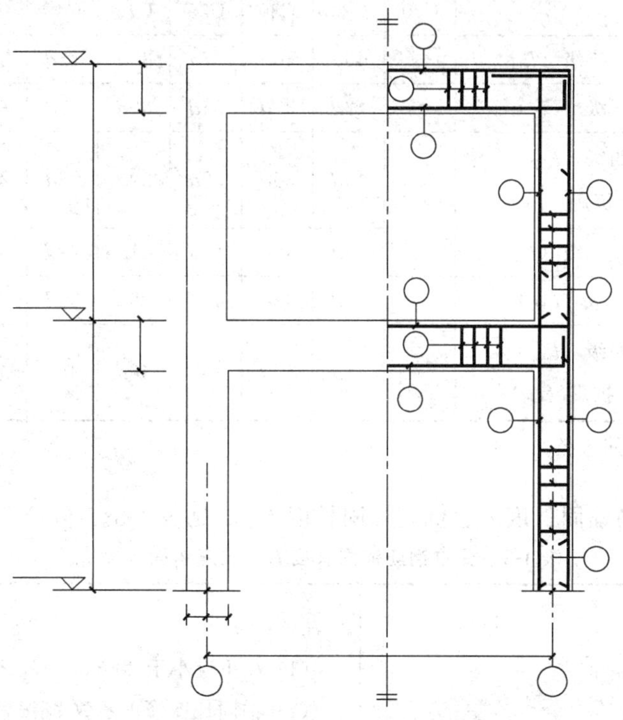

图 1-10 构件配筋简化表示方法

五、受拉钢筋锚固长度

（1）受拉钢筋基本锚固长度 l_{ab}、l_{abE}，见表 1-7。

表 1-7 受拉钢筋基本锚固长度 l_{ab}、l_{abE}

钢筋种类	抗震等级	混凝土强度等级								
		C20	C25	C30	C35	C40	C45	C50	C55	≥C60
HPB300	一、二级（l_{abE}）	45d	39d	35d	32d	29d	28d	26d	25d	24d
	三级（l_{abE}）	41d	36d	32d	29d	26d	25d	24d	23d	22d
	四级（l_{abE}） 非抗震（l_{ab}）	39d	34d	30d	28d	25d	24d	23d	22d	21d
HRB335 HRBF335	一、二级（l_{abE}）	44d	38d	33d	31d	29d	26d	25d	24d	24d
	三级（l_{abE}）	40d	35d	31d	28d	26d	24d	23d	22d	22d
	四级（l_{abE}） 非抗震（l_{ab}）	38d	33d	29d	27d	25d	23d	22d	21d	21d

（续表）

钢筋种类	抗震等级	混凝土强度等级								
		C20	C25	C30	C35	C40	C45	C50	C55	≥C60
HRB400 HRBF400 RRB400	一、二级（l_{abE}）	—	46d	40d	37d	33d	32d	31d	30d	29d
	三级（l_{abE}）	—	42d	37d	34d	30d	29d	28d	27d	26d
	四级（l_{abE}） 非抗震（l_{ab}）	—	40d	35d	32d	29d	28d	27d	26d	25d
HRB500 HRBF500	一、二级（l_{abE}）	—	55d	49d	45d	41d	39d	37d	36d	35d
	三级（l_{abE}）	—	50d	45d	41d	38d	36d	34d	33d	32d
	四级（l_{abE}） 非抗震（l_{ab}）	—	48d	43d	39d	36d	34d	32d	31d	30d

注：d 为锚固钢筋直径。

（2）受拉钢筋锚固长度 l_a、抗震锚固长度 l_{abE}，见表 1-8。

表 1-8　受拉钢筋锚固长度 l_a、抗震锚固长度 l_{abE}

非抗震	抗震	注：
$l_a=\zeta_a l_{ab}$	$l_{aE}=\zeta_{aE} l_a$	（1）l_a 不应小于 200mm。 （2）锚固长度修正系数 ζ_a 按表 1-9 取用，当多于一项时，可按连乘计算，但不应小于 0.6。 （3）ζ_{aE} 为抗震锚固长度修正系数，对一、二级抗震等级取 1.15，对三级抗震等级取 1.05，对四级抗震等级取 1.00

（3）受拉钢筋锚固长度修正系数 ζ_a，见表 1-9。

表 1-9　受拉钢筋锚固长度修正系数 ζ_a

锚固条件	ζ_a		
带肋钢筋的公称直径大于 25mm	1.10		—
环氧树脂涂层带肋钢筋	1.25		
施工过程中易受扰动的钢筋	1.10		
锚固区保护层厚度	3d	0.80	注：中间时按内插值。d 为锚固钢筋直径
	5d	0.70	

六、纵向受力钢筋搭接区箍筋构造

纵向受力钢筋搭接区箍筋构造，如图 1-11 所示。

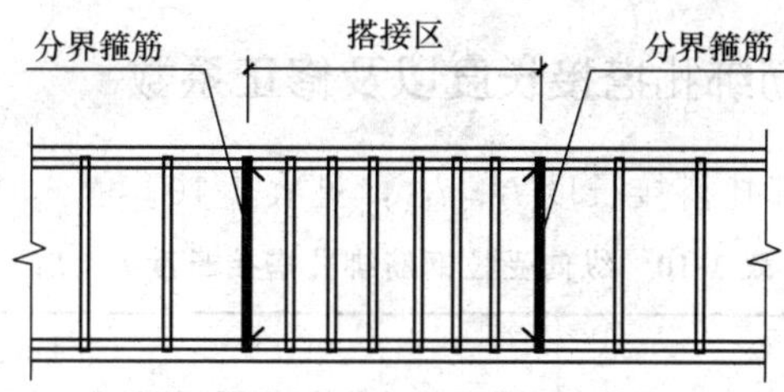

图 1-11 纵向受力钢筋搭接区箍筋构造

构造图说明：

（1）搭接区内箍筋直径不小于 $d/4$（d 为搭接钢筋最大直径），间距不应大于100mm 及 $5d$（d 为搭接钢筋最小直径）。

（2）当受压钢筋直径大于 25mm 时。尚应在搭接接头两个端面外 100mm 的范围内各设置两道箍筋。

七、纵向钢筋弯钩与机械锚固形式

纵向钢筋弯钩与机械锚固形式，如图 1-12 所示。

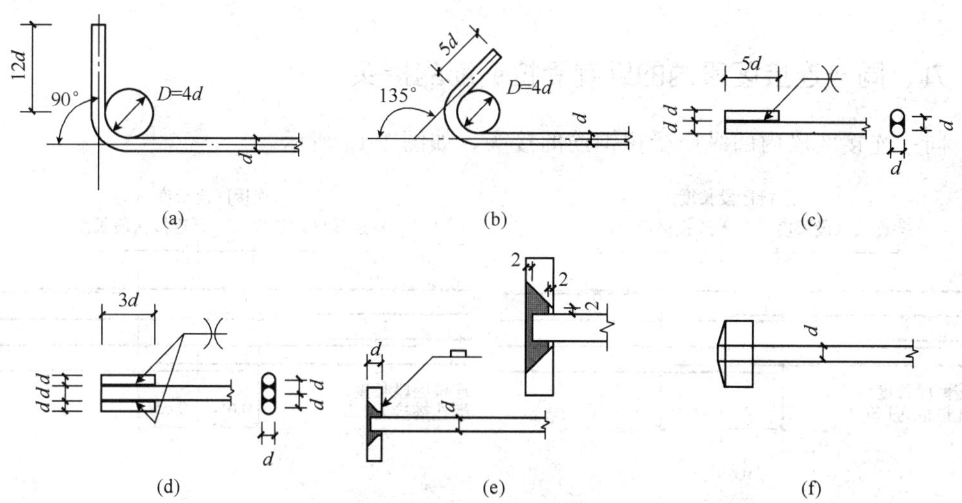

图 1-12 纵向钢筋弯钩与机械锚固形式

（a）末端带 90°弯钩；（b）末端带 135°弯钩；（c）末端一侧贴焊锚筋；

（d）末端两侧贴焊锚筋；（e）末端与钢板穿孔塞焊；（f）末端带螺栓锚头

注：1. 当纵向受拉普通钢筋末端采用弯钩或机械锚固措施时，弯钩或锚固端头在内的锚固长度（投影长度）可取为基本锚固长度的 60%。

2. 焊缝和螺纹长度应满足承载力的要求；螺栓锚头的规格应符合相关标准的要求。

3. 螺栓锚头和焊接钢板的承压面积不应小于锚固钢筋截面积的 4 倍。

4. 螺栓锚头和焊接钢板的钢筋净距小于 $4d$ 时应考虑群锚效应的不利影响。

5. 截面角部的弯钩和一侧贴焊锚筋的布筋方向宜向截面内侧偏置。

6. 受压钢筋不应采用末端弯钩和一侧贴焊的锚固形式。

八、纵向受拉钢筋绑扎搭接长度以及修正系数

（1）纵向受拉钢筋绑扎搭接长度 l_l、l_{lE}，见表 1-10。

表 1-10　纵向受拉钢筋绑扎搭接长度 l_l、l_{lE}

抗　震	非抗震
$l_{lE}=\zeta_l l_{aE}$	$l_l=\zeta_l l_a$

注：1. 当直径不同的钢筋搭接时，l_l、l_{lE}按直径较小的钢筋计算。

2. 任何情况下不应小于 300mm。

3. 式中 ζ_l 为纵向受拉钢筋搭接长度修正系数。当纵向钢筋搭接接头百分率为表的中间值时，可按内插取值。

（2）纵向受拉钢筋搭接长度修正系数 ζ_l，见表 1-11。

表 1-11　纵向受拉钢筋搭接长度修正系数 ζ_l

纵向钢筋搭接接头面积百分率（%）	≤25	50	100
ζ_l	1．2	1．4	1．6

九、同一连接区段内的纵向受拉钢筋的接头

同一连接区段内的纵向受拉钢筋的接头，如图 1-13 所示。

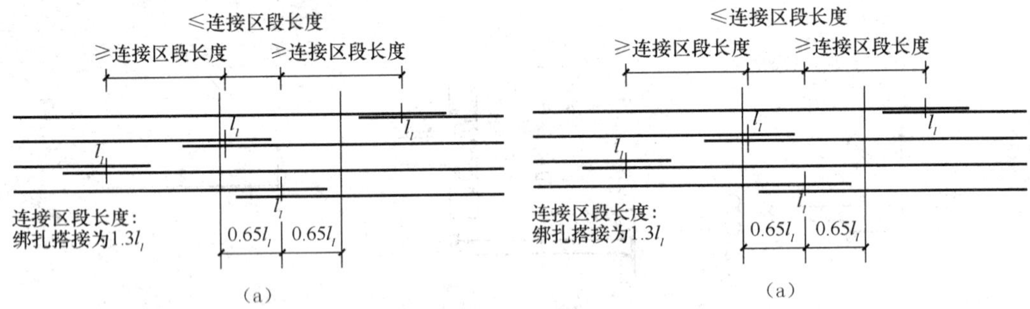

图 1-13　同一连接区段内的纵向受拉钢筋的接头

（a）同一连接区段内的纵向受拉钢筋绑扎搭接接头；

（b）同一连接区段内的纵向受拉钢筋机械连接、焊接接头

注：1. d 为相互连接两根钢筋中较小直径；当同一构件内不同连接钢筋计算连接区段长度不同时取大位值。

2. 凡接头中点位于连接区段长度内，连接接头均属同一连接区段。

3. 同一连接区段内纵向钢筋搭接接头面积百分率，为该区段内有连接接头的纵向受力钢筋截面面积与全部纵向钢筋截面面积的比值（当直径相同时，图示钢筋连接接头面积百分率为 50%）。

4. 当受拉钢筋直径＞25mm 及受压钢筋直径＞28mm 时，不宜采用绑扎搭接。

5. 轴心受拉及小偏心受拉构件中纵向受力钢筋不应采用绑扎搭接。

6. 纵向受力钢筋连接位置宜避开梁端、柱端箍筋加密区。如必须在此连接时，应采用机械连接或焊接。

7. 机械连接和焊接接头的类型及质量应符合国家现行有关标准的规定。

十、封闭箍筋及拉筋弯钩构造

封闭箍筋及拉筋弯钩构造，如图 1-14 所示。

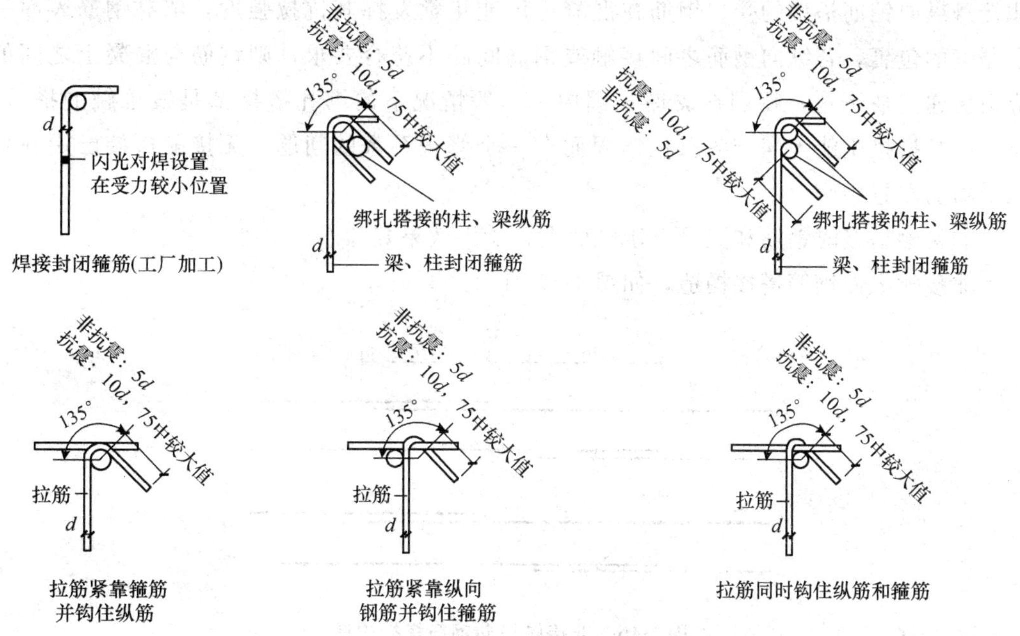

图 1-14　封闭箍筋及拉筋弯钩构造

构造图说明：

非抗震设计时，当构件受扭或柱中全部纵向受力钢筋的配筋率大于 3%时，箍筋及拉筋弯钩平直段长度为 10d。

十一、基础梁箍筋复合方式

基础梁箍筋复合方式，如图 1-15 所示。

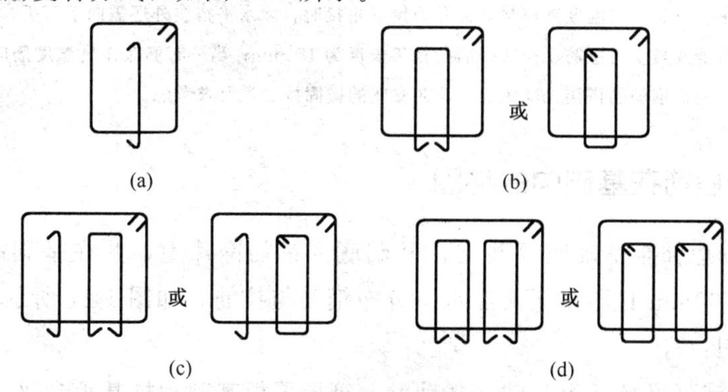

图 1-15　基础梁箍筋复合方式

（封闭箍筋可采用焊接封闭箍筋形式）

（a）三肢箍；（b）四肢箍；（c）五肢箍；（d）六肢箍

十二、非接触纵向钢筋搭接构造

非接触纵向钢筋搭接，是普通钢筋混凝土中，钢筋、混凝土可协同工作的机理。非接触纵向钢筋搭接的受力钢筋在混凝土里能正常发挥其抗拉强度，依靠钢筋表面一定厚度的包裹，若纵向钢筋之间接触或钢筋间隙不符合要求，则钢筋与混凝土之间的应力传递残缺不全，特别在支座锚固中。一般情况下的绑扎搭接都是线接触的搭接，所以绑扎搭接不能等同于各自被锚固而有一个修正系数的问题。无接触搭接已用在板的受力筋布置中。

非接触搭接时钢筋和混凝土接触面大，受力效果好。

非接触纵向钢筋搭接构造，如图 1-16 所示。

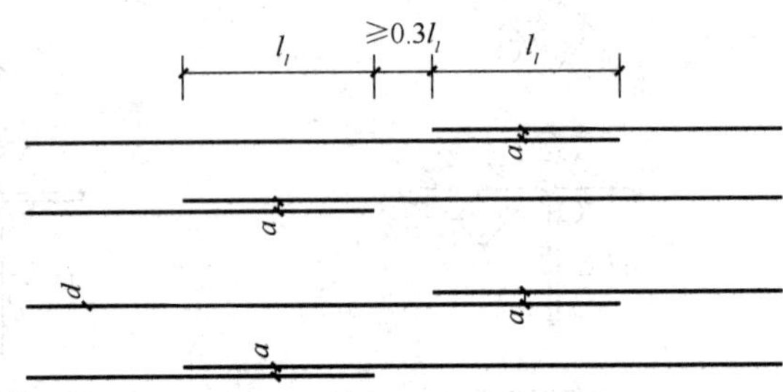

图 1-16　非接触纵向钢筋搭接构造

注：1. 本图中拉筋弯钩构造做法采用何种形式由设计指定。

2. 基础梁截面纵筋外围应采用封闭箍筋，当为多肢复合箍筋时，其截面内箍可采用开口箍或封闭箍。封闭箍的弯钩可在四角的任何部位。开口箍的弯钩宜设在基础底板内。

3. 当多于 6 肢箍时，偶数肢增加小开口箍或小套箍，奇数肢加一单肢箍。

4. 非接触搭接可用于条形基础底板，梁板式筏形基础平板中纵向钢筋的连接。

(1) 在搭接范围内，相互搭接的纵筋与横向钢筋的每个交叉点均应进行绑扎。

(2) 抗裂构造钢筋自身及其与受力主筋搭接长度为 150mm，抗温度筋自身及其与受力主筋搭接长度为 l_l。

(3) 板上下贯通筋可兼作抗裂构造筋和抗温度筋。当下部贯通筋兼作抗温度钢筋时，其在支座的锚固由设计者确定。抗裂、抗温度钢筋与上部受力钢筋搭接时，除水平搭接外还需向下弯折。

(4) 分布筋自身及与受力主筋、构造钢筋的搭接长度为 150mm；当分布筋兼作抗温度筋时，其自身及与受力主筋、构造钢筋的搭接长度为 l_l；其在支座的锚固按受拉要求考虑。

十三、墙插筋在基础中的锚固

(1) 墙插筋应伸至基础底部并支在基础底部钢筋网片上，并在基础高度范围内设置间距不大于 500mm 且不少于两道水平分布钢筋与拉筋，如图 1-17 所示。

构造图说明：

1) 图中基础可以是条形基础、基础梁、筏形平板基础和桩基承台梁。

2) a 为插筋弯折长度，当柱插筋在基础内的直段长度≥l_{aE}（l_a）时，图中 $a=6d$ 且≥150mm，其他情况 $a=15d$。

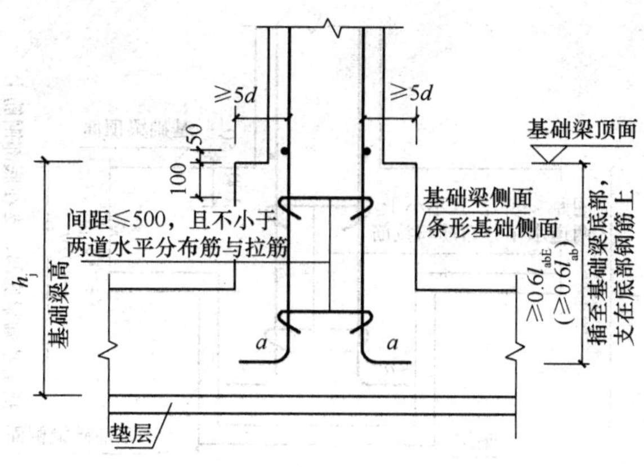

图 1-17　墙竖向钢筋在基础中的排布构造

（2）当筏形或平板基础中板厚＞2 000mm 时，墙的钢筋排布按图 1-18 要求施工。

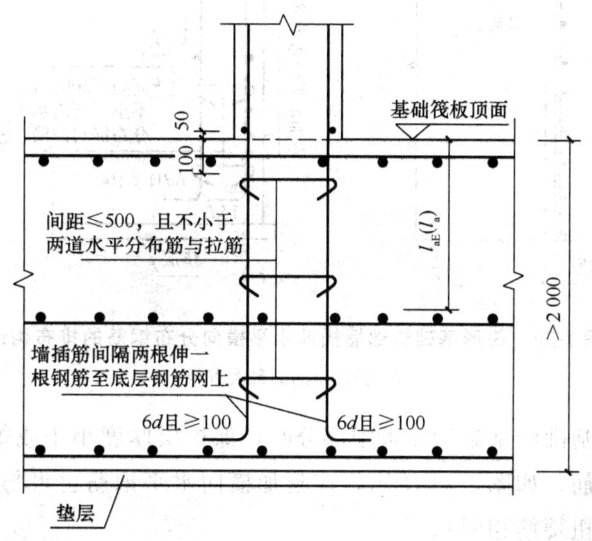

图 1-18　筏形基础有中间钢筋网时墙插筋排布构造

d—墙插筋最大直径

（3）当筏形基础的基础梁下沉于筏板底部时，墙插筋应伸至基础梁底部，如图 1-19 所示。

构造图说明：

a 为插筋弯折长度，当墙插筋在基础内的直段长度≥l_{aE}（l_a）时，图中 $a=6d$ 且≥150mm，其他情况 $a=15d$。

（4）当墙位于筏板边部时，部分插筋的保护层厚度小于或等于 5d 的部位应设置横向附加水平钢筋，如图 1-20 所示。

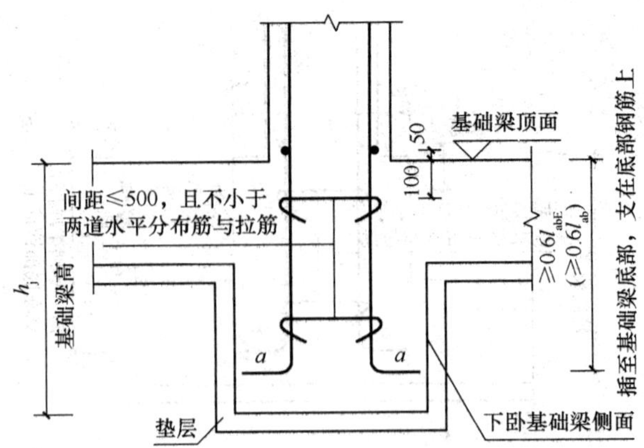

图 1-19　墙竖向钢筋在下卧基础梁中的排布构造

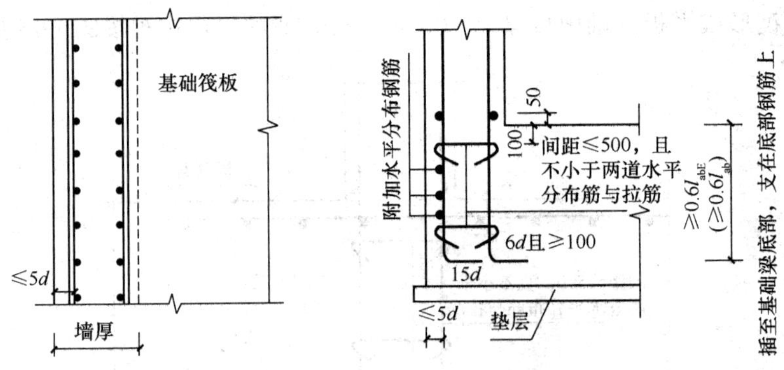

图 1-20　筏形基础边部墙插筋水平横向分布钢筋的排布构造

d—锚固钢筋的最大直径

插筋位于筏形基础的基础梁非板中部分时，保护层厚度小于或等于 5*d* 的部位应设置附加横向水平钢筋，如图 1-21 所示，该附加横向水平钢筋也可与梁的箍筋绑扎（构造及要求与梁的抗扭腰筋相同）。

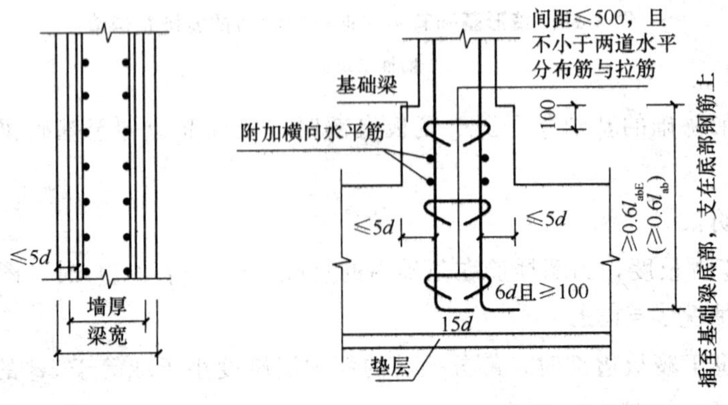

图 1-21　筏形基础边部墙插筋水平横向分布钢筋的排布构造

d—锚固钢筋的最大直径

(5) 当外侧墙插筋与基础底板纵向钢筋搭接时应满足图 1-22 的构造要求。

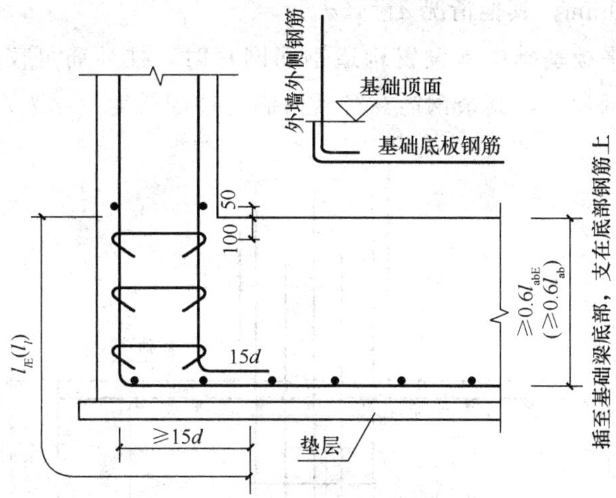

图 1-22 墙插筋与基础底板钢筋搭接锚固构造

十四、柱插筋在基础中的锚固

(1) 柱插筋应伸至基础底部并支在基础底部钢筋网片上，并在基础高度范围内设置间距不大于 500mm 且不少于两道箍筋，如图 1-23 所示。基础高度为柱插筋处的基础顶面至基础底面的距离。

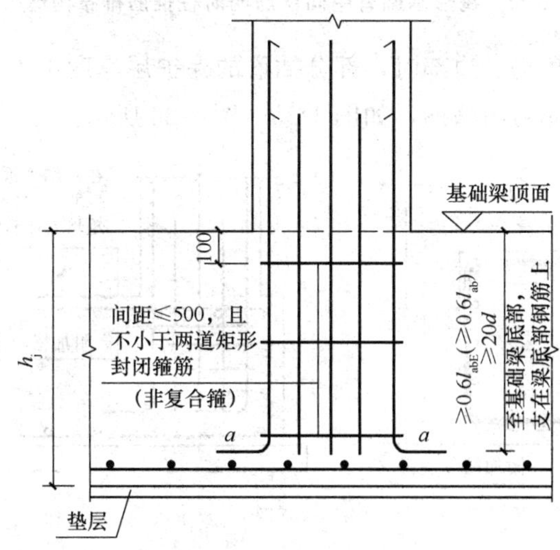

图 1-23 柱插筋在基础中的排布构造

构造图说明：

1) 图中基础可以是独立基础、条形基础、基础梁、筏板基础和桩基承台。

2) 柱插筋的保护层厚度大于最大钢筋直径的 5 倍。

3）a 为锚固钢筋的弯折段长度，当基础插筋在基础内的直段长度≥l_{aE}（l_a）时，图中 $a=6d$ 且≥150mm，其他情况 $a=15d$。

（2）当筏形或平板基础中部设置构造钢筋网片时，柱插筋可仅将柱的四角钢筋伸至筏板底部的钢筋网片上，其余钢筋在筏板内满足锚固长度 l_{aE}（l_a），如图 1-24 所示。

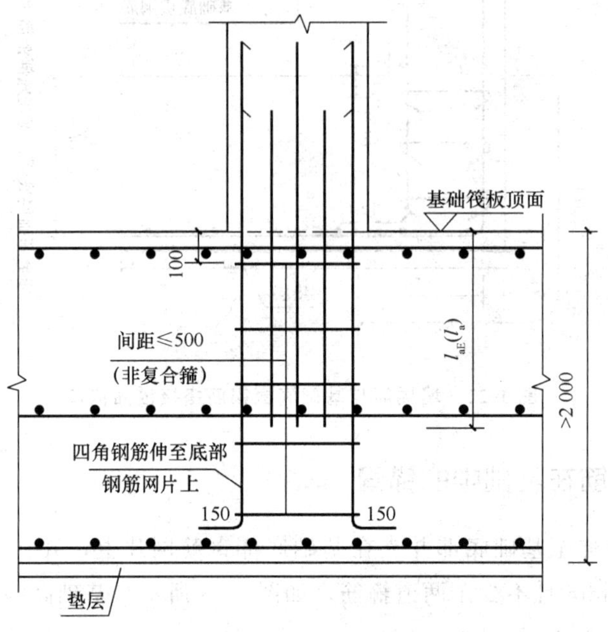

图 1-24　筏形基础有中间钢筋网时柱插筋排布构造

（3）当柱位于筏板角部、边部时，部分插筋的保护层厚度不大于 5d 的部位应设置横向箍筋，该箍筋可为非封闭箍筋，如图 1-25、图 1-26 所示。

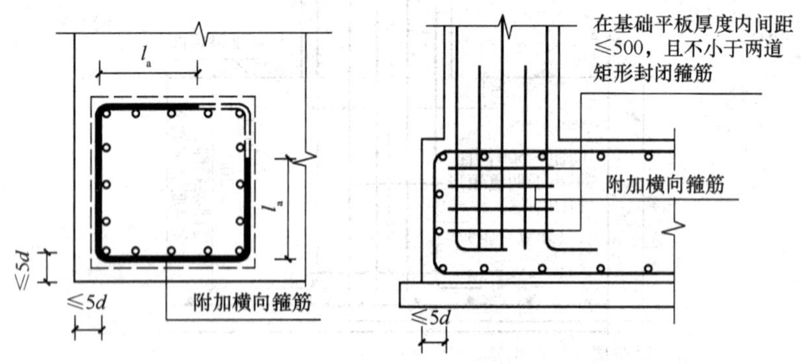

图 1-25　筏形基础转角处柱插筋附加横向箍筋的排布构造

注：附加箍筋也可以采用封闭箍筋，设计未注明时，可按本图施工。

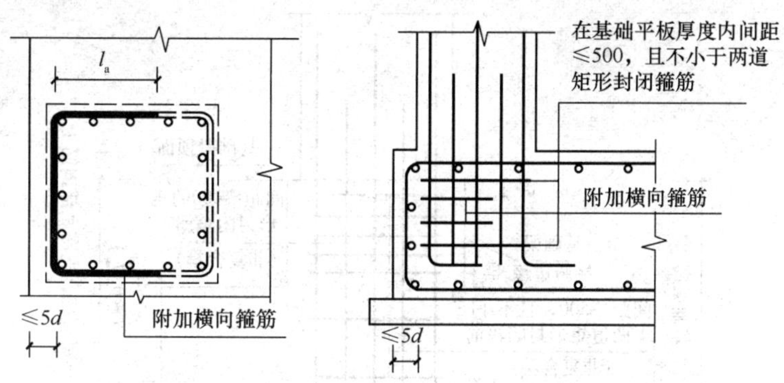

图 1-26 筏形基础边部柱插筋附加横向箍筋的排布构造

注：附加箍筋也可以采用封闭箍筋。设计未注明时，可按本图施工。

插筋位于筏形基础的基础梁非板中部分时，保护层厚度小于或等于 $5d$ 的部位应按筏板以上柱箍筋加密区且间距不大于 100mm 设置箍筋（非复合筋），如图 1-27、图 1-28 所示。

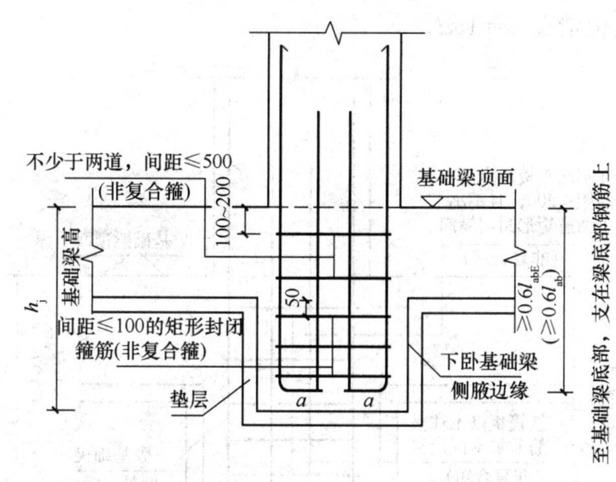

图 1-27 下卧基础梁中柱插筋的排布构造

构造图说明：

a 为锚固钢筋的弯折段长度，当柱插筋在梁内的直段长度≥l_{aE}（l_a）时，图中 a=6d 且≥150mm，其他情况 a=15d。

（4）当筏形基础的基础梁下沉于筏板底部时，柱插筋应伸至基础梁底部，在下卧基础梁（不含筏板厚度）的范围内当柱插筋保护层厚度大于或等于 $5d$ 时应按柱箍筋非加密区设置非复合箍筋，如图 1-29 所示。

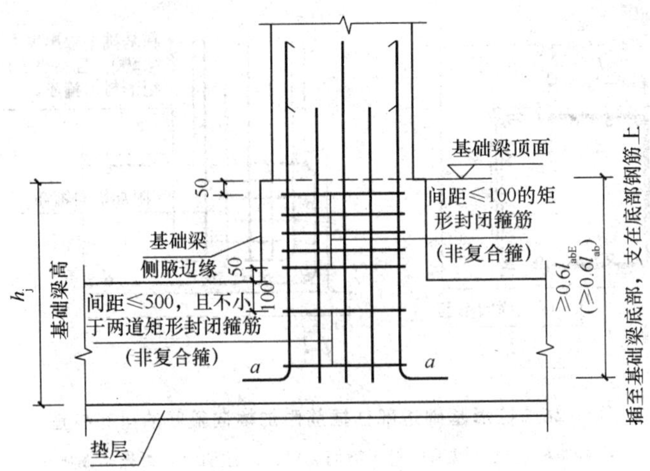

图 1-28　基础梁内柱插筋箍筋加密的排布构造

构造图说明：

a 为锚固钢筋的弯折段长度，当柱插筋在梁内的直段长度≥l_{aE}（l_a）时，图中 a=6d 且≥150mm，其他情况 a=15d。

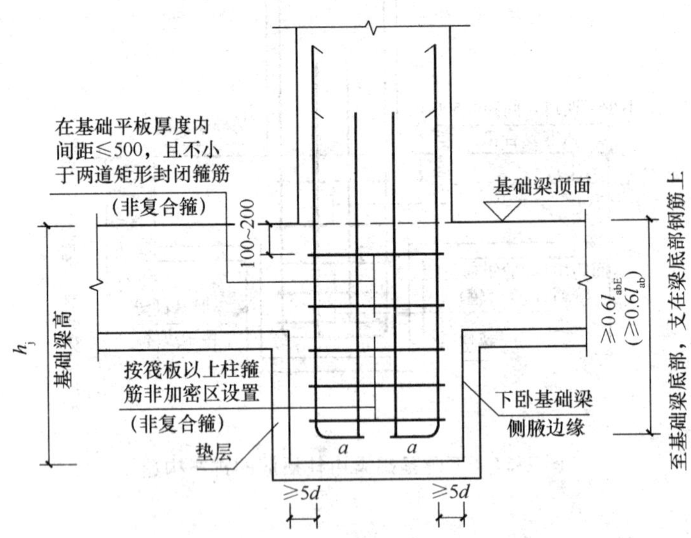

图 1-29　下卧基础梁中柱插筋的排布构造

构造图说明：

a 为插筋弯折长度，当柱插筋在基础内的直段长度≥l_{aE}（l_a）时，图中 a=6d 且≥150mm，其他情况 a=15d。

（5）当柱为轴心受压或小偏心受压，独立基础、条形基础高度不小于1200mm，或当柱为大偏心受压，独立基础、条形基础高度不小于1400mm时，可将四角插筋和其他部分插筋伸至底板钢筋网片上（伸至钢筋网片上的柱插筋间距不应大于1000mm），其他钢筋满足锚固长度 l_{aE}（l_a）即可，如图1-30所示。

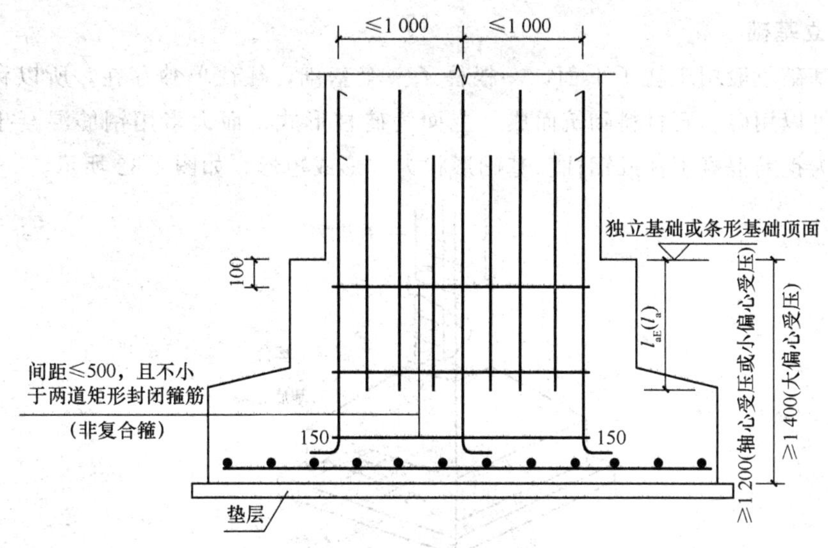

图 1-30 深基础内柱插筋的排布构造

第三节 基础的类型及适用条件

一、基础的类型

基础的类型与上部结构形式、荷载大小、地基承载力、地基土的地质、水文情况、基础选用的材料性能等有关。基础按照受力特点和材料性能分为刚性基础、柔性基础；基础按构造方式分为条形基础、独立基础、片筏基础、箱型基础等。

1. 条形基础

条形基础适用于砖混结构房屋，如住宅、教学楼、办公楼等多层建筑。做基础的材料可以是砖砌体、石砌体、混凝土材料，以至钢筋混凝土材料，基础的形状为长方形，如图 1-31 所示。

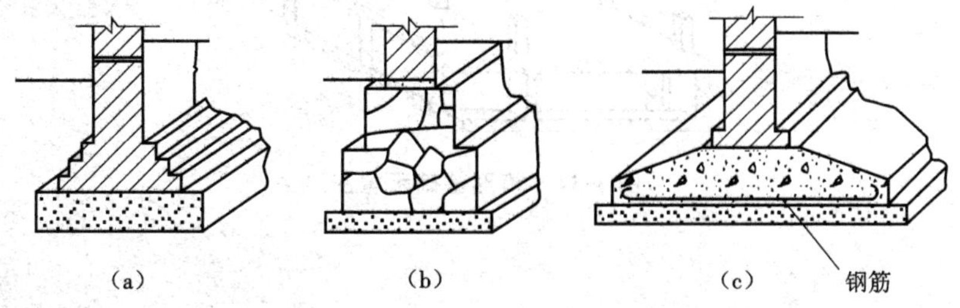

图 1-31 条形基础示意图

(a) 砖基础；(b) 毛石基础；(c) 混凝土基础

2. 独立基础

独立基础一般用于柱子下面，一根柱子一个基础，往往单独存在，所以称为独立基础。它可以用砖、石材料砌筑而成，上面为砖柱形式；而大多用钢筋混凝土材料做成，上面为钢筋混凝土柱或钢柱。基础形状为方形或矩形，如图 1-32 所示。

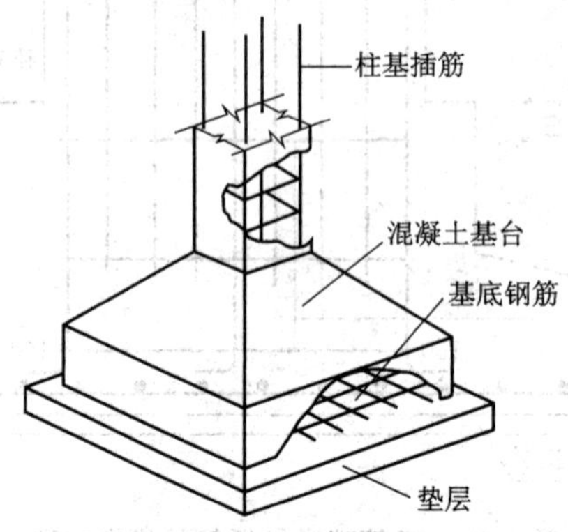

图 1-32　钢筋混凝土独立柱基

3. 整体式筏形基础

整体式筏形基础面积较大，多用于大型公共建筑下面，它由基板、反梁组成，在梁的交点上竖立柱子用来支承房屋的骨架。其外形如图 1-33 所示。

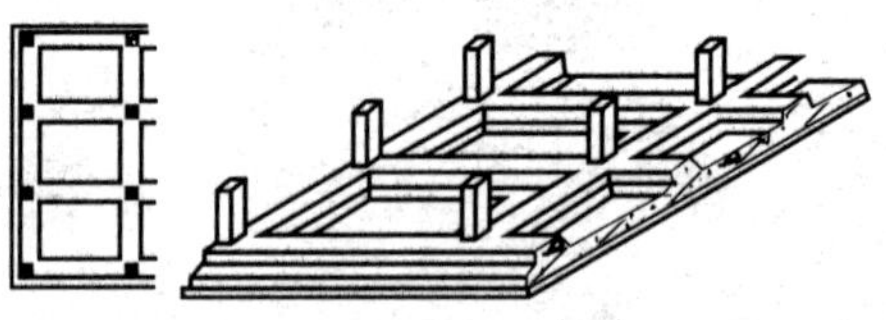

图 1-33　筏形基础示意图

4. 箱形基础

箱形基础是整体的大型基础，它是把整个基础做成上有顶板，下有底板，中间有隔墙，形成一个如同箱子一样的空间，所以称为箱形基础。为了充分利用空间，人们又把该部分做成地下室，可以给房屋增添使用场所。箱形基础如图 1-34 所示。

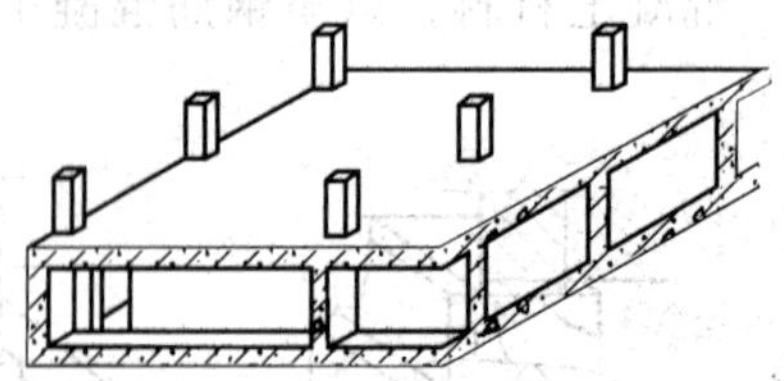

图 1-34　箱形基础示意图

二、常用基础的适用条件

1. 柱下独立基础

柱下独立基础的适用条件为：当上部结构为框架结构或框剪结构、地基土质较好、荷载较小、柱网分布较均匀时。

2. 十字交叉钢筋混凝土条形基础

（1）十字交叉钢筋混凝土条形基础的适用条件为：

1）当上部结构为框架剪力墙结构、无地下室、地基条件较好时；

2）当上部结构为框架或剪力墙结构、无地下室、地基较差、荷载较大时，为增加基础的整体性和减少不均匀沉降。

（2）适用范围及特点。十字交叉钢筋混凝土条形基础，如图 1-35 所示。

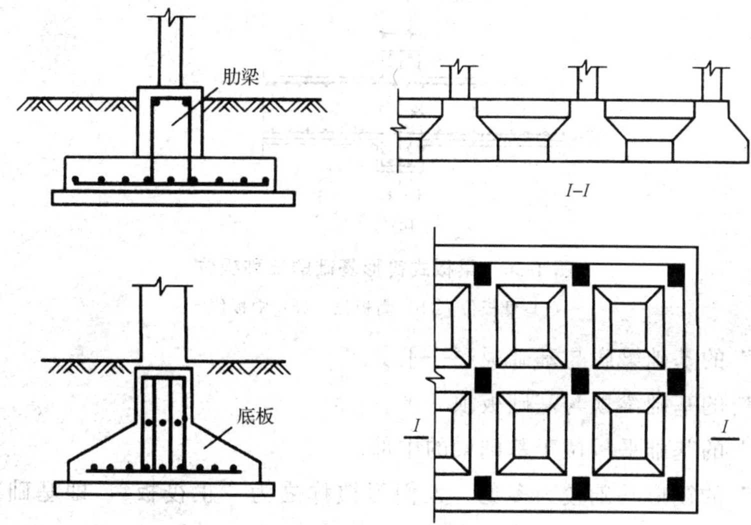

图 1-35 十字交叉基础图

1）适用范围：当荷载很大，采用柱下条形基础不能满足地基基础设计要求时，可采用双向的柱下钢筋混凝土条形基础形成的十字交叉条形基础，又称交叉梁基础。

2）特点：这种基础纵横向均具有一定的刚度，当地基软弱且在两个方向的荷载和土质不均匀时，十字交叉条形基础对不均匀沉降具有良好的调整能力。

3. 筏形基础（平板式或梁板式）

筏形基础，有人称之为筏板基础或者满堂基础。《混凝土结构施工图平面整体表示方法制图规则和构造详图（独立基础、条形基础、筏形基础及桩基承台）》11G101－3 图集的筏形基础包括两种类型：梁板式筏形基础和平板式筏形基础。

（1）特点

1）梁板式筏形基础的特点

①梁板式筏形基础由基础主梁 JL、基础次梁 JCL、基础平板 LPB 构成。

基础主梁 JL 就是具有框架柱插筋的基础梁。

基础次梁 JCL 就是以基础主梁为支座的基础梁。

基础平板 LPB 就是基础梁之间部分及外伸部分的平板。

②由于基础平板与基础梁之间的相对位置不同，《混凝土结构施工图平面整体表示方法制图规则和构造详图（独立基础、条形基础、筏形基础及桩基承台）》11G101－3图集又把梁板式筏形基础分为“低板位”“高板位”和“中板位”（图 1-36）。

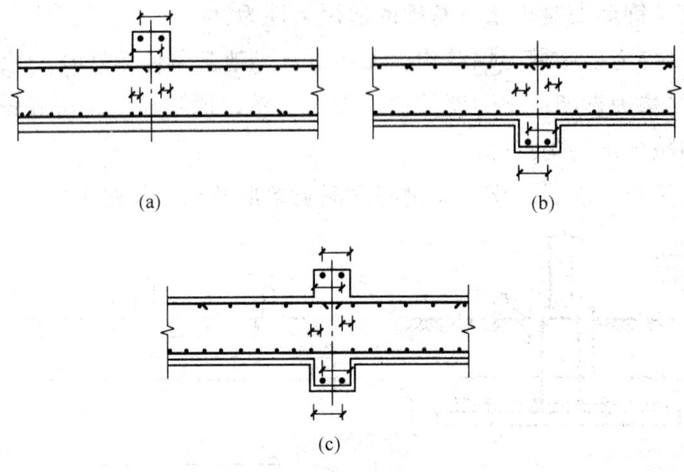

(a)　(b)

(c)

图 1-36　梁板式筏形基础的三种板位

（a）低板位；（b）高板位；（c）中板位

“低板位”的基础梁底与基础板底一平。

“高板位”的基础梁顶与基础板顶一平。

“中板位”的基础平板位于基础梁的中部。

“低板位”的筏形基础较为多见，人们习惯称之为“正筏板”，即基础梁高于基础平板的筏形基础。“高板位”的筏形基础人们习惯称之为“倒筏板”，在工程中也时有发生，其形状就好比把“正筏板”倒过来一样。

2）平板式筏形基础的特点

①当按板带进行设计时，平板式筏形基础由柱下板带 ZXB、跨中板带 KZB 构成。所谓按板带划分，就是把筏板基础按纵向和横向切开成许多条板带，其中：

柱下板带 ZXB 就是含有框架柱插筋的那些板带。

跨中板带 KZB 相邻两条柱下板带之间所夹着的那条板带。

②当设计不分板带时，平板式筏形基础则可按基础平板 BPB 进行表达。

基础平板 BPB 就是把整个筏板基础作为一块平板来进行处理。

3）把基础结构与楼盖结构进行比较。

①以“正筏板”为例：把有梁楼盖颠倒过来（反转 180°），就变成了“正筏板”。在有梁楼盖中，楼板在上面，楼盖梁在楼板的下面；颠倒过来之后，基础板在下面，基础梁在基础板的上面。

②再以“平板式筏形基础”为例：把无梁楼盖颠倒过来（反转180°），就变成了“平板式筏形基础”。在无梁楼盖中，楼板在上面、柱直接支承在楼板的下面；颠倒过来之后，基础板在下面，柱直接插在基础板的上面。在无梁楼盖的楼板中，也可以划分柱上板带和跨中板带；颠倒过来之后，就成为柱下板带和跨中板带。

③以上就是“倒楼盖”的说法。当然，把基础结构比喻为“倒楼盖”并不是完全恰当。楼盖梁要考虑抗震，当承受地震横向作用时，框架柱是第一道防线，框架梁是耗能构件，梁还要考虑箍筋加密区、塑性铰等问题；而筏形基础的基础梁通常不考虑参与抵抗地震作用的计算。

但是，进行“倒楼盖”的思考还是有意义的。首先，“正筏板”与有梁楼盖从垂直方向的受力情况来看是上下颠倒的，这是由于有梁楼盖所承受的竖向荷载，其方向是从上向下的，而筏形基础所承受的竖向荷载，其方向是从下向上的。于是，这就决定了基础板的上部纵筋和下部纵筋的受力作用，与楼盖板的上部纵筋和下部纵筋的受力作用刚好是上下颠倒的。同样，基础梁的上部纵筋和下部纵筋的受力作用，与楼盖梁的上部纵筋和下部纵筋的受力作用也刚好是上下颠倒的。明白了这个道理，对于根据框架梁和楼板的钢筋构造来认识基础梁和基础板的钢筋构造，是很有好处的。

（2）适用条件

1）对于软土地基，当使用条形基础不能满足上部结构的容许变形和地基容许承载力时；

2）当高层建筑的柱距较小，而柱子的荷载较大，必须将基础连成一整体，方可满足地基容许承载力时；

3）风荷载或地震荷载起主要作用的高层建筑，欲使基础有足够的刚度和稳定性时。

（3）构造要求

1）筏形基础的混凝土强度等级不应低于C30。当有地下室时，应采用防水混凝土。防水混凝土的抗渗等级应根据地下水的最大水头与防渗混凝土厚度的比值，按现行《地下工程防水技术规范》（GB 50108—2008）选用，但不应小于0.6MPa。必要时宜设架空排水层。

2）钢筋保护层厚度不宜小于35mm。筏形基础底部一般宜设100mm厚C10混凝土垫层，每边超出基础底板不小于100mm。

3）采用筏形基础的地下室，应沿地下室四周布置钢筋混凝土外墙，外墙厚度不应小于250mm，内墙厚度不应小于200mm。墙的截面设计除满足承载力要求外，尚应考虑变形、抗裂及防渗等要求。墙体内应设置双面钢筋，竖向和水平钢筋的直径不应小于12mm，间距不应大于300mm。

4）底板厚度。筏形基础底板的厚度应满足受冲切承载力、受剪切承载力的要求，不宜小于200mm，一般取200～400mm。对12层以上建筑的梁板式筏形基础的板厚不宜小于400mm，且板厚与最大双向板格的短边净跨之比不小于1/4。梁截面按计算确定，高出底板的顶面一般不小于300mm，梁宽不小于250mm。筏形悬挑板悬挂墙外的长度，从轴线起算，横向不宜大于1500mm，纵向不宜大于1000mm，边端厚度不小于200mm。

5）配筋要求。基础配筋应由计算确定，按双向配筋，宜用HPB235级、HRB335级钢筋。平板式筏形基础，按柱上板带和跨中板带分别计算配筋；梁板式筏形基础，在用四周嵌固双向板计算跨中和支座弯矩时，应适当予以折减。配筋除满足上述要求计算外，纵横方向支座配筋尚应有0.15%配筋率连通。跨中钢筋按实际配筋全部连通。分布钢筋在板厚h≤250mm时，取ϕ8@250；h>250mm时，取ϕ10@200。

6）墙下筏形基础适用于筑有人工垫层的软弱地基及具有硬壳层的比较均匀的软土地基上建造6层及6层以下横墙较密集的民用建筑。墙下筏形基础一般为等厚度的钢筋混凝土平板。对地下水位以下的地下筏形基础，必须考虑混凝土的抗渗等级。

4. 箱形基础

箱形基础是高层建筑中广泛使用的一种基础，具有很大的刚度和整体性。对地基的不均匀沉降起到调节或减小的作用。适用于上部荷载大而地基土又比较软弱的情况。

5. 桩基础

（1）适用条件。桩基础也是高层建筑中常用的一种基础形式。其适用条件为：

1）浅表土层软弱，在较深处有能承受较大荷载土层作为桩基础的持力层时；

2）在较大深度范围内，土层均较软弱，且承载力较低时；

3）高层建筑结构传递给基础的垂直和水平荷载很大时；

4）高层建筑对于不均匀沉降非常敏感和控制严格时。

（2）构造要求。

1）布置桩位时宜使桩基承载力合力点与竖向永久荷载合力作用点重合。

2）预制桩的混凝土强度等级不应低于C30，灌注桩不应低于C20，预应力桩不应低于C40。

3）桩的主筋应经计算确定。打入式预制桩的最小配筋率不宜小于0.8%；静压预制桩的最小配筋率不宜小于0.6%；灌注桩最小配筋率应为0.2%～0.65%（小直径桩取大值）。

4）配筋长度。

①受水平荷载和弯矩较大的桩，配筋长度应通过计算确定；

②桩基承台下存在淤泥、淤泥质土或液化土层时，配筋长度应穿过淤泥、淤泥质土或液化土层。

③坡地岸边的桩、8度及8度以上地震区的桩、抗拔桩、嵌岩端承桩应通长配筋。

④桩径大于600mm的钻孔灌注桩，构造钢筋的长度不宜小于桩长的2/3。

5）桩顶嵌入承台内的长度不宜小于50mm。主筋伸入承台内的锚固长度不宜小于钢筋直径的30倍（Ⅰ级钢筋）和35倍（Ⅱ级钢筋和Ⅲ级钢筋）。对于大直径灌注桩，

当采用一柱一桩时，可设置承台或将桩和柱直接连接。桩和柱的连接可按高杯口基础的要求选择截面尺寸和配筋，柱纵筋插入桩身的长度应满足锚固长度的要求。

6）在承台及地下室周围的回填中，应满足填土密实性的要求。

第四节 构件的表示方法

一、文字注写构件的表示方法

（1）在现浇混凝土结构中，构件的截面和配筋等数值可采用文字注写方式表达。

（2）按结构层绘制的平面布置图中，直接用文字表达各类构件的编号（编号中含有构件的类型代号和顺序号）、断面尺寸、配筋及有关数值。

（3）混凝土柱可采用列表注写和在平面布置图中截面注写方式，并应符合下列规定：

1）列表注写应包括柱的编号、各段的起止标高、断面尺寸、配筋、断面形状和箍筋的类型等有关内容。

2）截面注写可在平面布置图中，选择同一编号的柱截面，直接在截面中引出断面尺寸、配筋的具体数值等，并应绘制柱的起止高度表。

（4）混凝土剪力墙可采用列表和截面注写方式，并应符合下列规定：

1）列表注写分别在剪力墙柱表、剪力墙身表及剪力墙梁表中，按编号绘制截面配筋图并注写断面尺寸和配筋等。

2）截面注写可在平面布置图中按编号，直接在墙柱、墙身和墙梁上注写断面尺寸、配筋等具体数值的内容。

（5）混凝土梁可采用在平面布置图中的平面注写和截面注写方式，并应符合下列规定：

1）平面注写可在梁平面布置图中，分别在不同编号的梁中选择一个，直接注写编号、断面尺寸、跨数、配筋的具体数值和相对高差（无高差可不注写）等内容。

2）截面注写可在平面布置图中，分别在不同编号的梁中选择一个，用剖面号引出截面图形并在其上注写断面尺寸、配筋的具体数值等。

（6）重要构件或较复杂的构件，不宜采用文字注写方式表达构件的截面尺寸和配筋等有关数值，宜采用绘制构件详图的表示方法。

（7）基础、楼梯、地下室结构等其他构件，当采用文字注写方式绘制图纸时，可采用在平面布置图上直接注写有关具体数值，也可采用列表注写的方式。

（8）采用文字注写构件的尺寸、配筋等数值的图样，应绘制相应的节点做法及标准构造详图。

二、预埋件、预留孔洞的表示方法

（1）在混凝土构件上设置预埋件时，可按图 1-37 的规定在平面图或立面图上表示。引出线指向预埋件，并标注预埋件的代号。

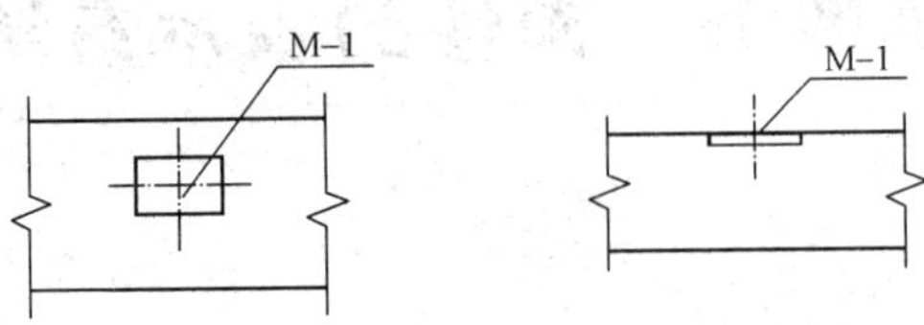

图 1-37　预埋件的表示方法

（2）在混凝土构件的正、反面同一位置均设置相同的预埋件时，可按图 1-38 的规定，引出线为一条实线和一条虚线并指向预埋件，同时在引出横线上标注预埋件的数量及代号。

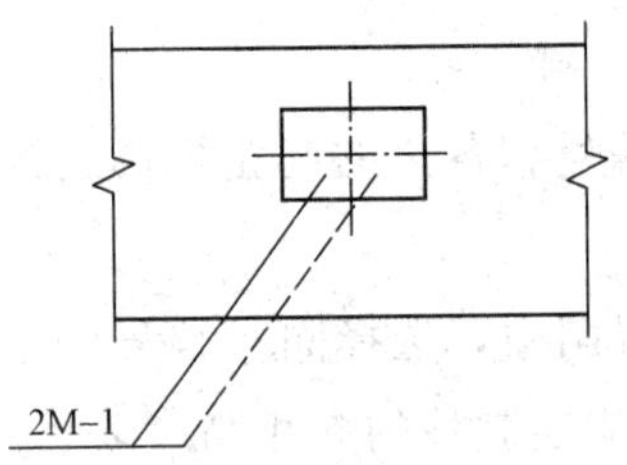

图 1-38　同一位置正、反面预埋件相同的表示方法

（3）在混凝土构件的正、反面同一位置设置编号不同的预埋件时，可按图 1-39 的规定，引一条实线和一条虚线并指向预埋件。引出横线上标注正面预埋件代号，引出横线下标注反面预埋件代号。

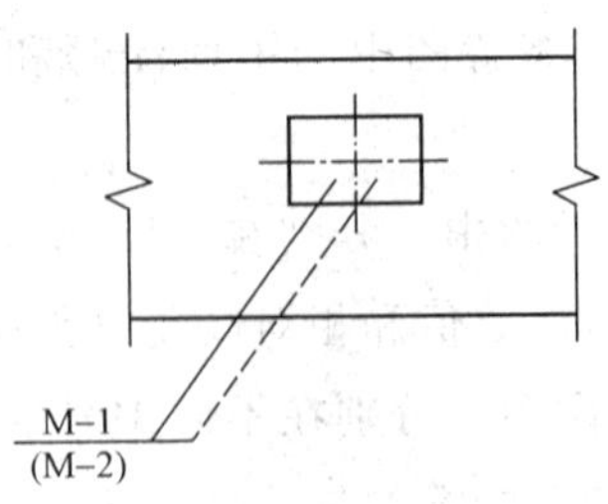

图 1-39　同一位置正、反面预埋件不相同的表示方法

（4）在构件上设置预留孔、洞或预埋套管时，可按图 1-40 的规定在平面或断面图中表示。引出线指向预留（埋）位置，引出横线上方标注预留孔、洞的尺寸和预埋套管的外径。横线下方标注孔、洞（套管）的中心标高或底标高。

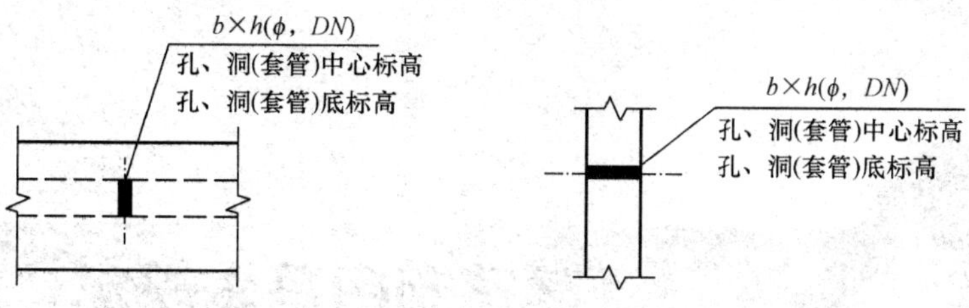

图 1-40 预留孔、洞及预埋套管的表示方法

第二章 建筑制图基本规定

第一节　图纸幅面规格

一、图纸幅面

（1）图纸幅面及图框尺寸应符合表 2-1 的规定及图 2-1～图 2-4 的格式。

表 2-1　幅面及图框尺寸　　（单位：mm）

尺寸代号 \ 幅面代号	A0	A1	A2	A3	A4
$b\times l$	841×1 189	594×841	420×594	297×420	210×297
c	10			5	
a	25				

注：表中 b 为幅面短边尺寸，l 为幅面长边尺寸，c 为图框线与幅面线间宽度，a 为图框线与装订边间宽度。

（2）需要微缩复制的图纸，其一个边上应附有一段准确米制尺度，四个边上均附有对中标志，米制尺度的总长应为 100mm，分格应为 10mm。对中标志应画在图纸内框各边长的中点处，线宽 0.35mm，并应伸入内框边，在框外为 5mm。对中标志的线段，于 l_1 和 b_1 范围取中。

（3）图纸的短边尺寸不应加长，A0～A3 幅面长边尺寸可加长，但应符合表 2-2 的规定。

（4）图纸以短边作为垂直边应为横式，以短边作为水平边应为立式。A0～A3 图纸宜横式使用；必要时，也可立式使用。

（5）一个工程设计中，每个专业所使用的图纸，不宜多于两种幅面，不含目录及表格所采用的 A4 幅面。

表 2-2　图纸长边加长尺寸　（单位：mm）

幅面代号	长边尺寸	长边加长后的尺寸
A0	1 189	1 486（A0+1/4 l）　1 635（A0+3/8 l）　1 783（A0+1/2 l） 1 932（A0+5/8 l）　2 080（A0+3/4 l）　2 230（A0+7/8 l） 2 378（A0+l）
A1	841	1 051（A1+1/4 l）　1 261（A1+1/2 l）　1 471（A1+3/4 l） 1 682（A1+ l）　1 892（A1+5/4 l）　2 102（A1+3/2 l）
A2	594	743（A2+1/4 l）　891（A2+1/2 l）　1 041（A2+3/4 l） 1 189（A2+ l）　1 338（A2+5/4 l）　1 486（A2+3/2 l） 1 635（A2+7/4 l）　1 783（A2+2 l）　1 932（A2+9/4 l） 2 080（A2+5/2 l）
A3	420	630（A3+1/2 l）　841（A3+ l）　1 051（A3+3/2 l） 1 261（A3+2 l）　1 471（A3+5/2 l）　1 682（A3+3 l） 1 892（A3+7/2 l）

注：有特殊需要的图纸，可采用 $b \times l$ 为 841mm×891mm 与 1 189mm×1 261mm 的幅面。

二、标题栏

（1）图纸中应有标题栏、图框线、幅面线、装订边线和对中标志。图纸的标题栏及装订边的位置，应符合下列规定：

1）横式使用的图纸，应按图 2-1、图 2-2 的形式进行布置。

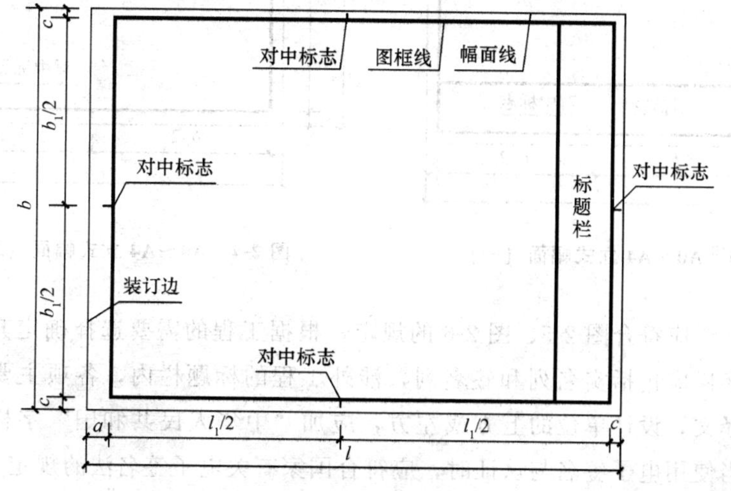

图 2-1　A0～A3 横式幅面（一）

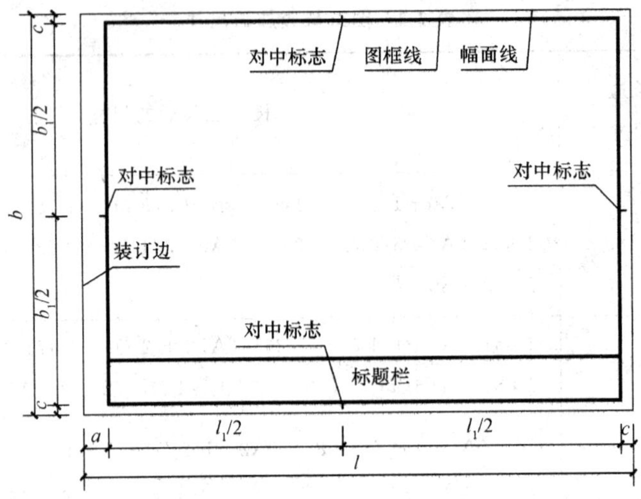

图 2-2　A0～A3 横式幅面（二）

2）立式使用的图纸，应按图 2-3、图 2-4 的形式进行布置。

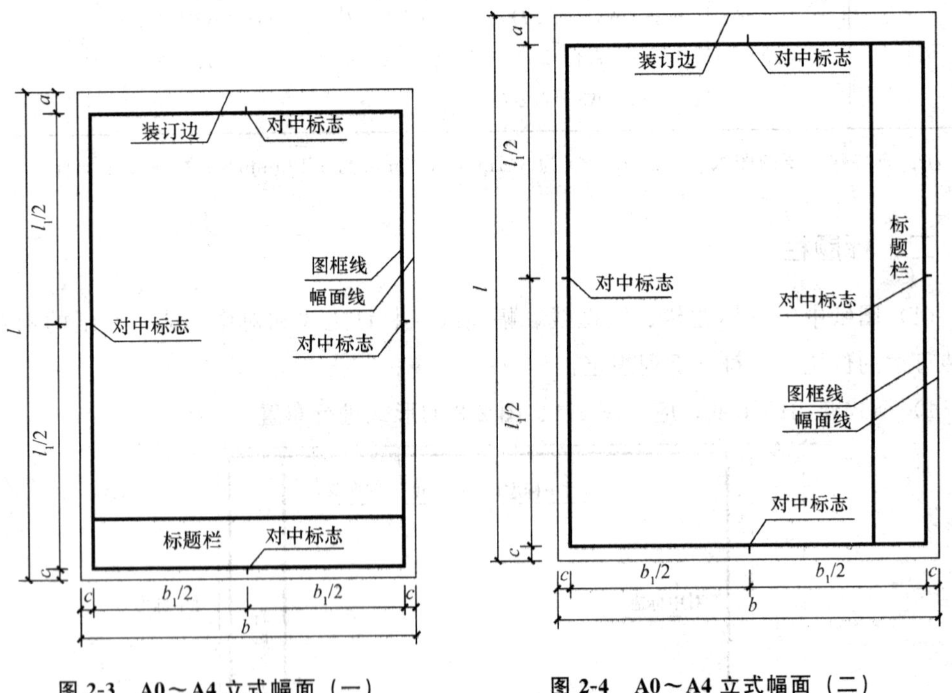

图 2-3　A0～A4 立式幅面（一）　　**图 2-4　A0～A4 立式幅面（二）**

（2）标题栏应符合图 2-5、图 2-6 的规定，根据工程的需要选择确定其尺寸、格式及分区。签字栏应包括实名列和签名列，涉外工程的标题栏内，各项主要内容的中文下方应附有译文，设计单位的上方或左方，应加“中华人民共和国”字样；在计算机制图文件中当使用电子签名与认证时，应符合国家有关电子签名法的规定。

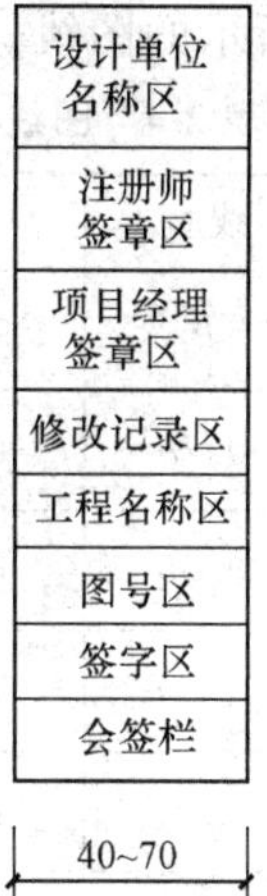

图 2-5　标题栏（一）

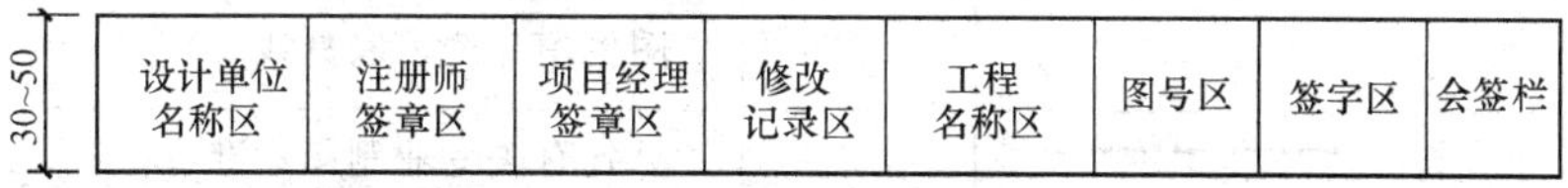

设计单位名称区	注册师签章区	项目经理签章区	修改记录区	工程名称区	图号区	签字区	会签栏

30~50

图 2-6　标题栏（二）

第二节　图线与字体

一、图线

（1）图线的宽度 b，宜从 1.4mm、1.0mm、0.7mm、0.5mm、0.35mm、0.25mm、0.18mm、0.13mm 线宽系列中选取。图线宽度不应小于 0.1mm。每个图样，应根据复杂程度与比例大小，先选定基本线宽 b，再选用表 2-3 中相应的线宽组。

表 2-3　线宽组　（单位：mm）

线宽比	线宽组			
b	1.4	1.0	0.7	0.5
$0.7b$	1.0	0.7	0.5	0.35
$0.5b$	0.7	0.5	0.35	0.25
$0.25b$	0.35	0.25	0.18	0.13

注：1. 需要缩微的图纸，不宜采用 0.18mm 及更细的线宽。

2. 同一张图纸内，各不同线宽中的细线，可统一采用较细的线宽组的细线。

（2）工程建设制图应选用表 2-4 所示的图线。

表 2-4　图线

名称		线型	线宽	用　　途
实线	粗		b	主要可见轮廓线
	中粗		$0.7b$	可见轮廓线
	中		$0.5b$	可见轮廓线、尺寸线、变更云线
	细		$0.25b$	图例填充线、家具线
虚线	粗		b	见各有关专业制图标准
	中粗		$0.7b$	不可见轮廓线
	中		$0.5b$	不可见轮廓线、图例线
	细		$0.25b$	图例填充线、家具线
单点长画线	粗		b	见各有关专业制图标准
	中		$0.5b$	见各有关专业制图标准
	细		$0.25b$	中心线、对称线、轴线等
双点长画线	粗		b	见各有关专业制图标准
	中		$0.5b$	见各有关专业制图标准
	细		$0.25b$	假想轮廓线、成型前原始轮廓线
折断线	细		$0.25b$	断开界线
波浪线	细		$0.25b$	断开界线

（3）同一张图纸内，相同比例的各图样，应选用相同的线宽组。

（4）图纸的图框和标题栏线可采用表 2-5 的线宽。

表 2-5　图框和标题栏线的宽度　　（单位：mm）

幅面代号	图框线	标题栏外框线	标题栏分格线
A0、A1	b	$0.5b$	$0.25b$
A2、A3、A4	b	$0.7b$	$0.35b$

（5）相互平行的图例线，其净间隙或线中间隙不宜小于 0.2mm。

（6）虚线、单点长画线或双点长画线的线段长度和间隔，宜各自相等。

（7）单点长画线或双点长画线，当在较小图形中绘制有困难时，可用实线代替。

（8）单点长画线或双点长画线的两端，不应是点。点画线与点画线交接点或点画线与其他图线交接时，应是线段交接。

(9) 虚线与虚线交接或虚线与其他图线交接时，应是线段交接。虚线为实线的延长线时，不得与实线相接。

(10) 图线不得与文字、数字或符号重叠、混淆，不可避免时，应首先保证文字的清晰。

二、字体

(1) 图纸上所需书写的文字、数字或符号等，均应笔画清晰、字体端正、排列整齐；标点符号应清楚正确。

(2) 文字的字高应从表 2-6 中选用。字高大于 10mm 的文字宜采用 True type 字体，当需书写更大的字时，其高度应按$\sqrt{2}$的倍数递增。

表 2-6　文字的字高　(单位：mm)

字体种类	中文矢量字体	True type 字体及非中文矢量字体
字高	3.5、5、7、10、14、20	3、4、6、8、10、14、20

(3) 图样及说明中的汉字，宜采用长仿宋体或黑体，同一图纸字体种类不应超过两种。长仿宋体的高宽关系应符合表 2-7 的规定，黑体字的宽度与高度应相同。大标题、图册封面、地形图等的汉字，也可书写成其他字体，但应易于辨认。

表 2-7　长仿宋字高宽关系　(单位：mm)

字高	20	14	10	7	5	3.5
字宽	14	10	7	5	3.5	2.5

(4) 汉字的简化字书写应符合国家有关汉字简化方案的规定。

(5) 图样及说明中的拉丁字母、阿拉伯数字与罗马数字，宜采用单线简体或 ROMAN 字体。拉丁字母、阿拉伯数字与罗马数字的书写规则，应符合表 2-8 的规定。

表 2-8　拉丁字母、阿拉伯数字与罗马数字的书写规则

书写格式	字体	窄字体
大写字母高度	h	h
小写字母高度（上下均无延伸）	$7/10\ h$	$10/14\ h$
小写字母伸出的头部或尾部	$3/10\ h$	$4/14\ h$
笔画宽度	$1/10\ h$	$1/14\ h$
字母间距	$2/10\ h$	$2/14\ h$
上下行基准线的最小间距	$15/10\ h$	$21/14\ h$
词间距	$6/10\ h$	$6/14\ h$

(6) 拉丁字母、阿拉伯数字与罗马数字，当需写成斜体字时，其斜度应是从字的

底线逆时针向上倾斜 75°。斜体字的高度和宽度应与相应的直体字相等。

(7) 拉丁字母、阿拉伯数字与罗马数字的字高，不应小于 2.5mm。

(8) 数量的数值注写，应采用正体阿拉伯数字。各种计量单位凡前面有量值的，均应采用国家颁布的单位符号注写。单位符号应采用正体字母。

(9) 分数、百分数和比例数的注写，应采用阿拉伯数字和数学符号。

(10) 当注写的数字小于 1 时，应写出各位的“0”，小数点应采用圆点，齐基准线书写。

(11) 长仿宋汉字、拉丁字母、阿拉伯数字与罗马数字示例应符合现行国家标准《技术制图　字体》(GB/T 14691—1993) 的有关规定。

第三节　符号

一、剖切符号

(1) 剖视的剖切符号应由剖切位置线及剖视方向线组成，均应以粗实线绘制。剖视的剖切符号应符合下列规定：

1) 剖切位置线的长度宜为 6～10mm；剖视方向线应垂直于剖切位置线，长度应短于剖切位置线，宜为 4～6mm (图 2-7)，也可采用国际统一和常用的剖视方法，如图 2-8 所示。绘制时，剖视剖切符号不应与其他图线相接触。

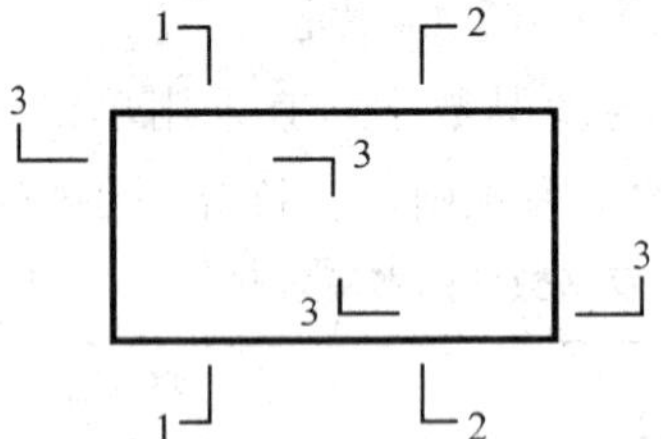

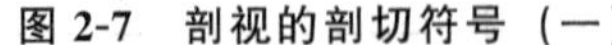

图 2-7　剖视的剖切符号 (一)

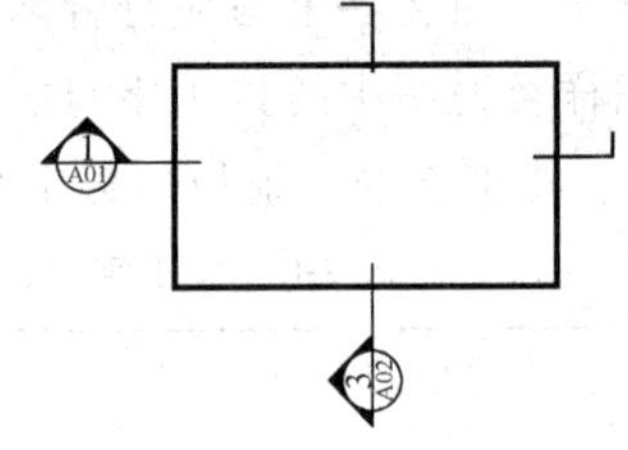

图 2-8　剖视的剖切符号 (二)

2) 剖视剖切符号的编号宜采用粗阿拉伯数字，按剖切顺序由左至右、由下向上连续编排，并应注写在剖视方向线的端部。

3) 需要转折的剖切位置线，应在转角的外侧加注与该符号相同的编号。

4) 建 (构) 筑物剖面图的剖切符号应注在±0.000 标高的平面图或首层平面图上。

5) 局部剖面图 (不含首层) 的剖切符号应注在包含剖切部位的最下面一层的平面图上。

(2) 断面的剖切符号应符合下列规定：

1）断面的剖切符号应只用剖切位置线表示，并应以粗实线绘制，长度宜为6～10mm。

2）断面剖切符号的编号宜采用阿拉伯数字，按顺序连续编排，并应注写在剖切位置线的一侧；编号所在的一侧应为该断面的剖视方向，如图2-9所示。

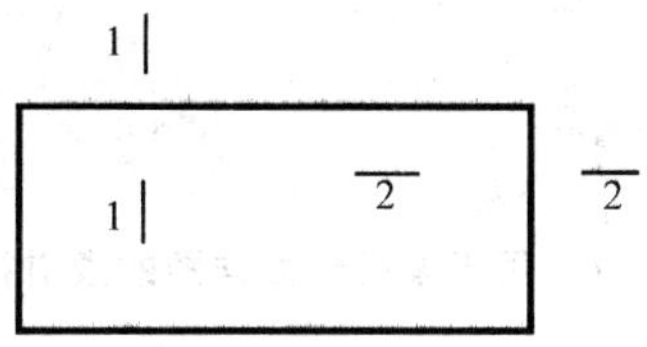

图2-9 断面的剖切符号

（3）剖面图或断面图，当与被剖切图样不在同一张图内时，应在剖切位置线的另一侧注明其所在图纸的编号，也可以在图上集中说明。

二、索引符号与详图符号

（1）图样中的某一局部或构件，如需另见详图，应以索引符号索引［图2-10（a）］。索引符号是由直径为8～10mm的圆和水平直径组成，圆及水平直径应以细实线绘制。索引符号应按下列规定编写：

1）索引出的详图，如与被索引的详图同在一张图纸内，应在索引符号的上半圆中用阿拉伯数字注明该详图的编号，并在下半圆中间画一段水平细实线［图2-10（b）］。

2）索引出的详图，如与被索引的详图不在同一张图纸内，应在索引符号的上半圆中用阿拉伯数字注明该详图的编号，在索引符号的下半圆用阿拉伯数字注明该详图所在图纸的编号［图2-10（c）］。数字较多时，可加文字标注。

3）索引出的详图，如采用标准图，应在索引符号水平直径的延长线上加注该标准图集的编号［图2-10（d）］。需要标注比例时，文字在索引符号右侧或延长线下方，与符号下对齐。

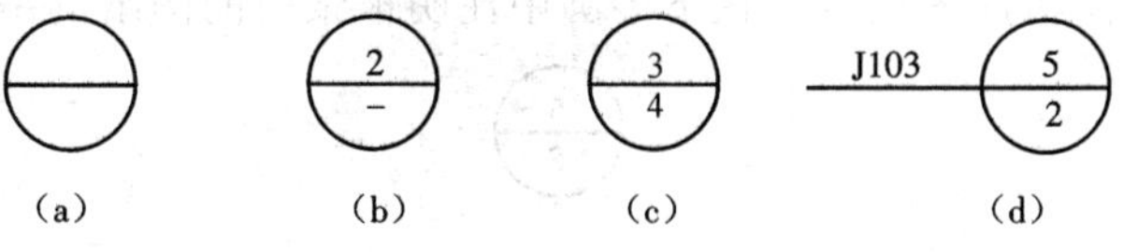

图2-10 索引符号

（2）索引符号当用于索引剖视详图，应在被剖切的部位绘制剖切位置线，并以引出线引出索引符号，引出线所在的一侧应为剖视方向。索引符号的编写应符合上述（1）的规定，如图2-11所示。

（3）零件、钢筋、杆件、设备等的编号宜以直径为5～6mm的细实线圆表示，同

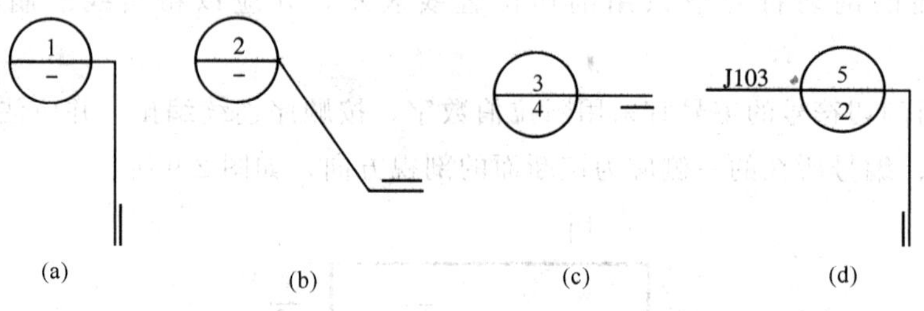

图 2-11　用于索引剖面详图的索引符号

一图样应保持一致，其编号应用阿拉伯数字按顺序编写（图 2-12）。消火栓、配电箱、管井等的索引符号，直径宜为 4～6mm。

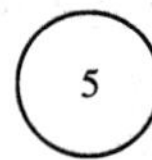

图 2-12　零件、钢筋等的编号

（4）详图的位置和编号应以详图符号表示。详图符号的圆应以直径为 14mm 粗实线绘制。详图编号应符合下列规定：

1）详图与被索引的图样同在一张图纸内时，应在详图符号内用阿拉伯数字注明详图的编号（图 2-13）。

图 2-13　与被索引图样同在一张图纸内的详图符号

2）详图与被索引的图样不在同一张图纸内时，应用细实线在详图符号内画一水平直径，在上半圆中注明详图编号，在下半圆中注明被索引的图纸的编号（图 2-14）。

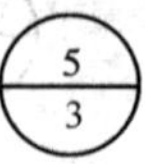

图 2-14　与被索引图样不在同一张图纸内的详图符号

三、引出线

（1）引出线应以细实线绘制，宜采用水平方向的直线，与水平方向成 30°、45°、60°、90°的直线，或经上述角度再折为水平线。文字说明宜注写在水平线的上方［图 2-15（a）］，也可注写在水平线的端部［图 2-15（b）］。索引详图的引出线，应与水平直径线相连接［图 2-15（c）］。

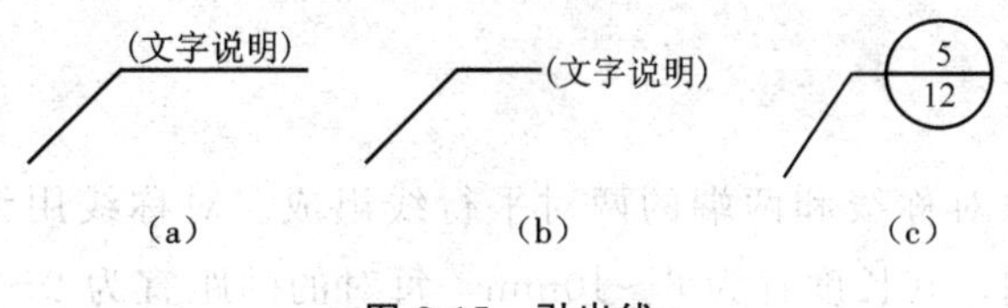

图 2-15　引出线

（2）同时引出的几个相同部分的引出线，宜互相平行［图 2-16（a）］，也可画成集中于一点的放射线［图 2-16（b）］。

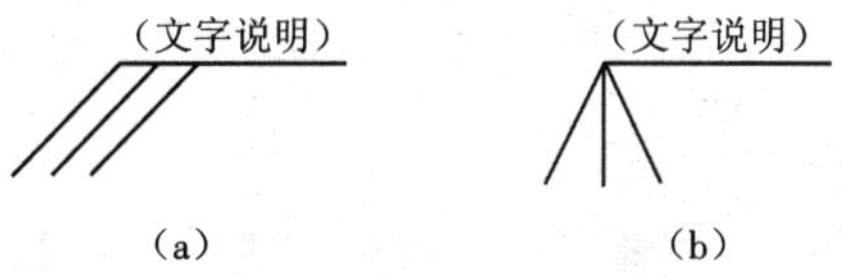

图 2-16　共用引出线

（3）多层构造或多层管道共用引出线，应通过被引出的各层，并用圆点示意对应各层次。文字说明宜注写在水平线的上方，或注写在水平线的端部，说明的顺序应由上至下，并应与被说明的层次对应一致；如层次为横向排序，则由上至下的说明顺序应与由左至右的层次对应一致，如图 2-17 所示。

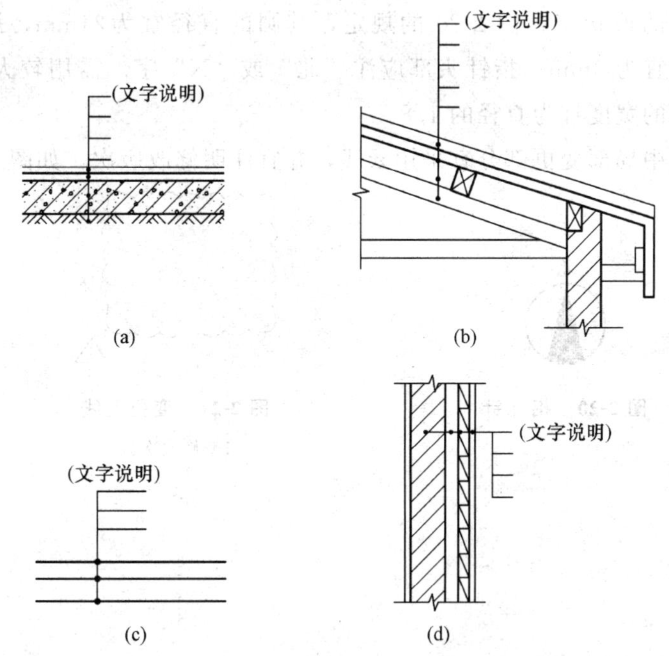

图 2-17　多层共用引出线

四、其他符号

（1）对称符号由对称线和两端的两对平行线组成。对称线用细单点长画线绘制；平行线用细实线绘制，其长度宜为 6～10mm，每对的间距宜为 2～3mm；对称线垂直平分于两对平行线，两端超出平行线宜为 2～3mm，如图 2-18 所示。

（2）连接符号应以折断线表示需连接的部位。两部位相距过远时，折断线两端靠图样一侧应标注大写拉丁字母表示连接编号。两个被连接的图样应用相同的字母编号，如图 2-19 所示。

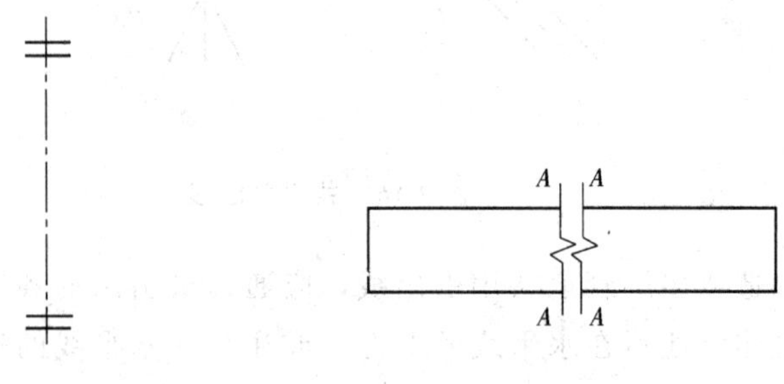

图 2-18　对称符号

图 2-19　连接符号

A—连接编号

（3）指北针的形状符合图 2-20 的规定，其圆的直径宜为24mm，用细实线绘制；指针尾部的宽度宜为 3mm，指针头部应注“北”或“N”字。需用较大直径绘制指北针时，指针尾部的宽度宜为直径的 1/8。

（4）对图纸中局部变更部分宜采用云线，并宜注明修改版次，如图 2-21 所示。

图 2-20　指北针

图 2-21　变更云线

1—修改次数

第三章 独立基础平法施工图制图及识图

第一节 独立基础平法施工图制图规则

一、独立基础平法施工图的表示方法

（1）独立基础表示方法有传统注写方法和平法两种方式，平法有平面注写与截面注写两种表达方式，设计者可根据具体工程情况选择一种，或两种方式相结合进行独立基础的施工图设计，如图 3-1 所示。

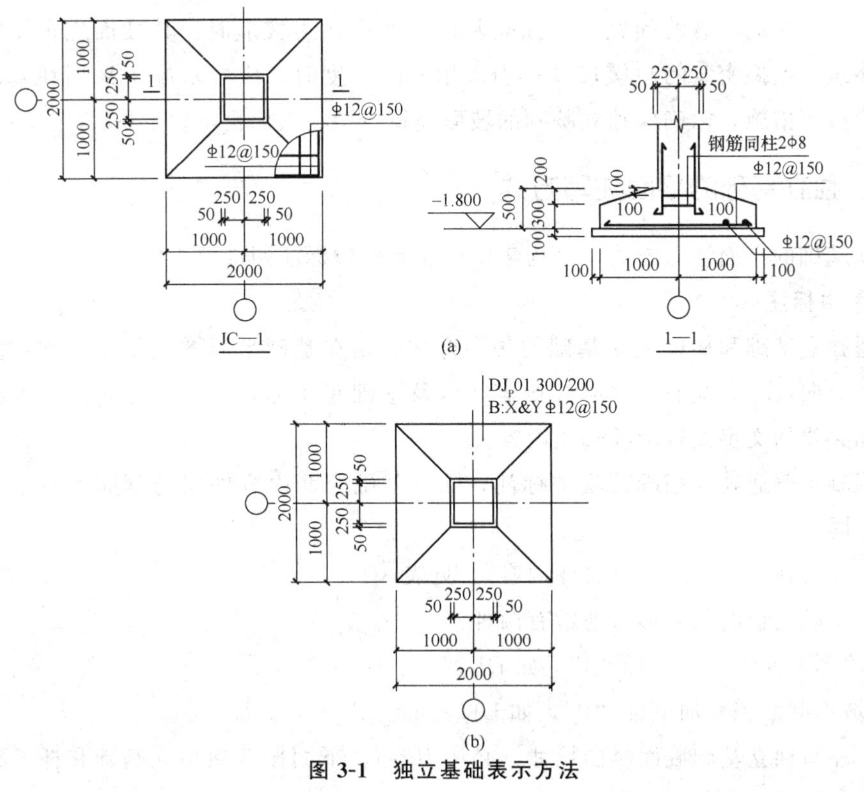

图 3-1 独立基础表示方法

（a）传统注写方法；（b）平面注写

（2）当绘制独立基础平面布置图时，应将独立基础平面与基础所支承的柱一起绘制。当设置基础连系梁时，可根据图面的疏密情况，将基础连系梁与基础平面布置图一起绘制，或将基础连系梁布置图单独绘制。

（3）在独立基础平面布置图上应标注基础定位尺寸；当独立基础的柱中心线或杯口中心线与建筑轴线不重合时，应标注其偏心尺寸。编号相同且定位尺寸相同的基础，可仅选择一个进行标注。

二、独立基础编号

（1）各种独立基础编号按表 3-1 规定。

表 3-1　独立基础编号

类型	基础底板截面形状	代号	序号
普通独立基础	阶形	DJ_J	××
	坡形	DJ_P	××
杯口独立基础	阶形	BJ_J	××
	坡形	BJ_P	××

（2）设计时应注意的问题。当独立基础截面形状为坡形时，其坡面应采用能保证混凝土浇筑、振捣密实的较缓坡度；当采用较陡坡度时，应要求施工采用在基础顶部坡面加模板等措施，以确保独立基础的坡面浇筑成型、振捣密实。

三、独立基础的平面注写方式

独立基础的平面注写方式，分为集中标注和原位标注两部分内容。

1. 集中标注

普通独立基础和杯口独立基础的集中标注，是在基础平面图上集中引注：基础编号、截面竖向尺寸、配筋三项必注内容，以及基础底面标高（与基础底面基准标高不同时）和必要的文字注解两项选注内容。

素混凝土普通独立基础的集中标注，除无基础配筋内容外均与钢筋混凝土普通独立基础相同。

（1）注写独立基础编号（必注内容），见表 3-1。

独立基础底板的截面形状通常有两种：

1）阶形截面编号加下标“J”，如 DJ_J××、BJ_J××；

2）坡形截面编号加下标“P”，如 DJ_P××、BJ_P××。

（2）注写独立基础截面竖向尺寸（必注内容）。下面按普通独立基础和杯口独立基础分部进行说明。

1）普通独立基础。注写 $h_1/h_2/\cdots$，具体标注为：

①当基础为阶形截面时，注写 $h_1/h_2/\cdots$，如图 3-2 所示。

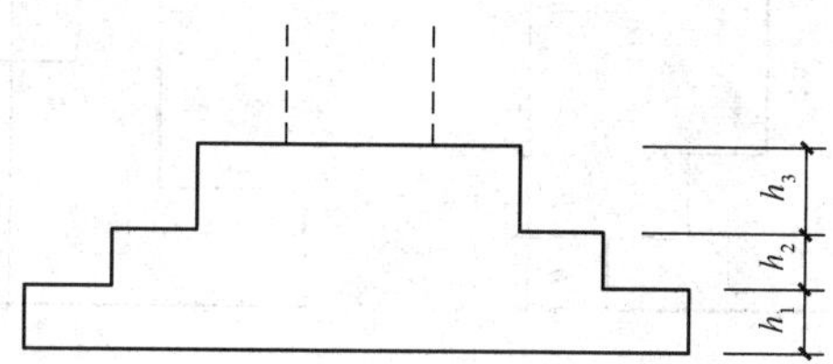

图 3-2　阶形截面普通独立基础竖向尺寸

例：当阶形截面普通独立基础 DJ_J××的竖向尺寸注写为 400/300/300 时，表示 $h_1=400$，$h_2=300$，$h_3=300$。基础底板总厚度为 1 000。

上例及图 3-2 为三阶；当为更多阶时，各阶尺寸自下而上用“/”分隔顺写。

当基础为单阶时，其竖向尺寸仅为一个，且为基础总厚度，如图 3-3 所示。

②当基础为坡形截面时，注写为 h_1/h_2，如图 3-4 所示。

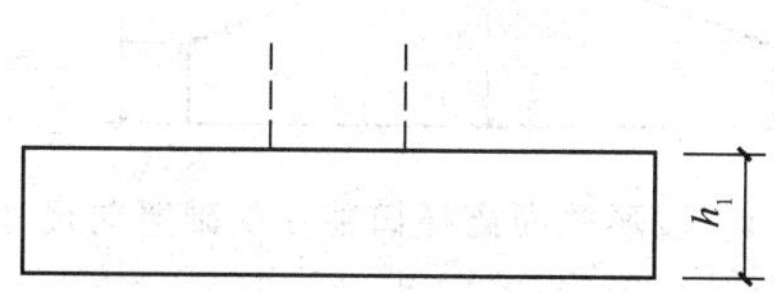

图 3-3　单阶普通独立基础竖向尺寸

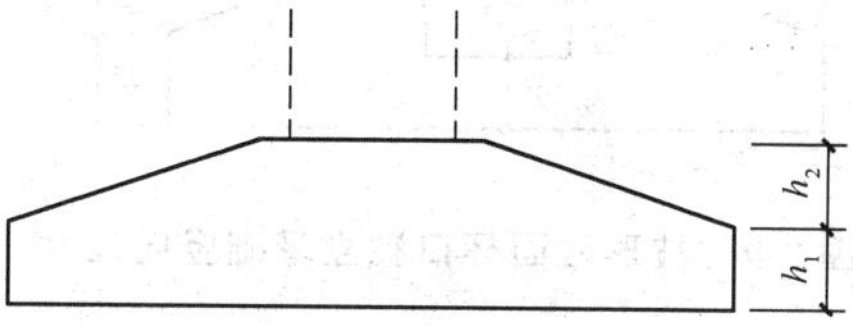

图 3-4　坡形截面普通独立基础竖向尺寸

例：当坡形截面普通独立基础 DJ_p××的竖向尺寸注写为 350/300 时，表示 $h_1=350$，$h_2=300$，基础底板总厚度为 650。

2）杯口独立基础。

①当基础为阶形截面时，其竖向尺寸分两组，一组表达杯口内，另一组表达杯口外，两组尺寸以“,”分隔，注写为：a_0/a_1，$h_1/h_2/\cdots$，其含义如图 3-5～图 3-8 所示，其中杯口深度 a_0 为柱插入杯口的尺寸加 50mm。

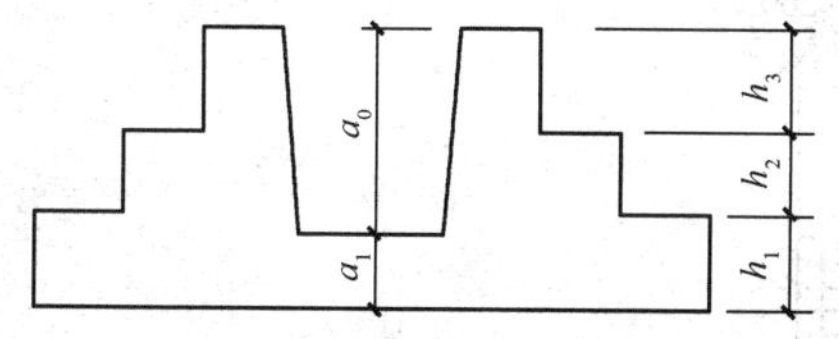

图 3-5　阶形截面杯口独立基础竖向尺寸（一）

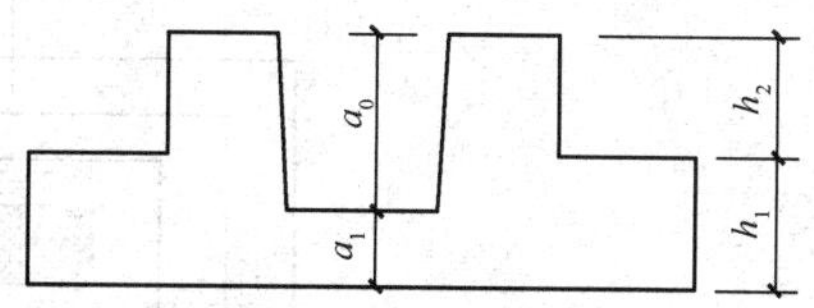

图 3-6　阶形截面杯口独立基础竖向尺寸（二）

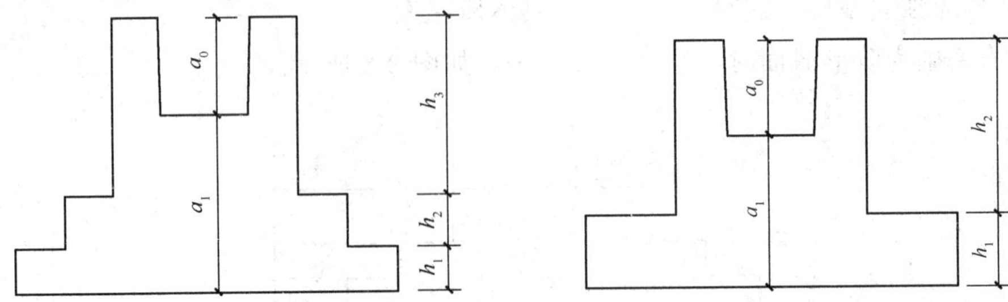

图 3-7　阶形截面高杯口独立基础竖向尺寸（一）　图 3-8　阶形截面高杯口独立基础竖向尺寸（二）

②当基础为坡形截面时，注写为：a_0/a_1，$h_1/h_1/h_3\cdots$，其含义如图 3-9 和图 3-10 所示。

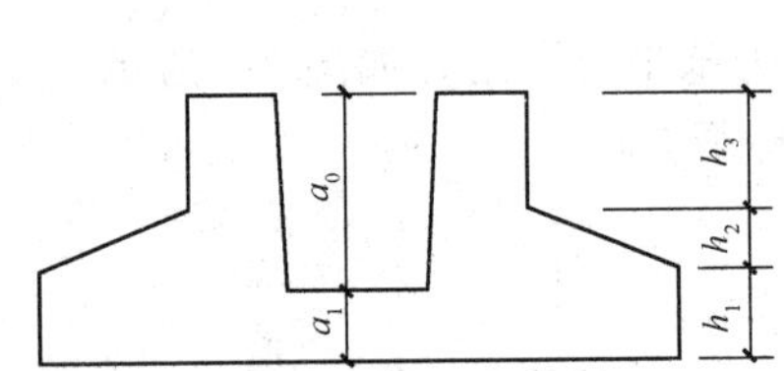

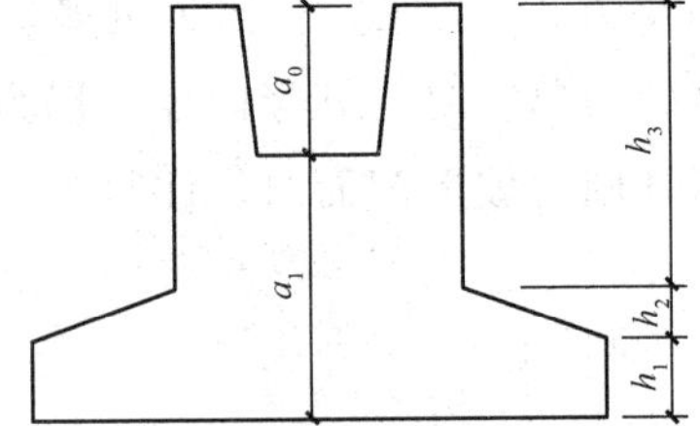

图 3-9　坡形截面杯口独立基础竖向尺寸　　图 3-10　坡形截面高杯口独立基础竖向尺寸

（3）注写独立基础配筋（必注内容）。

1）注写独立基础底板配筋。普通独立基础和杯口独立基础的底部双向配筋注写规定如下：

①以 B 代表各种独立基础底板的底部配筋。

②X 向配筋以 X 打头、Y 向配筋以 Y 打头注写；当两向配筋相同时，则以 X&Y 打头注写。

例如：当独立基础底板配筋标注为：B：XΦ16@150，YΦ16@200，表示基础底板底部配置 HRB400 级钢筋，X 向直径为Φ16，分布间距为 150；Y 向直径为Φ16，分布间距为 200，如图 3-11 所示。

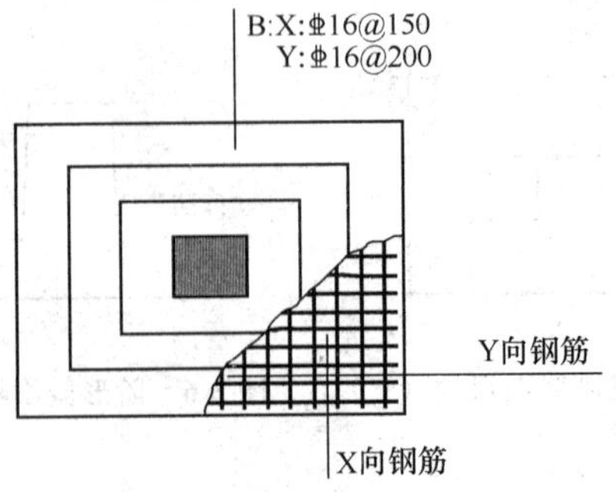

图 3-11　独立基础底板底部双向配筋示意

2）注写杯口独立基础顶部焊接钢筋网：以 Sn 打头引注杯口顶部焊接钢筋网的各边钢筋。

例如：当杯口独立基础顶部钢筋网标注为：Sn 2⌀14，表示杯口顶部每边配置 2 根 HRB400 级直径为⌀14 的焊接钢筋网，如图 3-12 所示。

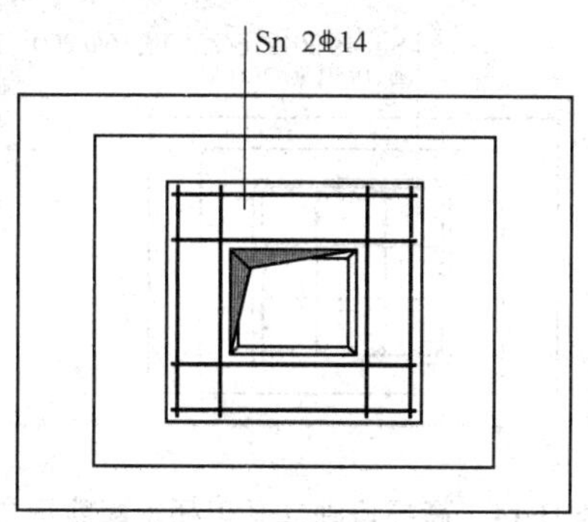

图 3-12　单杯口独立基础顶部焊接钢筋网示意

例如：当双杯口独立基础顶部钢筋网标注为：Sn 2⌀16，表示杯口每边和双杯口中间杯壁的顶部均配置 2 根 HRB400 级直径为⌀16 的焊接钢筋网，如图 3-13 所示。

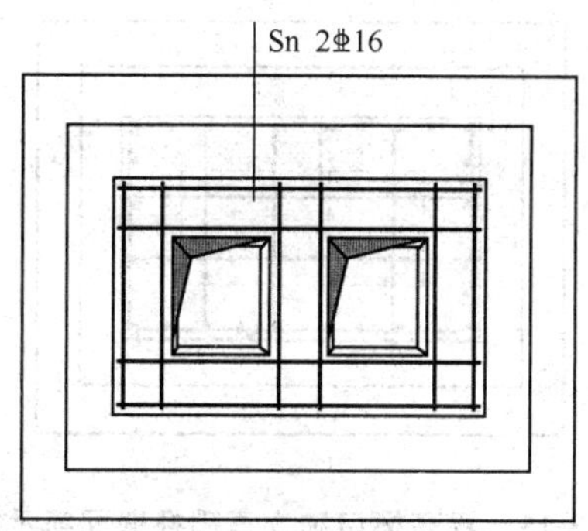

图 3-13　双杯口独立基础顶部焊接钢筋网示意

注：高杯口独立基础应配置顶部钢筋网；非高杯口独立基础是否配置，应根据具体工程情况确定。

当双杯口独立基础中间杯壁厚度小于 400mm 时，在中间杯壁中配置构造钢筋见相应标准构造详图，设计不注。

3）注写高杯口独立基础的杯壁外侧和短柱配筋时，其具体注写规定如下：

①以 O 代表杯壁外侧和短柱配筋。

②先注写杯壁外侧和短柱纵筋，再注写箍筋，注写为：角筋/长边中部筋/短边中部筋，箍筋（两种间距）。

当杯壁水平截面为正方形时，注写为：角筋/x 边中部筋/y 边中部筋，箍筋（两种间距，杯口范围内箍筋间距/短柱范围内箍筋间距）。

例：当高杯口独立基础的杯壁外侧和短柱配筋标注为：O：4⌀20/⌀16@220/

⌀16@200，Φ10@150/300，表示高杯口独立基础的杯壁外侧和短柱配置 HRB400 级竖向钢筋和 HPB300 级箍筋。其竖向钢筋为：4⌀20 角筋，⌀16@220 长边中部筋和⌀16@200 短边中部筋，其箍筋直径为Φ10，杯口范围间距为 150mm，短柱范围间距为 300mm，如图 3-14 所示。

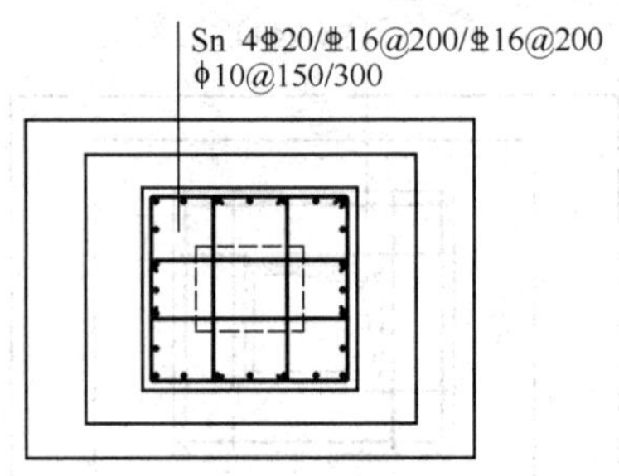

图 3-14　高杯口独立基础杯壁配筋示意

③对于双高杯口独立基础的杯壁外侧配筋，注写形式与单高杯口相同，施工区别在于杯壁外侧配筋为同时环住两个杯口的外壁配筋，如图 3-15 所示。

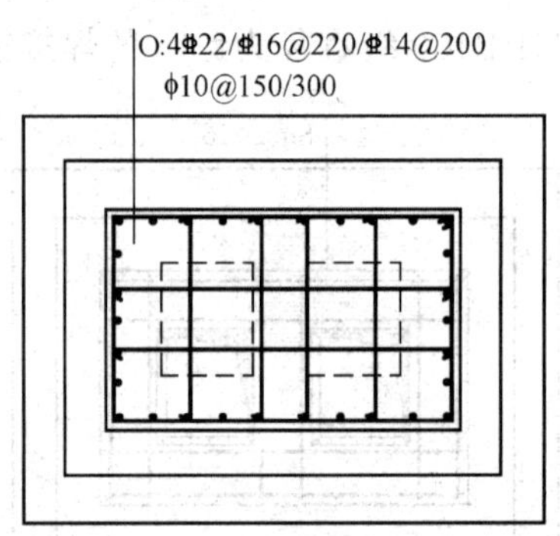

图 3-15　双高杯口独立基础杯壁配筋示意

当双高杯口独立基础中间杯壁厚度小于 400mm 时，在中间杯壁中配置构造钢筋见相应标准构造详图，设计不注。

4）注写普通独立深基础短柱竖向尺寸及钢筋。当独立基础埋深较大，设置短柱时，短柱配筋应注写在独立基础中。具体注写规定如下：

①以 DZ 代表普通独立深基础短柱。

②先注写短柱纵筋，再注写箍筋，最后注写短柱标高范围。注写为：角筋/长边中部筋/短边中部筋，箍筋，短柱标高范围；当短柱水平截面为正方形时，注写为：角筋/x 边中部筋/y 边中部筋，箍筋，短柱标高范围。

例如：当端柱配筋标注为：DZ：4⌀20/5⌀18/5⌀18，Φ10@100，−2.500～−0.050，表示独立基础的短柱设置在−2.500～−0.050 高度范围内，配置 HRB400 级竖向钢筋和 HPB300 级箍筋。其竖向钢筋为：4⌀20 角筋、5⌀18 x 边中部筋和 5⌀18

y 边中部筋；其箍筋直径为ϕ10，间距为 100mm，如图 3-16 所示。

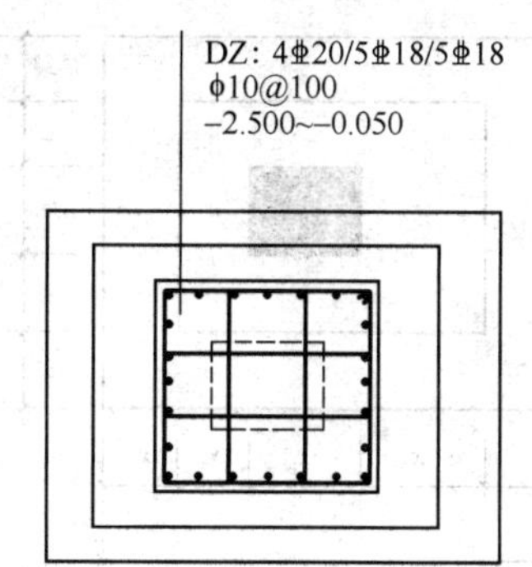

图 3-16　独立基础短柱配筋示意

（4）注写基础底面标高（选注内容）。当独立基础的底面标高与基础底面基准标高不同时，应将独立基础底面标高直接注写在“（　）”内。

（5）必要的文字注解（选注内容）。当独立基础的设计有特殊要求时，宜增加必要的文字注解。例如，基础底板配筋长度是否采用减短方式等，可在该项内注明。

2. 原位标注

钢筋混凝土和素混凝土独立基础的原位标注，是在基础平面布置图上标注独立基础的平面尺寸。对相同编号的基础，可选择一个进行原位标注；当平面图形较小时，可将所选定进行原位标注的基础按比例适当放大；其他相同编号者仅注编号。

（1）普通独立基础。原位标注 x、y，x_c、y_c（或圆柱直径 d_c），x_i、y_i，$i=1$，2，3，…。其中，x、y 为普通独立基础两向边长，x_c、y_c为柱截面尺寸，x_i、y_i为阶宽或坡形平面尺寸（当设置短柱时，尚应标注短柱的截面尺寸）。

1）对称阶形截面普通独立基础的原位标注，如图 3-17 所示。

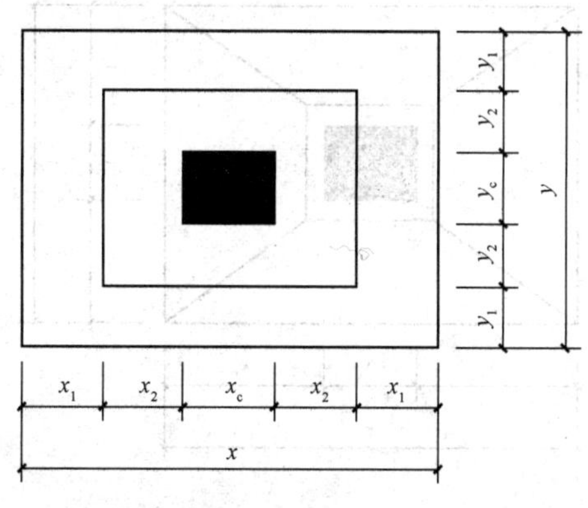

图 3-17　对称阶形截面普通独立基础原位标注

2）非对称阶形截面普通独立基础的原位标注，如图 3-18 所示。

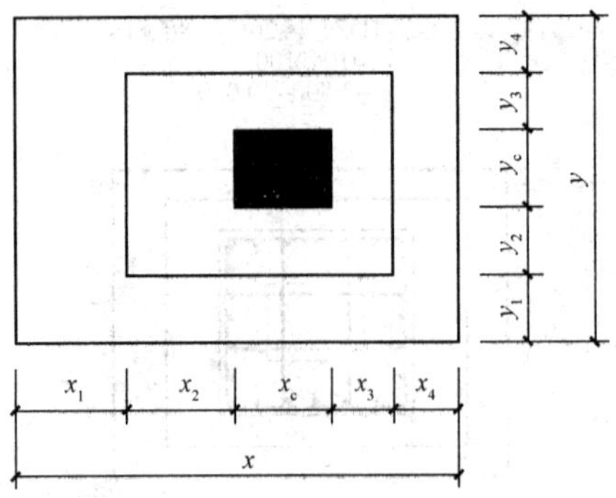

图 3-18　非对称阶形截面普通独立基础原位标注

3）设置短柱独立基础的原位标注，如图 3-19 所示。

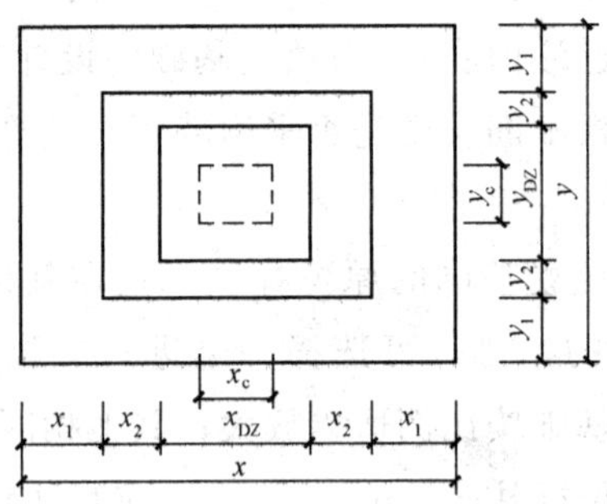

图 3-19　设置短柱独立基础的原位标注

4）对称坡形截面普通独立基础的原位标注，如图 3-20 所示。

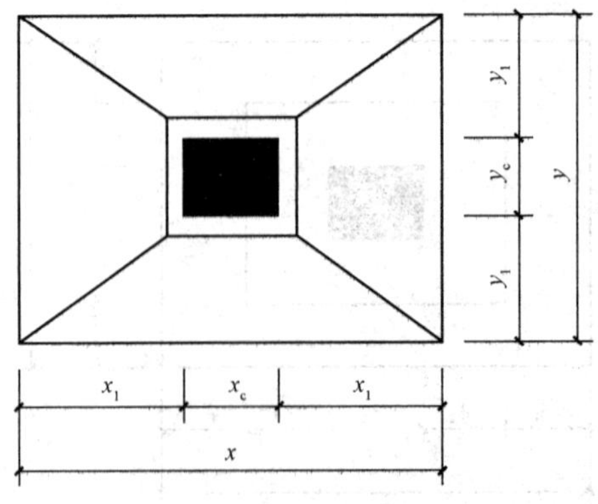

图 3-20　对称坡形截面普通独立基础原位标注

5）非对称坡形截面普通独立基础的原位标注，如图 3-21 所示。

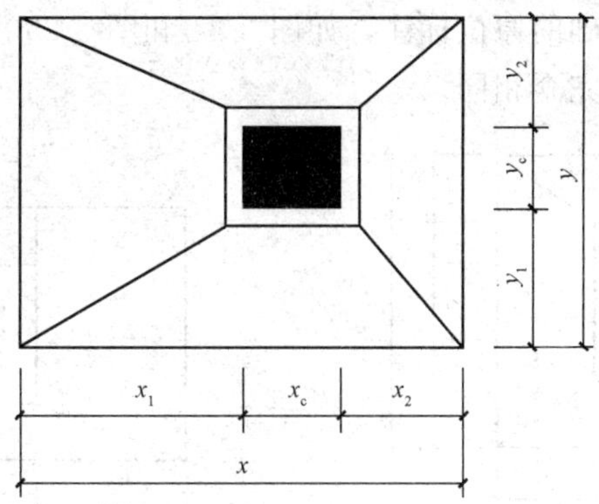

图 3-21　非对称坡形截面普通独立基础原位标注

（2）杯口独立基础。原位标注 x、y，x_u、y_u，t_i，x_i、y_i，$i=1$，2，3，… 。其中 x、y 为杯口独立基础两向边长，x_u、y_u为杯口上口尺寸，t_i为杯壁厚度，x_i、y_i为阶宽或坡形截面尺寸。

杯口上口尺寸 x_u、y_u，按柱截面边长两侧双向各加 75mm；杯口下口尺寸按标准构造详图（为插入杯口的相应柱截面边长尺寸，每边各加 50mm），设计不注。

阶形截面杯口独立基础的原位标注，如图 3-22 和图 3-23 所示。高杯口独立基础原位标注与杯口独立基础完全相同。

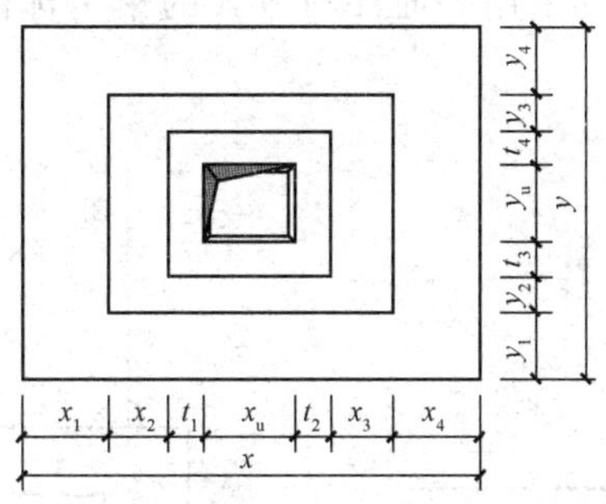

图 3-22　阶形截面杯口独立基础原位标注（一）

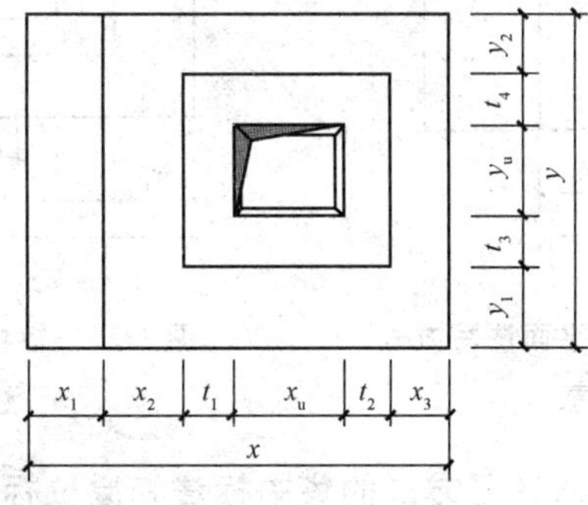

图 3-23　阶形截面杯口独立基础原位标注（二）

注：本图所示基础底板的一边比其他三边多一阶。

坡形截面杯口独立基础的原位标注，如图3-24和图3-25所示。高杯口独立基础的原位标注与杯口独立基础完全相同。

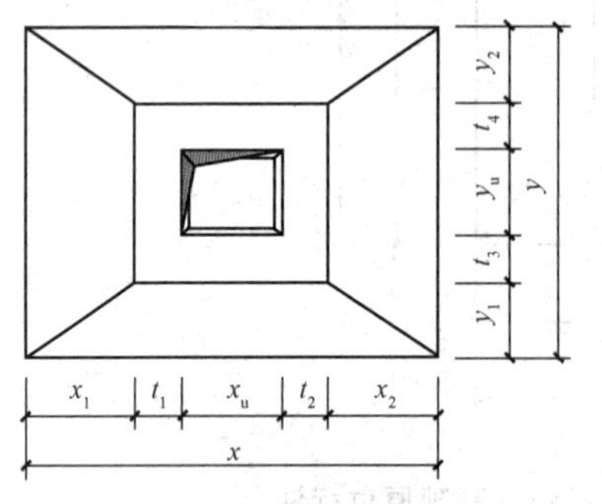

图3-24　坡形截面杯口独立基础原位标注（一）

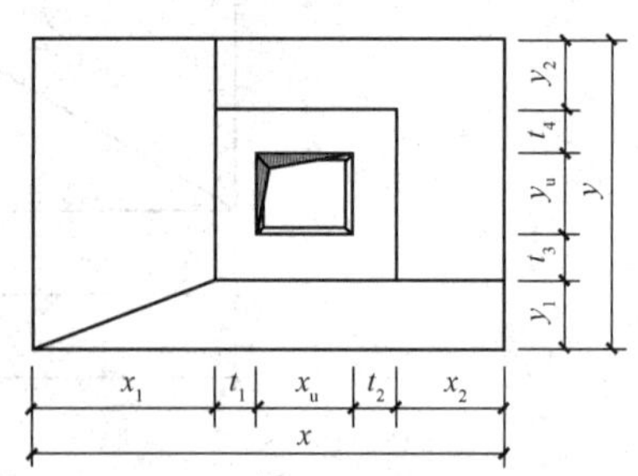

图3-25　坡形截面杯口独立基础原位标注（二）

注：本图所示基础底板有两边不放坡。

设计时应注意的问题：当设计为非对称坡形截面独立基础且基础底板的某边不放坡时，在采用双比例原位放大绘制的基础平面图上，或在圈引出来放大绘制的基础平面图上，应按实际放坡情况绘制分坡线，如图3-25所示。

3. 普通独立基础采用平面注写方式的集中标注和原位标注综合设计表达示意

普通独立基础采用平面注写方式的集中标注和原位标注综合设计表达示意，如图3-26所示。设置短柱独立基础采用平面注写方式的集中标注和原位标注综合设计表达示意，如图3-27所示。

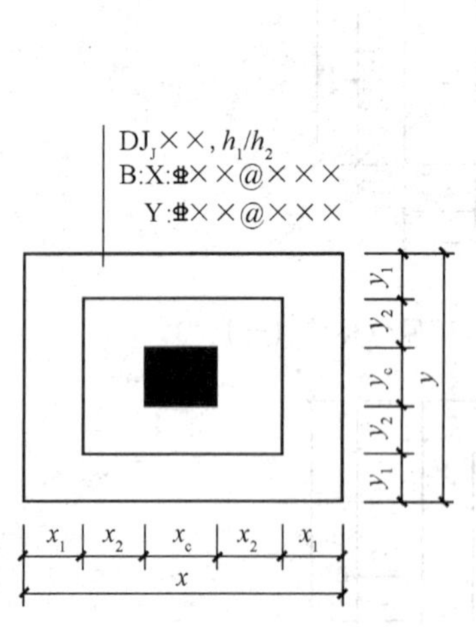

图3-26　普通独立基础平面注写方式设计表达示意

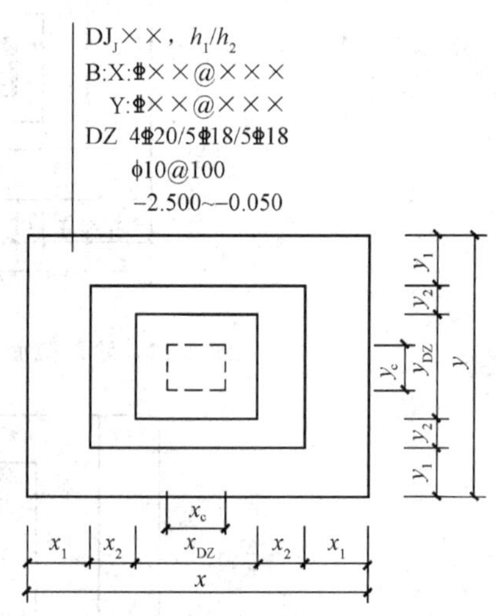

图3-27　短柱独立基础平面注写方式设计表达示意

4. 杯口独立基础采用平面注写方式的集中标注和原位标注综合设计表达示意

杯口独立基础采用平面注写方式的集中标注和原位标注综合设计表达示意，如图3-28所示。

在图 3-28 中，集中标注的第三、四行内容，系表达高杯口独立基础杯壁外侧的竖向纵筋和横向箍筋；当为非高杯口独立基础时，集中标注通常为第一、二、五行的内容。

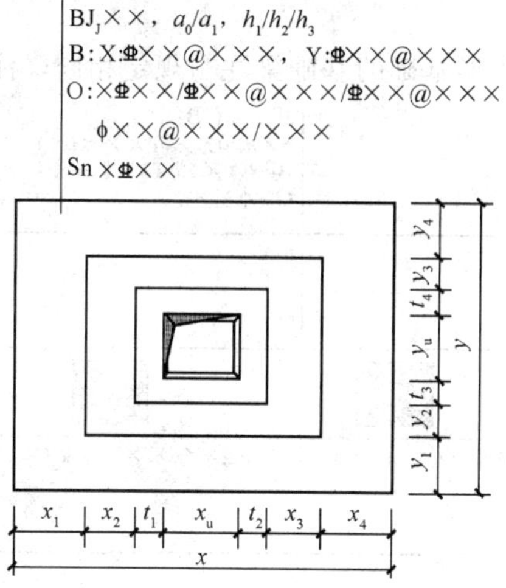

图 3-28　杯口独立基础平面注写方式设计表达示意

5. 多柱独立基础顶部配筋和基础梁的注写方法

(1) 注写双柱独立基础底板顶部配筋。双柱独立基础的顶部配筋，通常对称分布在双柱中心线两侧，注写为：双柱间纵向受力钢筋/分布钢筋。当纵向受力钢筋在基础底板顶面非满布时，应注明其总根数。

例如：T：11⏀18@100/ϕ10@200。表示独立基础顶部配置纵向受力钢筋 HRB400 级，直径为⏀18 设置 11 根，间距 100；分布筋 HPB300 级，直径为ϕ10，分布间距为 200mm，如图 3-29 所示。

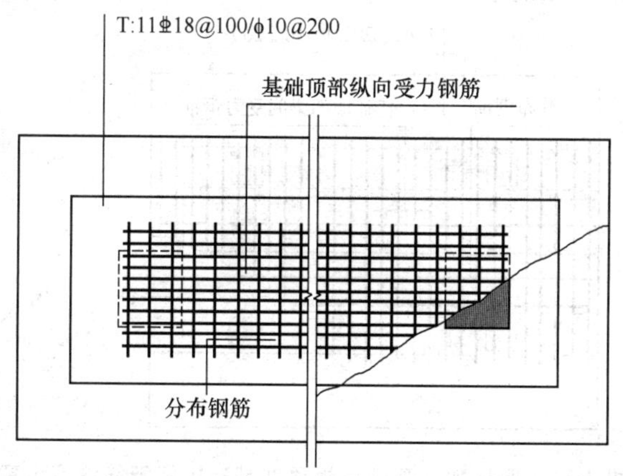

图 3-29　双柱独立基础顶部配筋示意

(2) 注写双柱独立基础的基础梁配筋。当双柱独立基础为基础底板与基础梁相结合时，注写基础梁的编号、几何尺寸和配筋。

如：JL××(1) 表示该基础梁为 1 跨，两端无外伸；JL××(1A) 表示该基础梁为 1 跨，一端有外伸；JL××(1B) 表示该基础梁为 1 跨，两端均有外伸。

通常情况下，双柱独立基础宜采用端部有外伸的基础梁，基础底板则采用受力明确、构造简单的单向受力配筋与分布筋。基础梁宽度宜比柱截面宽出不小于100mm（每边不小于50mm）。

基础梁的注写规定与条形基础的基础梁注写规定相同，注写示意图如图3-30所示。

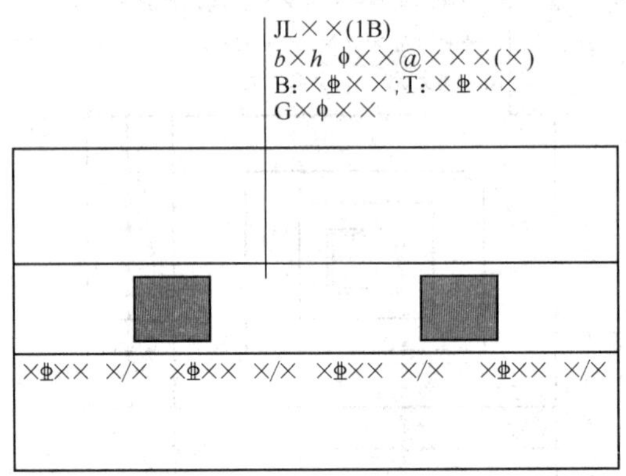

图3-30　双柱独立基础的基础梁配筋注写示意

（3）注写双柱独立基础的底板配筋。双柱独立基础底板配筋的注写，可以按条形基础底板的注写规定，也可以按独立基础底板的注写规定。

（4）当四柱独立基础已设置两道平行的基础梁时，根据内力需要可在双梁之间及梁的长度范围内配置基础顶部钢筋，注写为：梁间受力钢筋/分布钢筋。

例如：T：⌀16@120/ϕ10@200。表示在四柱独立基础顶部两道基础梁之间配置受力钢筋HRB400级，直径为⌀16，间距为120；分布筋HPB300级，直径为ϕ10，分布间距为200mm，如图3-31所示。

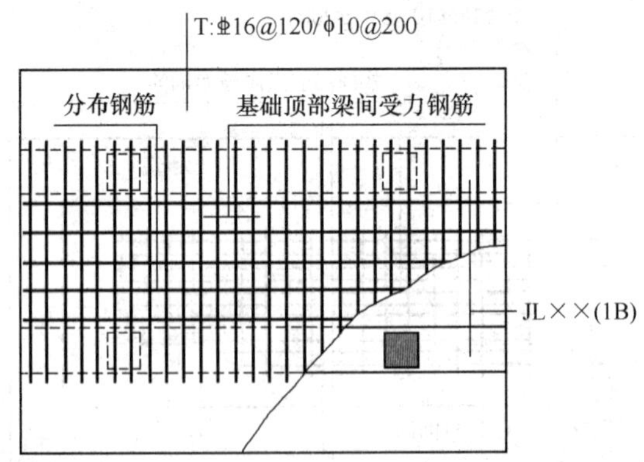

图3-31　四柱独立基础底板顶部基础梁间配筋注写示意

平行设置两道基础梁的四柱独立基础底板配筋，也可按双梁条形基础底板配筋的注写规定。

6. 施工图示意

采用平面注写方式表达的独立基础设计施工图示意，如图3-32所示。

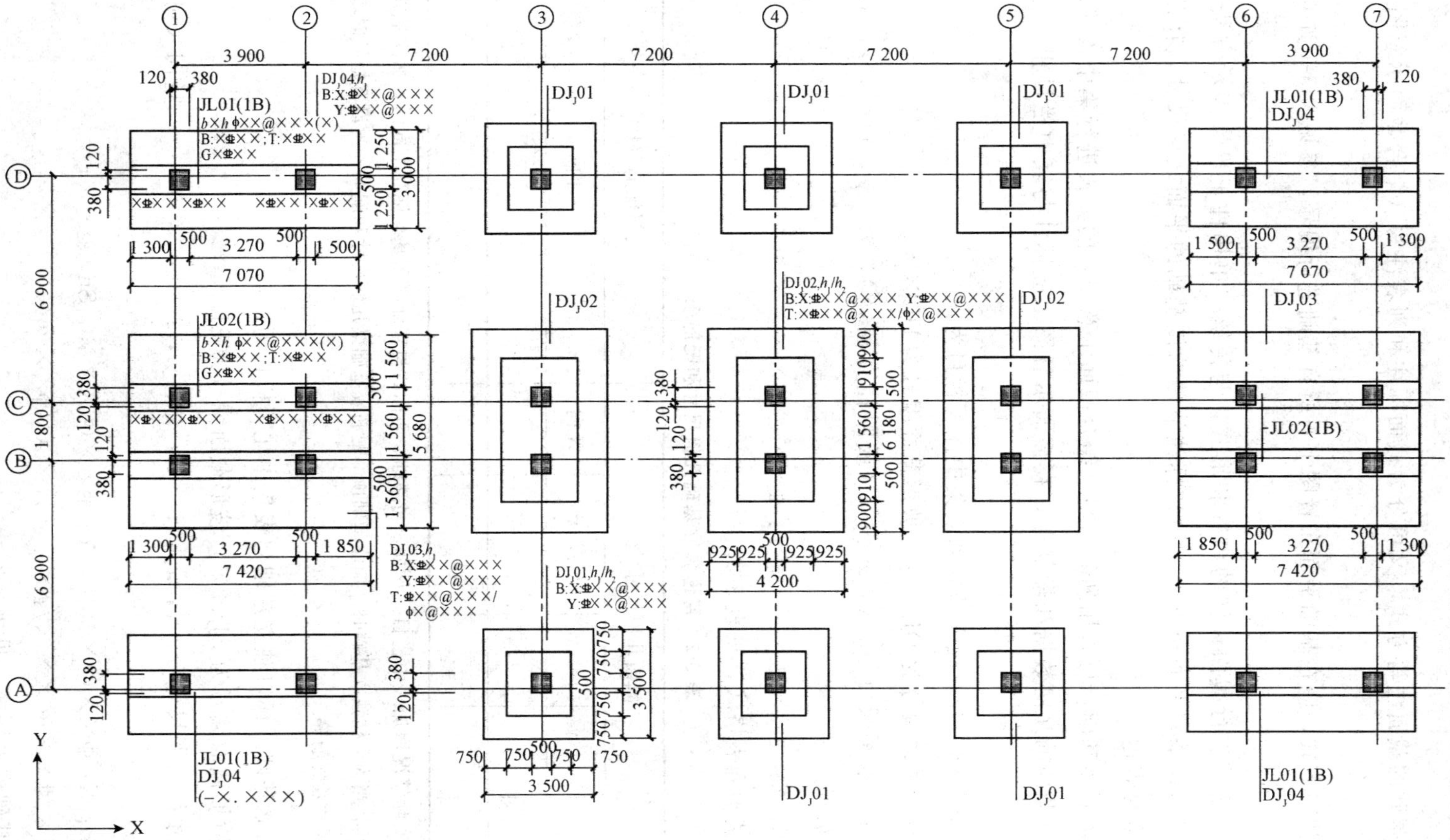

图 3-32　采用平面注写方式表达的独立基础设计施工图示意

注：1. X、Y 为图面方向。

2. ±0.000 的绝对标高（m）：×××.×××；基础底面基准标高（m）：-×.×××。

四、独立基础的截面注写方式

（1）独立基础的截面注写方式，又可分为截面标注和列表注写（结合截面示意图）两种表达方式。

采用截面注写方式，应在基础平面布置图上对所有基础进行编号，参见表3-1独立基础编号。

（2）对单个基础进行截面标注的内容和形式，与传统“单构件正投影表示方法”基本相同，对于已在基础平面布置图上原位标注清楚的该基础的平面几何尺寸，在截面图上可不再重复表达。

（3）对多个同类基础，可采用列表注写（结合截面示意图）的方式进行集中表达。表中内容为基础截面的几何数据和配筋等，在截面示意图上应标注与表中栏目相对应的代号。

1）普通独立基础。普通独立基础列表集中注写栏目为：

①编号：阶形截面编号为DJ_J××，坡形截面编号为DJ_P××。

②几何尺寸：水平尺寸x、y，x_c、y_c（或圆柱直径d_c），x_i、y_i，$i=1$，2，3，…；竖向尺寸h_1/h_2，…。

③配筋：B：X：Φ××@×××，Y：Φ××@×××。

普通独立基础列表格式，见表3-2。

表3-2 普通独立基础几何尺寸和配筋表

基础编号/截面号	截面几何尺寸					底部配筋（B）
	x、y	x_c、y_c	x_i、y_i	h_1/h_2…	X向	Y向

注：可根据实际情况增加表中栏目。例如，当基础底面标高与基础底面基准标高不同时，加注基础底面标高；当为双柱独立基础时，加注基础顶部配筋或基础梁几何尺寸和配筋；当设置短柱时增加短柱尺寸及配筋等。

2）杯口独立基础。杯口独立基础列表集中注写栏目为：

①编号：阶形截面编号为BJ_J××，坡形截面编号为BJ_P××。

②几何尺寸：水平尺寸x、y，x_u、y_u，t_i，x_i、y_i，$i=1$，2，3，…；竖向尺寸a_0、a_1，$h_1/h_2/h_3$，…。

③配筋：B：X：Φ××@×××，Y：Φ××@×××，Sn×Φ××；

O：×Φ××/Φ××@×××/Φ××@×××，ϕ××@×××/×××。

杯口独立基础列表格式，见表3-3。

表 3-3　杯口独立基础几何尺寸和配筋表

基础编号/截面号	截面几何尺寸				底部配筋（B）		杯口顶部钢筋网（Sn）	杯壁外侧配筋（O）	
	x、y	x_c、y_c	x_i、y_i	a_0、a_1，$h_1/h_2/h_3$，…	X 向	Y 向		角筋/长边中部筋/短边中部筋	杯口箍筋/短柱箍筋

注：可根据实际情况增加表中栏目。如当基础底面标高与基础底面基准标高不同时，加注基础底面标高；或增加说明栏目等。

第二节　独立基础平法施工图标准构造详图

一、独立基础 DJ_J、DJ_P、BJ_J、BJ_P底板配筋构造

独立基础 DJ_J、DJ_p、BJ_J、BJ_p底板配筋构造，如图 3-33 所示。

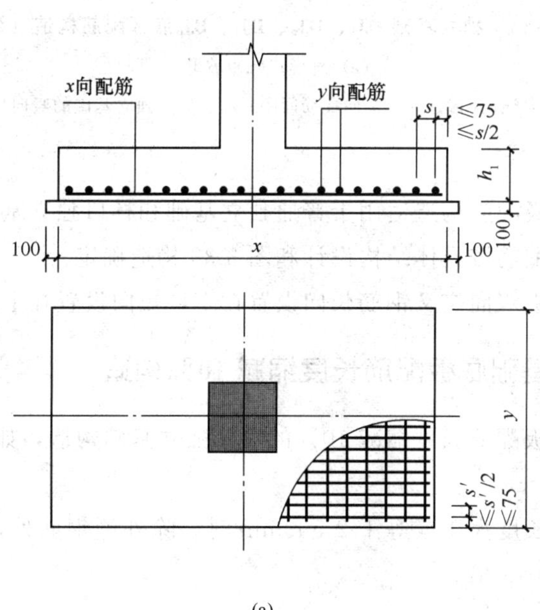

(a)

图 3-33　独立基础 DJ_J、DJ_p、BJ_J、BJ_p底板配筋构造

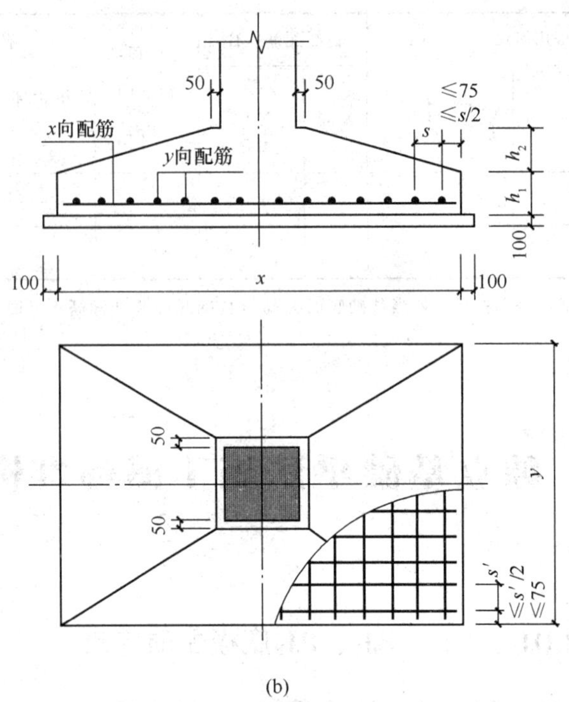

(b)

图 3-33　独立基础 DJ_J、DJ_P、BJ_J、BJ_P 底板配筋构造（续）

（a）阶形；（b）坡形

s—y 向配筋间距；s'—x 向配筋间距；h_1、h_2—独立基础的竖向尺寸

构造图说明：

（1）独立基础底板配筋构造适用于普通独立基础和杯口独立基础。

（2）几何尺寸和配筋按具体结构设计和图 3-33 构造确定。

（3）独立基础底板双向交叉钢筋长向设置在下，短向设置在上。

二、对称独立基础底板配筋长度缩减 10％构造

对称独立基础底板配筋长度缩减 10％的对称独立基础构造，如图 3-34 所示。

构造图说明：

当独立基础底板长度大于或等于 2 500mm 时，除外侧钢筋外，底板配筋长度可取相应方向底板长度的 0.9 倍。

三、非对称独立基础底板配筋长度缩减 10％构造

非对称独立基础底板配筋长度缩减 10％的非对称独立基础构造，如图 3-35 所示。

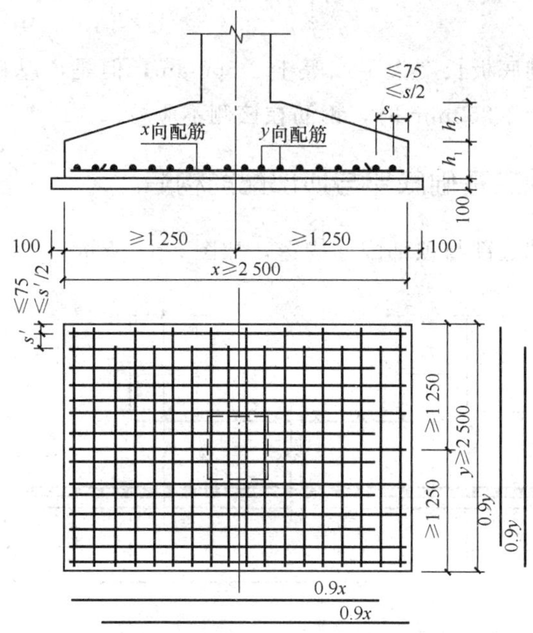

图 3-34　对称独立基础底板配筋长度缩减 10%构造

s—y 向配筋间距；s'—x 向配筋间距；h_1、h_2—独立基础的竖向尺寸

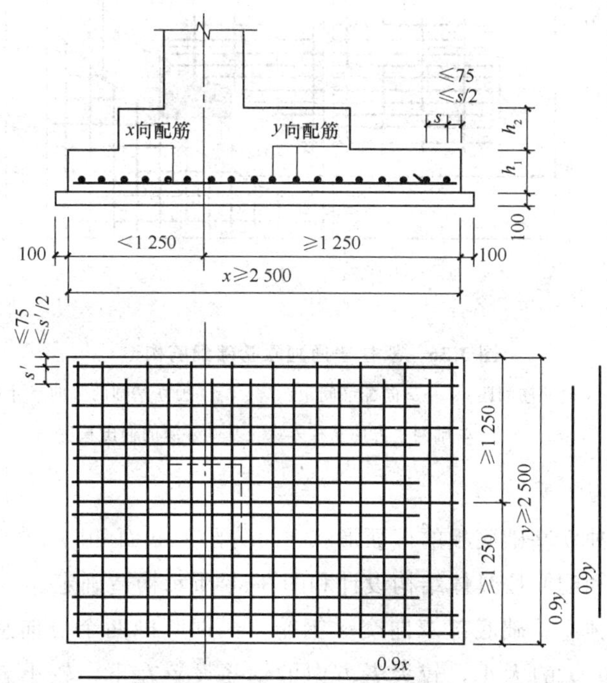

图 3-35　非对称独立基础底板配筋长度缩减 10%构造

s—y 向配筋间距；s'—x 向配筋间距；h_1、h_2—独立基础的竖向尺寸

构造图说明：

当非对称独立基础底板长度大于或等于 2 500mm，但是该基础某侧从柱中心至基础底板边缘的距离小于 1 250mm 时，钢筋在该侧不应减短。

四、双柱普通独立基础底部与顶部配筋构造

双柱普通独立基础底部与顶部配筋构造，如图 3-36 所示。

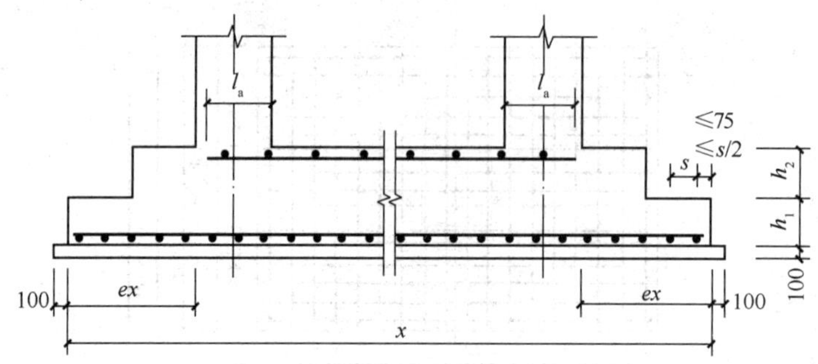

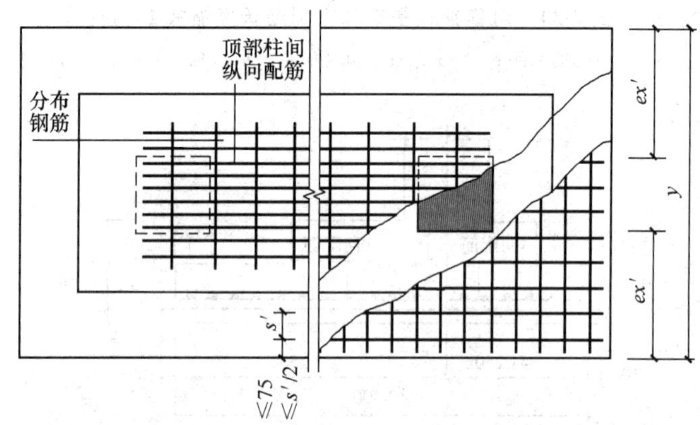

图 3-36　双柱普通独立基础配筋构造

s—y 向配筋间距；s'—x 向配筋间距；h_1、h_2—独立基础的竖向尺寸；

ex、ex'—基础两个方向从柱外缘至基础外缘的伸出长度

构造图说明：

（1）双柱普通独立基础底板的截面形状，可为阶形截面 DJ_J 或坡形截面 DJ_P。

（2）几何尺寸和配筋按具体结构设计和图 3-36 所示构造确定。

（3）双柱普通独立基础底部双向交叉钢筋，根据基础两个方向从柱外缘至基础外缘的伸出长度 ex 和 ex' 的大小，较大者方向的钢筋设置在下，较小者方向的钢筋设置在上。

五、设置基础梁的双柱普通独立基础配筋构造

设置基础梁的双柱普通独立基础配筋构造，如图 3-37 所示。

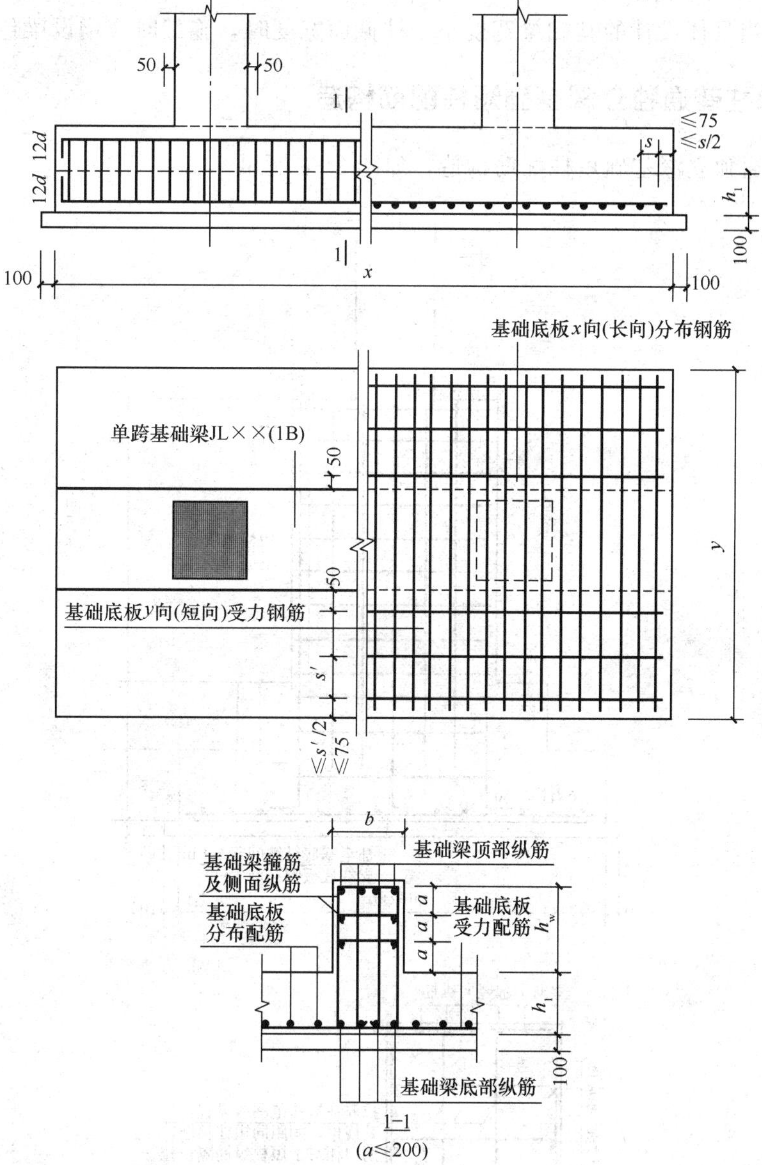

图 3-37　设置基础梁的双柱普通独立基础配筋构造

s—y 向配筋间距；h_1—独立基础的竖向尺寸；d—受拉钢筋直径；

a—钢筋间距；b—基础梁宽度；h_w—梁腹板高度

构造图说明：

(1) 双柱独立基础底板的截面形状，可为阶形截面 DJ_J 或坡形截面 DJ_P。

(2) 几何尺寸和配筋按具体结构设计和图 3-37 所示构造确定。

(3) 双柱独立基础底部短向受力钢筋设置在基础梁纵筋之下，与基础梁箍筋的下水平段位于同一层面。

(4) 双柱独立基础所设置的基础梁宽度，宜比柱截面宽度≥100mm（每边≥50mm）。当具体设计的基础梁宽度小于柱截面宽度时，施工时应增设梁包柱侧腋。

六、单柱普通独立深基础短柱配筋构造

单柱普通独立深基础短柱配筋构造，如图 3-38 所示。

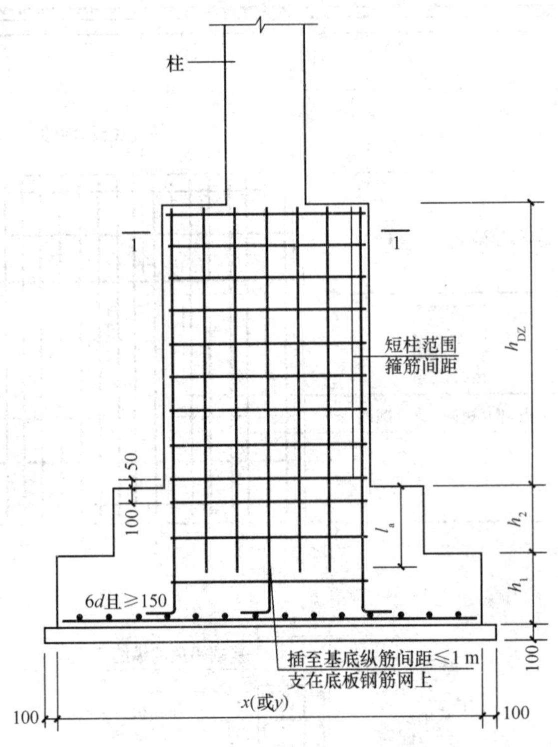

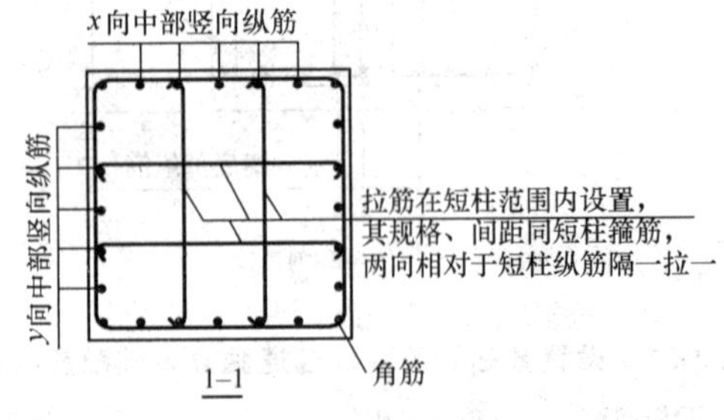

图 3-38　单柱普通独立深基础短柱配筋构造

h_1、h_2—独立基础的竖向尺寸；l_a—纵向受拉钢筋非抗震锚固长度；

h_{DZ}—独立深基础短柱的竖向尺寸

构造图说明：

(1) 独立深基础底板的截面形式可分为阶形截面 BJ_J 或坡形截面 BJ_P。当为坡形截面且坡度较大时，应在坡面上安装顶部模板，以确保混凝土能够浇筑成型、振捣密实。

(2) 几何尺寸和配筋按具体结构和本图构造确定，施工按相应平法制图规则。

七、双柱普通独立深基础短柱配筋构造

双柱普通独立深基础短柱配筋构造，如图 3-39 所示。

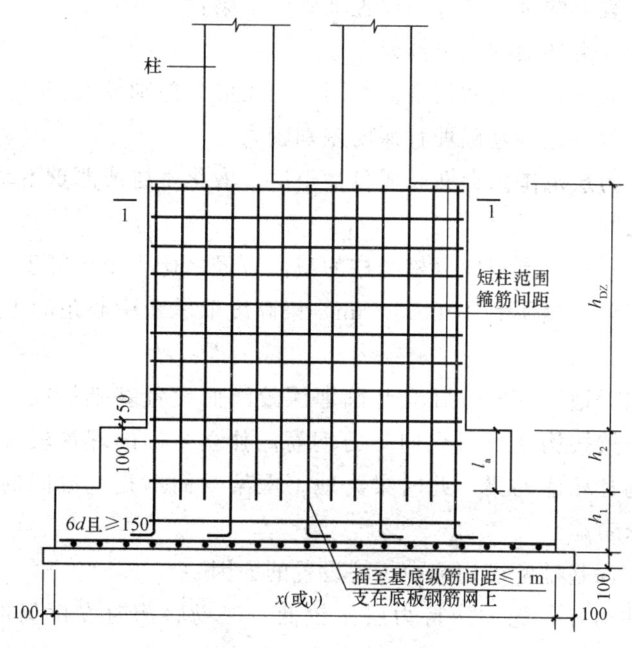

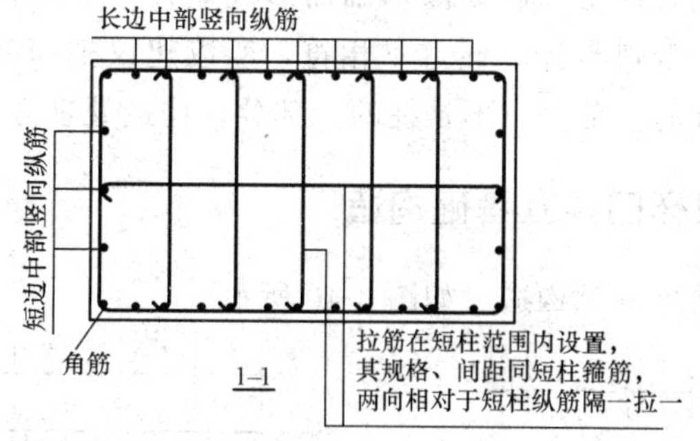

图 3-39 双柱普通独立深基础短柱配筋构造

h_1、h_2—独立基础的竖向尺寸；l_a—纵向受拉钢筋非抗震锚固长度；h_{DZ}—独立深基础短柱的竖向尺寸

构造图说明：

短柱从距其下一阶阶面 50mm 处开始布置。在短柱范围内设置的拉筋，其规格、间距同短柱箍筋，两向相对于短柱纵筋隔一拉一。

(1) 独立柱基础间设置拉筋的目的

1）增加房屋基础部分的整体性，调节相邻基础间的不均匀沉降变形等原因而设置的，由于相邻基础长短跨不一样，基底压应力不一样，用拉梁调节，考虑计算的需要和构造的需要；基础梁埋置在较好的持力土层上，与基础底板一起支托上部结构，并承受地基反力作用。

2）基础连梁拉结柱基或桩基承台基础之间的两柱，梁顶面位置宜与柱基或承台顶面位于同一标高。

3）《建筑抗震设计规范》（GB 50011—2010）第6.1.11的规定：框架单独柱基有下列情况之一时，宜沿两个主轴方向设置基础连系梁：

①一级框架和Ⅳ类场地的二级框架；

②各柱基础底面在重力荷载代表值作用下的压应力差别较大；

③基础埋置较深，或各基础埋置深度差别较大；

④地基主要受力层范围内存在软弱黏性土层、液化土层或严重不均匀土层；

⑤桩基承台之间。

非抗震设计时单桩承台双向（桩与柱的截面直径之比小于或等于2）和两桩承台短向设置基础连梁；梁宽度不宜小于250mm，梁高度取承台中心距的1/10～1/15，且不宜小于400mm。

多层框架结构无地下室时，独立基础埋深较浅而设置基础拉梁，一般会设置在基础的顶部，此时拉梁按构造配置纵向受力钢筋；独立基础的埋深较大、底层的高度较高时，也会设置与柱相连的梁，此时梁为地下框架梁而不是基础间的拉梁，应按地下框架梁的构造要求考虑。

（2）独立短柱深基础配筋构造中短柱设置的原因

由于地质条件不好，稳定的持力层比较低，现场验槽时发生局部地基土比较软，需要进行深挖，造成有些基础做成深基础而形成短柱，但结构力学计算上要求基础顶标高在一个平面上，否则与计算假定不相符，所以建议把深基础做成短柱，基础上加拉梁，短柱属于基础的一部分，不是柱的一部分，构造处理方式按基础处理。

八、杯口和双杯口独立基础构造

杯口和双杯口独立基础构造，如图3-40所示。

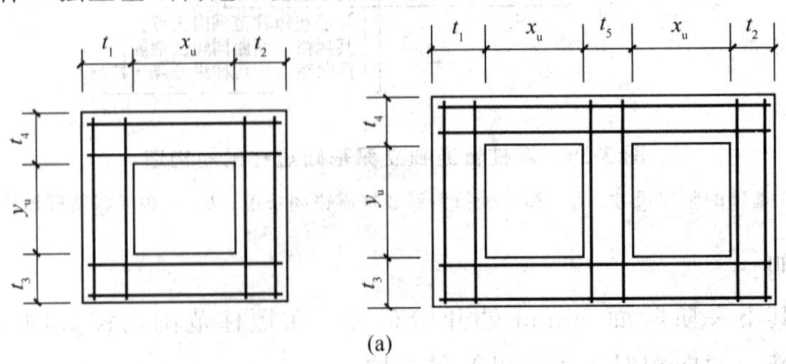

图3-40　杯口和双杯口独立基础构造

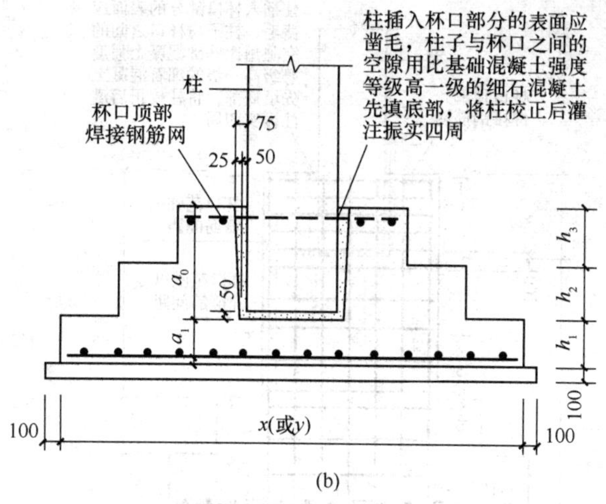

(b)

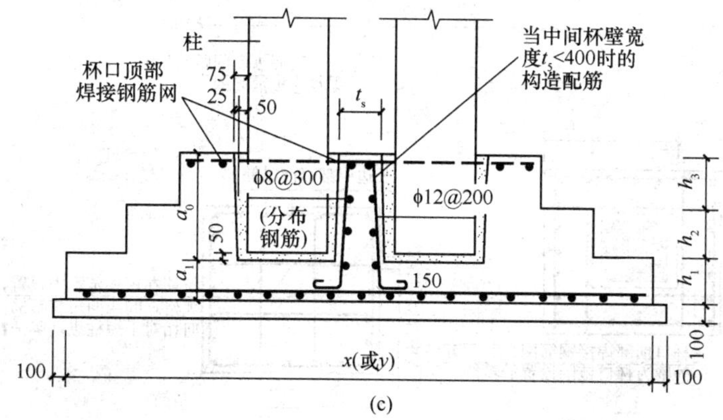

(c)

图 3-40　杯口和双杯口独立基础构造（续）

（a）杯口顶部焊接钢筋网；（b）杯口独立基础构造；（c）双杯口独立基础构造

t_1、t_2、t_3、t_4、t_5—杯壁厚度；x_u、y_u—杯口上口尺寸；a_0—杯口深度；

a_1—杯口内底部至基础底部距离；h_1、h_2、h_3—独立基础的竖向尺寸

构造图说明：

（1）杯口独立基础底板的截面形状可为阶形截面 BJ_J 或坡形截面 BJ_P。当为坡形截面且坡度较大时，应在坡面上安装顶部模板，以确保混凝土能够浇筑成型、振捣密实。

（2）几何尺寸和配筋按具体结构设计和本图（图 3-40）构造确定。

（3）当双杯口的中间杯壁宽度 t_5 小于或等于 400mm 时，按图 3-40 所示设置构造配筋。

九、高杯口独立基础杯壁和基础短柱配筋构造

高杯口独立基础杯壁和基础短柱配筋构造，如图 3-41 所示。

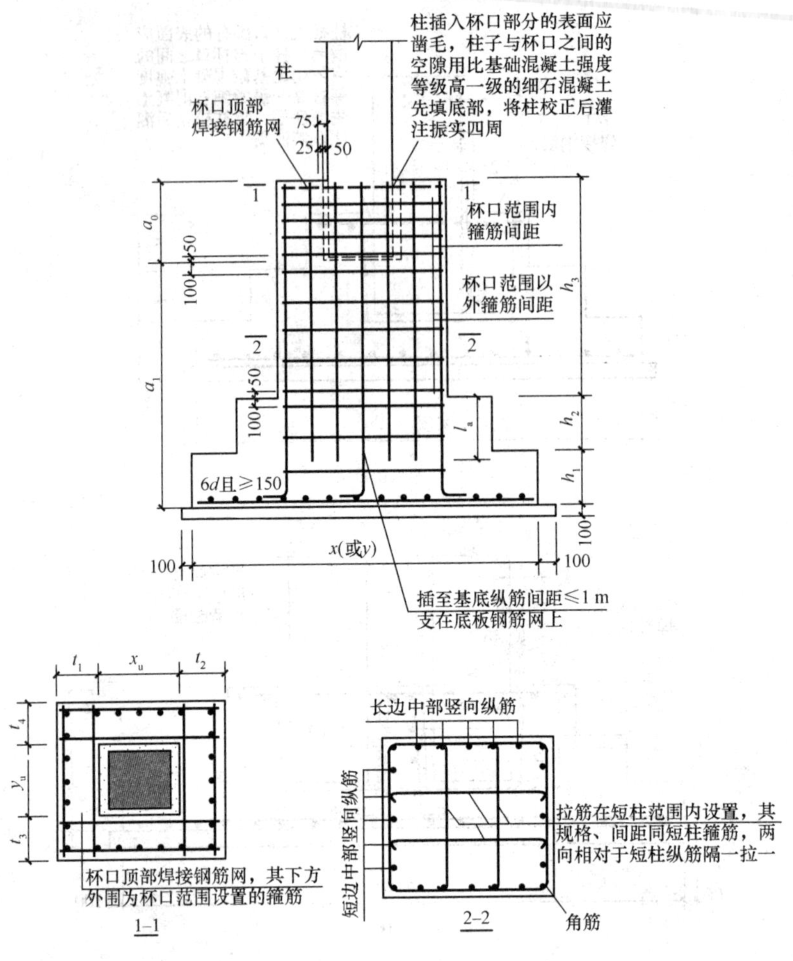

图 3-41　高杯口独立基础杯壁和基础短柱配筋构造

t_1、t_2、t_3、t_4、t_5—杯壁厚度；x_u、y_u—杯口上口尺寸；a_0—杯口深度；

a_1—杯口内底部至基础底部距离；h_1、h_2、h_3—独立基础的竖向尺寸

构造图说明：

（1）高杯口独立基础底板的截面形状可为阶形截面 BJ_J 或坡形截面 BJ_P。当为坡形截面且坡度较大时，应在坡面上安装顶部模板，以确保混凝土能够浇筑成型、振捣密实。

（2）几何尺寸和配筋按具体结构设计和本图（图 3-41）构造确定，施工按相应平法制图规则。

十、双高杯口独立基础杯壁和基础短柱配筋构造

双高杯口独立基础杯壁和基础短柱配筋构造，如图 3-42 所示。

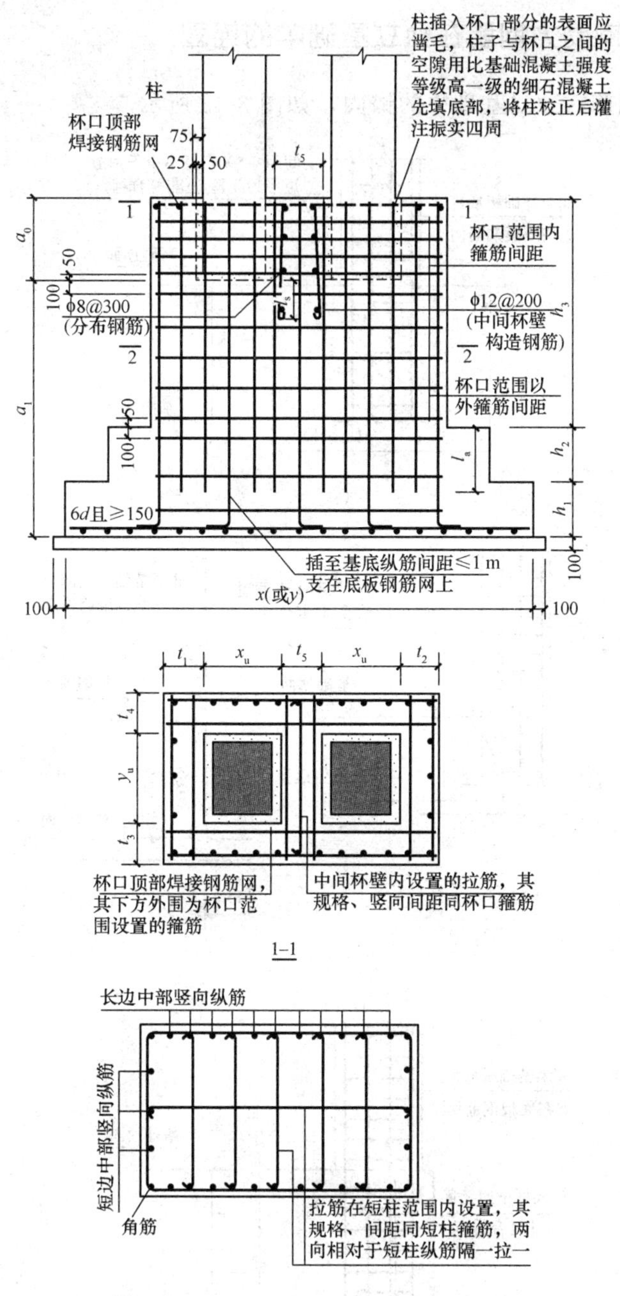

图 3-42　双高杯口独立基础杯壁和基础短柱配筋构造

t_1、t_2、t_3、t_4、t_5—杯壁厚度；x_u、y_u—杯口上口尺寸；a_0—杯口深度；

a_1—杯口内底部至基础底部距离；h_1、h_2、h_3—独立基础的竖向尺寸

构造图说明：

当双杯口的中间杯壁宽度 t_5 小于 400mm 时，设置中间杯壁构造配筋。

十一、柱纵向受力钢筋在独立基础中的锚固

柱纵向受力钢筋在独立基础中的锚固，如图 3-43 所示。

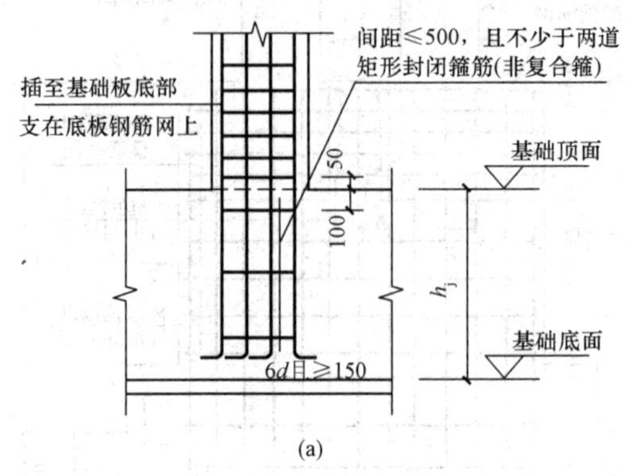

(a)

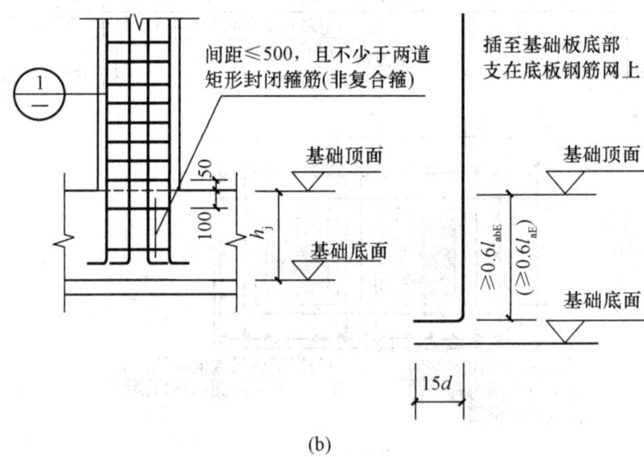

(b)

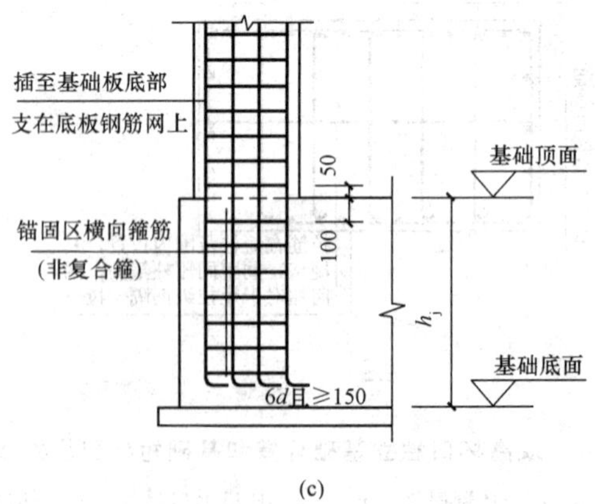

(c)

图 3-43　柱插筋在独立基础中的锚固

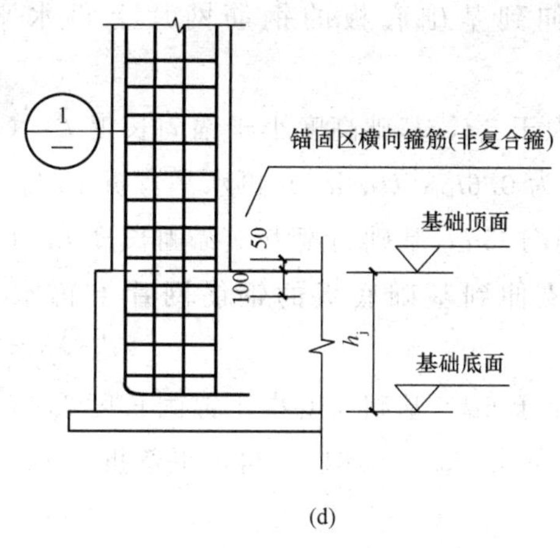

(d)

图 3-43 柱插筋在独立基础中的锚固（续）

（a）插筋保护层厚度>5d，$h_j>l_{aE}$（l_a）；（b）插筋保护层厚度>5d，$h_j\leqslant l_{aE}$（l_a）；

（c）柱外侧插筋保护层厚度≤5d，$h_j>l_{aE}$（l_a）；（d）柱外侧插筋保护层厚度≤5d，$h_j\leqslant l_{aE}$（l_a）

（1）柱插筋的数量、直径及钢筋种类应与柱内纵向受力钢筋相同。柱插筋伸至基础板底部支在底板钢筋网上，在基础内部用不少于两道矩形封闭箍筋（非复合箍）固定，每道箍筋竖向间距小于或等于 500mm，柱插筋伸入基础内满足锚固长度 l_a 和 l_{aE} 的要求。

（2）当基础高度较高，符合下列条件时，仅柱四角的钢筋伸到基础底板的钢筋网片上（伸至底板钢筋网上的柱插筋之间间距不应大于 1 000mm）：

1）柱为轴心受压或小偏心受压，独立基础、条形基础高度大于或等于 1 200mm；

2）柱为大偏心受压，独立基础、条形基础高度大于或等于 1 400mm。

除柱四角的钢筋，其他钢筋插筋在基础内应满足从基础顶面算起锚固长度不小于 l_a 和 l_{aE} 的要求即可。

（3）当插筋部分保护层厚度不一致情况下，锚固区保护层厚度小于 5d 的部位应设置横向箍筋（非复合箍）。

（4）框架边柱及角柱。无外伸的基础梁、板，当外侧钢筋保护层厚度小于或等于 5d 时，锚固区内设置非复合箍筋，直径大于或等于 $d/4$（最大直径）间距小于或等于 5d 且小于或等于 100mm；有外伸的基础梁、板，保护层厚度满足要求时，也可以采用 $0.6l_{aE}+15d$。

（5）框架中柱。满足直锚长度且柱截面尺寸大于 1 000mm 时，除柱四角外每隔 1 000mm 伸至板底；其他可满足 l_{abE}（l_{ab}）锚固要求；不满足直锚长度时可采用 90°弯锚，竖直段长度不小于 l_{abE}（l_{ab}）且伸至板底，弯折后水平投影长度为 15d；当柱两侧板厚或梁高不同时，高度选取较小者。

（6）柱插筋在独立基础中锚固的锚固长度的判定。

1）插筋保护层厚度大于 5d，基础高度大于锚固长度 l_{aE}（l_a），插筋在基础中锚固

满足 l_{aE}（l_a）时，还要伸到基础底板的钢筋网片上再水平弯折 $6d$ 且大于或等于 150mm。

2）插筋保护层厚度大于 $5d$，基础高度小于锚固长度 l_{aE}（l_a），插筋伸到基础底部支在钢筋网片上，竖直段为 $0.6l_{abE}$（$0.6l_{ab}$）再水平弯折 $15d$。

3）插筋保护层厚度小于 $5d$，基础高度大于锚固长度 l_{aE}（l_a），插筋在基础中锚固在满足 l_{aE}（l_a）时，还要伸到基础底板的钢筋网片上再水平弯折 $6d$ 且大于或等于 150mm。

4）插筋保护层厚度小于 $5d$，基础高度小于锚固长度 l_{aE}（l_a），插筋伸到基础底部支在钢筋网片上，竖直段为 $0.6l_{abE}$（$0.6l_{ab}$）再水平弯折 $15d$。

第四章 条形基础平法施工图制图及识图

第一节 条形基础平法施工图制图规则

一、条形基础平法施工图的表示方法

（1）条形基础平法施工图，有平面注写与截面注写两种表达方式，设计者可根据具体工程情况选择一种，或将两种方式相结合进行条形基础的施工图设计。

（2）条形基础整体上可分为两类：

1）梁板式条形基础。该类条形基础适用于钢筋混凝土框架结构，框架－剪力墙结构、部分框支剪力墙结构和钢结构。平法施工图将梁板式条形基础分解为基础梁和条形基础底板分别进行表达，如图 4-1 所示。

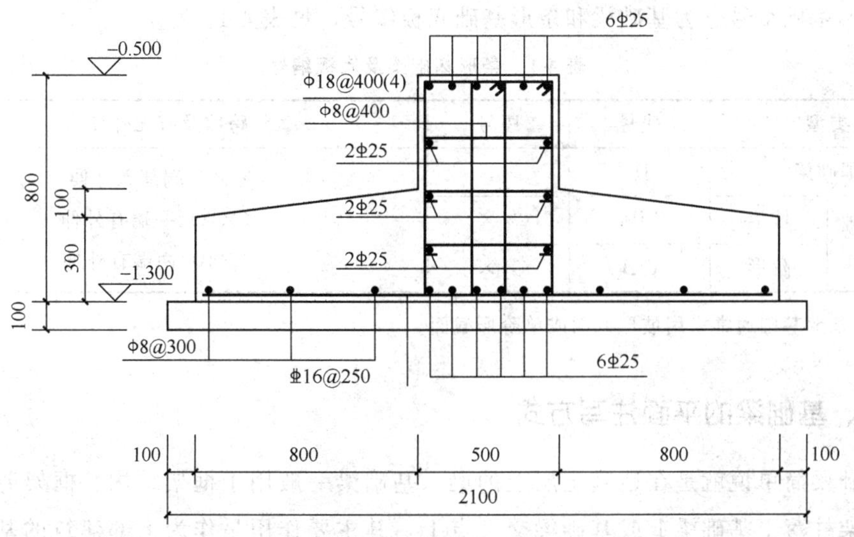

图 4-1 梁板式条形基础

2）板式条形基础。该类条形基础适用于钢筋混凝土剪力墙结构和砌体结构，平法施工图仅表达条形基础底板，如图 4-2 所示。

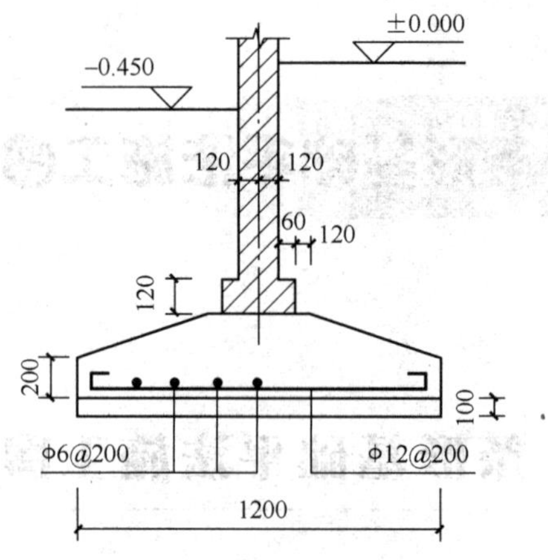

图 4-2　板式条形基础

（3）当绘制条形基础平面布置图时，应将条形基础平面与基础所支承的上部结构的柱、墙一起绘制。当基础底面标高不同时，需注明与基础底面基准标高不同之处的范围和标高。

（4）当梁板式基础梁中心或板式条形基础板中心与建筑定位轴线不重合时，应标注其定位尺寸；对于编号相同的条形基础，可仅选择一个进行标注。

二、条形基础编号

条形基础编号分为基础梁和条形基础底板编号，见表 4-1。

表 4-1　条形基础梁及底板编号

类型		代号	序号	跨数及有无外伸
基础梁		JL	××	（××）端部无外伸 （××A）一端有外伸 （××B）两端有外伸
条形基础底板	坡形	TJB_P	××	
	阶形	TJB_J	××	

注：条形基础通常采用坡形截面或单阶形截面。

三、基础梁的平面注写方式

基础梁简单说就是在地基土层上的梁。基础梁一般用于框架结构、框架剪力墙结构，框架柱落于基础梁上或基础梁交叉点上，其主要作用是作为上部建筑的基础，将上部荷载传递到地基上。基础梁是指直接以垫层顶为底模板的梁。基础梁 JL 的平面注写方式，分为集中标注和原位标注两部分内容。

1. 集中标注

基础梁的集中标注内容包括：基础梁编号、截面尺寸、配筋三项必注内容，以及基础梁底面标高（与基础底面基准标高不同时）和必要的文字注解两项选注内容。具体规定如下：

（1）注写基础梁编号（必注内容），见表 4-1。

（2）注写基础梁截面尺寸（必注内容）。注写 $b \times h$，表示梁截面宽度与高度。当为加腋梁时，用 $b \times h$ $Yc_1 \times c_2$表示，其中 c_1为腋长，c_2为腋高。

（3）注写基础梁配筋（必注内容）。

1）注写基础梁箍筋。

①当具体设计仅采用一种箍筋间距时，注写钢筋级别、直径、间距与肢数（箍筋肢数写在括号内，下同）。

②当具体设计采用两种箍筋时，用“/”分隔不同箍筋，按照从基础梁两端向跨中的顺序注写，先注写第 1 段箍筋（在前面加注箍筋道数），在斜线后再注写第 2 段箍筋（不再加注箍筋道数）。

例如：9⌀16@100/⌀16@200（6），表示配置两种 HRB400 级箍筋，直径⌀16，从梁两端起向跨内按间距 100 设置 9 道，梁其余部位的间距为 200，均为 6 肢箍。

③施工时应注意的问题。

两向基础梁相交的柱下区域，应有一向截面较高的基础梁按梁端箍筋贯通设置：当两向基础梁高度相同时，任选一向基础梁箍筋贯通设置。

2）注写基础梁底部、顶部及侧面纵向钢筋。

①以 B 打头，注写梁底部贯通纵筋（不应少于梁底部受力钢筋总截面面积的 1/3）。当跨中所注根数少于箍筋肢数时，需要在跨中增设梁底部架立筋以固定箍筋，采用“＋”号将贯通纵筋与架立筋相联，架立筋注写在“＋”号后面的括号内。

②以 T 打头，注写梁顶部贯通纵筋。注写时用“；”号将底部与顶部贯通纵筋分隔开，如有个别跨与其不同者按原位注写的规定处理。

③当梁底部或顶部贯通纵筋多于一排时，用“/”将各排纵筋自上而下分开。

例如：B：4⌀25；T：12⌀25 7/5，表示梁底部配置贯通纵筋为 4⌀25；梁顶部配置贯通纵筋上一排为 7⌀25，下一排为 5⌀25，共 12⌀25。

注：1. 基础梁的底部贯通纵筋，可在跨中 1/3 净跨长度范围内采用搭接连接、机械连接或焊接。

2. 基础梁的顶部贯通纵筋，可在距柱根 1/4 净跨长度范围内采用搭接连接，或在柱根附近采用机械连接或焊接，且应严格控制接头百分率。

④以大写字母 G 打头注写梁两侧面对称设置的纵向构造钢筋的总配筋值（当梁腹板净高 h_w不小于 450mm 时，根据需要配置）。

例如：G8⌀14，表示梁每个侧面配置纵向构造钢筋 4⌀14，共配置 8⌀14。

（4）注写基础梁底面标高（选注内容）。当条形基础的底面标高与基础底面基准标高不同时，将条形基础底面标高注写在“（ ）”内。

（5）必要的文字注解（选注内容）。当基础梁的设计有特殊要求时，宜增加必要的文字注解。

2. 原位标注

基础梁 JL 的原位标注规定如下：

（1）原位标注基础梁端或梁在柱下区域的底部全部纵筋（包括底部非贯通纵筋和已集中注写的底部贯通纵筋）：

1）当梁端或梁在柱下区域的底部纵筋多于一排时，用“/”将各排纵筋自上而下分开。

2）当同排纵筋有两种直径时，用“+”将两种直径的纵筋相联。

3）当梁中间支座或梁在柱下区域两边的底部纵筋配置不同时，需在支座两边分别标注；当梁中间支座两边的底部纵筋相同时，可仅在支座的一边标注。

4）当梁端（柱下）区域的底部全部纵筋与集中注写过的底部贯通纵筋相同时，可不再重复做原位标注。

5）设计时应注意的问题。

当对底部一平的梁支座（柱下）两边的底部非贯通纵筋采用不同配筋值时（“底部一平”为“柱下两边的梁底部在同一个平面上”的缩略词），应先按较小一边的配筋值选配相同直径的纵筋贯穿支座，再将较大一边的配筋差值选配适当直径的钢筋锚入支座，避免造成支座两边大部分钢筋直径不相同的不合理配置结果。

6）施工及预算方面应注意的问题。

当底部贯通纵筋经原位注写修正，出现两种不同配置的底部贯通纵筋时，应在两毗邻跨中配置较小一跨的跨中连接区域进行连接（即配置较大一跨的底部贯通纵筋需伸出至毗邻跨的跨中连接区域。

（2）原位注写基础梁的附加箍筋或（反扣）吊筋。当两向基础梁十字交叉位置无柱时，应根据抗力需要设置附加箍筋或（反扣）吊筋。

将附加箍筋或（反扣）吊筋直接画在平面图十字交叉梁中刚度较大的条形基础主梁上，原位直接引注总配筋值（附加箍筋的肢数注在括号内）。当多数附加箍筋或（反扣）吊筋相同时，可在条形基础平法施工图上统一注明。少数与统一注明值不同时，再原位直接引注。

施工时应注意的问题：附加箍筋或（反扣）吊筋的几何尺寸应按照标准构造详图，结合其所在位置的主梁和次梁的截面尺寸确定。

（3）原位注写基础梁外伸部位的变截面高度尺寸。当基础梁外伸部位采用变截面高度时，在该部位原位注写 $b \times h_1/h_2$，h_1为根部截面高度，h_2为尽端截面高度。

（4）原位注写修正内容。当在基础梁上集中标注的某项内容（如截面尺寸、箍筋、底部与顶部贯通纵筋或架立筋、梁侧面纵向构造钢筋、梁底面标高等）不适用于某跨或某外伸部位时，将其修正内容原位标注在该跨或该外伸部位，施工时原位标注取值优先。

当在多跨基础梁的集中标注中已注明加腋，而该梁某跨根部不需要加腋时，则应

在该跨原位标注无 $Yc_1 \times c_2$ 的 $b \times h$，以修正集中标注中的加腋要求。

四、基础梁底部非贯通纵筋的长度规定

（1）为了方便施工，凡基础梁柱下区域底部非贯通纵筋的伸出长度 a_0 值，当配置不多于两排时，在标准构造详图中统一取值为自柱边向跨内伸出至 $l_n/3$ 位置；当非贯通纵筋配置多于两排时，从第三排起向跨内的伸出长度值应由设计者注明。

l_n 的取值规定为：边跨边支座的底部非贯通纵筋，l_n 取本边跨的净跨长度值；对于中间支座的底部非贯通纵筋，l_n 取支座两边较大一跨的净跨长度值。

（2）基础梁外伸部位底部纵筋的伸出长度 a_0 值，在标准构造详图中统一取值为：第一排伸出至梁端头后，全部上弯 $12d$；其他排钢筋伸至梁端头后截断。

（3）设计者在执行上述第（1）、（2）条底部非贯通纵筋伸出长度的统一取值规定时，应注意按《混凝土结构设计规范》（GB 50010—2010）、《建筑地基基础设计规范》（GB 50007—2011）和《高层建筑混凝土结构技术规程》（JGJ 3—2010）的相关规定进行校核，若不满足时应另行变更。

五、条形基础底板的平面注写方式

条形基础底板 TJB_P、TJB_J 的平面注写方式，分为集中标注和原位标注两部分内容。

1. 集中标注

条形基础底板的集中标注内容为：条形基础底板编号、截面竖向尺寸、配筋三项必注内容，以及条形基础底板底面标高（与基础底面基准标高不同时）、必要的文字注解两项选注内容。

素混凝土条形基础底板的集中标注，除无底板配筋内容外与钢筋混凝土条形基础底板相同。

（1）注写条形基础底板编号（必注内容），见表 4-1。条形基础底板向两侧的截面形状通常有两种：

1）阶形截面，编号加下标“J”，如 TJB_J××（××）；

2）坡形截面，编号加下标“P”，如 TJB_P××（××）。

（2）注写条形基础底板坡形截面竖向尺寸（必注内容），注写为 $h_1/h_2/\cdots$。

1）当条形基础底板为坡形截面时，注写为 h_1/h_2，如图 4-3 所示。

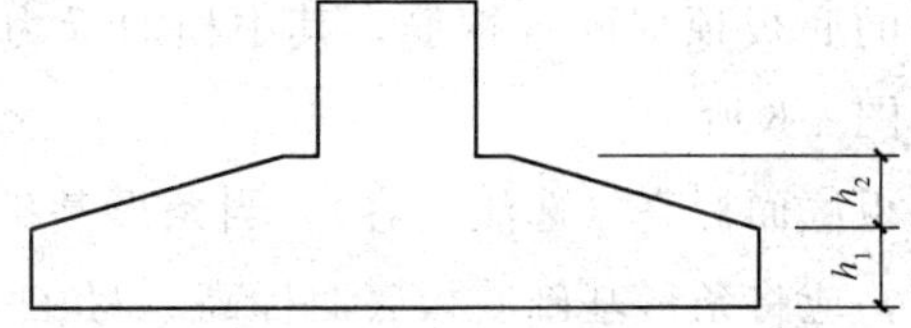

图 4-3　条形基础底板坡形截面竖向尺寸

例如：当条形基础底板为坡形截面 TJB_P××，其截面竖向尺寸注写为 300/250 时，表示 $h_1=300$，$h_2=250$，基础底板根部总厚度为 550。

2）当条形基础底板为阶形截面时，如图 4-4 所示。

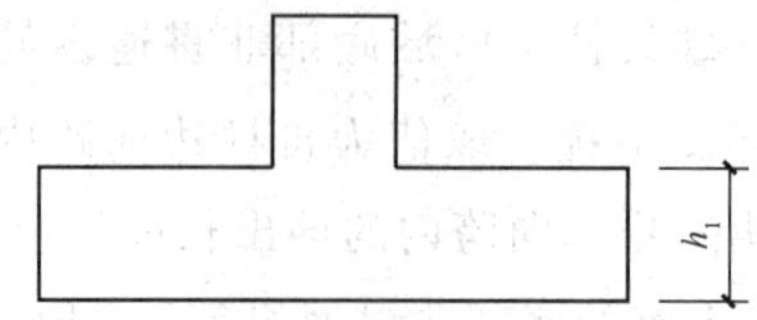

图 4-4　条形基础底板阶形截面竖向尺寸

例如：当条形基础底板为阶形截面 TJB_J××，其截面竖向尺寸注写为 300 时，表示 $h_1=300$，且为基础底板总厚度。

上例及图 4-4 为单阶，当为多阶时各阶尺寸自下而上以“/”分隔顺写。

（3）注写条形基础底板底部及顶部配筋（必注内容）。

以 B 打头，注写条形基础底板底部的横向受力钢筋；以 T 打头，注写条形基础底板顶部的横向受力钢筋；注写时，用“/”分隔条形基础底板的横向受力钢筋与构造配筋，如图 4-5 和图 4-6 所示。

例如：当条形基础底板配筋标注为：B：⏀14@150/ϕ8@250；表示条形基础底板底部配置 HRB400 级横向受力钢筋，直径为⏀14，分布间距为 150；配置 HPB300 级构造钢筋，直径为ϕ8，分布间距为 250，如图 4-5 所示。

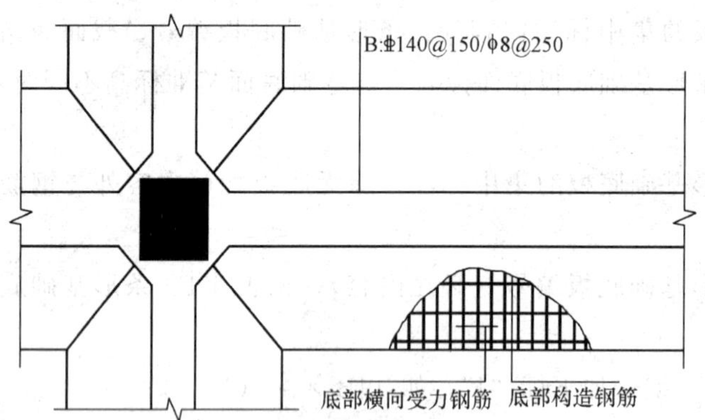

图 4-5　条形基础底板底部配筋示意

例如：当为双梁（或双墙）条形基础底板时，除在底板底部配置钢筋外，一般尚需在两根梁或两道墙之间的底板顶部配置钢筋，其中横向受力钢筋的锚固从梁的内边缘（或墙边缘）起算，如图 4-6 所示。

（4）注写条形基础底板底面标高（选注内容）。当条形基础底板的底面标高与条形基础底面基准标高不同时，应将条形基础底板底面标高注写在“（　）”内。

（5）必要的文字注解（选注内容）。当条形基础底板有特殊要求时，应增加必要的文字注解。

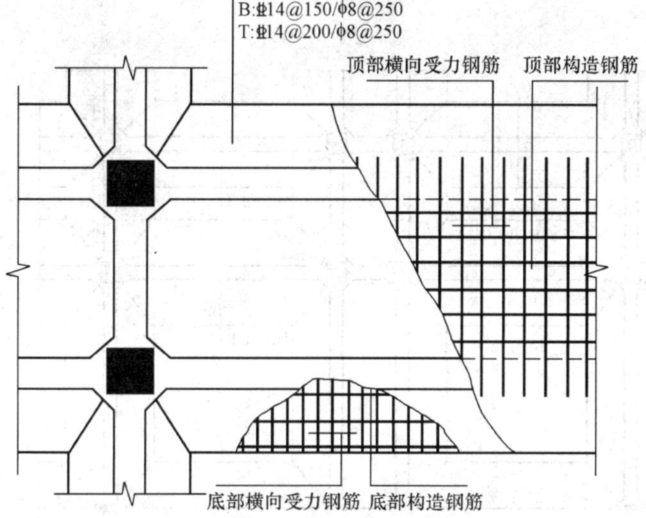

图 4-6　双梁条形基础底板顶部配筋示意

2. 原位标注

(1) 原位标注 b、b_i，$i=1$，2，…。其中，b 为基础底板总宽度，b_i 为基础底板台阶的宽度。当基础底板采用对称于基础梁的坡形截面或单阶形截面时，b_i 可不注，如图 4-7 所示。

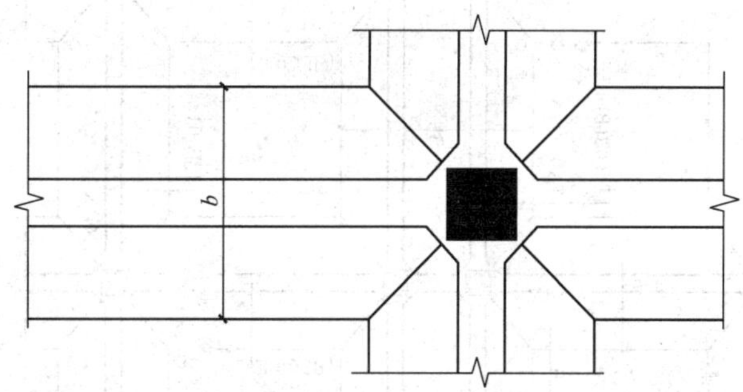

图 4-7　条形基础底板平面尺寸原位标注

素混凝土条形基础底板的原位标注与钢筋混凝土条形基础底板相同。

对于相同编号的条形基础底板，可仅选择一个进行标注。

梁板式条形基础存在双梁共用同一基础底板、墙下条形基础也存在双墙共用同一基础底板的情况，当为双梁或为双墙且梁或墙荷载差别较大时，条形基础两侧可取不同的宽度，实际宽度以原位标注的基础底板两侧非对称的不同台阶宽度 b_i 进行表达。

(2) 原位注写修正内容。当在条形基础底板上集中标注的某项内容，如底板截面竖向尺寸、底板配筋、底板底面标高等，不适用于条形基础底板的某跨或某外伸部分时，可将其修正内容原位标注在该跨或该外伸部位，施工时原位标注取值优先。

3. 施工图示意

采用平面注写方式表达的条形基础设计施工图，如图 4-8 所示。

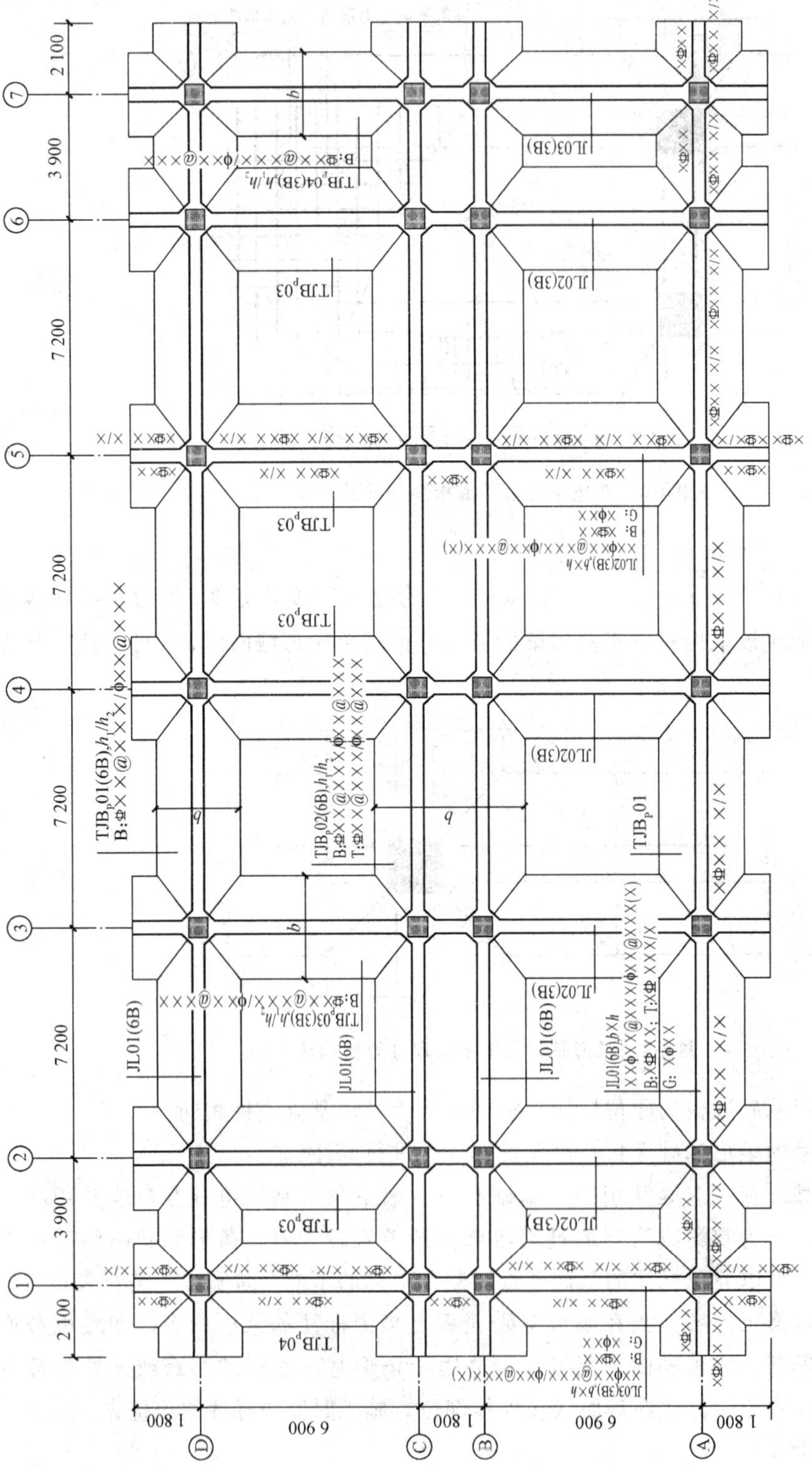

图 4-8　采用平面注写方式表达的条形基础设计施工图示意

注：±0.000 的绝对标高(m)：×××.×××；基础底面标高(m)：-×.×××。

六、条形基础的截面注写方式

条形基础的截面注写方式，又可分为截面标注和列表注写（结合截面示意图）两种表达方式。

采用截面注写方式，应在基础平面布置图上对所有条形基础进行编号，参见表4-1。

1. 截面标注

对条形基础进行截面标注的内容和形式，与传统“单构件正投影表示方法”基本相同，对于已在基础平面布置图上原位标注清楚的该条形基础梁和条形基础底板的水平尺寸，可不在截面图上重复表达，具体表达内容可参照《混凝土结构施工图平面整体表示方法制图规则和构造详图（独立基础、条形基础、筏形基础及桩基承台）》11G101－3图集中相应的标准构造。

2. 列表注写

对多个条形基础可采用列表注写（结合截面示意图）的方式进行集中表达。表中内容为条形基础截面的几何数据和配筋，截面示意图上应标注与表中栏目相对应的代号。

（1）基础梁。基础梁列表集中注写栏目为：

1）编号：注写 JL ××（××）、JL××（××A）或 JL××（××B）。

2）几何尺寸：梁截面宽度与高度 $b\times h$，当为加腋梁时，注写 $b\times h$ $\mathrm{Y}c_1\times c_2$。

3）配筋：注写基础梁底部贯通纵筋＋非贯通纵筋，顶部贯通纵筋，箍筋。当设计为两种箍筋时，箍筋注写为：第一种箍筋/第二种箍筋，第一种箍筋为梁端部箍筋，注写内容包括箍筋的箍数、钢筋级别、直径、间距与肢数。

基础梁列表格式见表 4-2。

表 4-2　基础梁几何尺寸和配筋表

基础梁编号/截面号	截面几何尺寸		配筋	
	$b\times h$	加腋 $c_1\times c_2$	底部贯通纵筋＋非贯通纵筋，顶部贯通纵筋	第一种箍筋/第二种箍筋

注：表中可根据实际情况增加栏目，如增加基础梁底面标高等。

（2）条形基础底板。条形基础底板列表集中注写栏目为：

1）编号：坡形截面编号为 $\mathrm{TJB_P}$××（××）、$\mathrm{TJB_P}$××（××A）或 $\mathrm{TJB_P}$××（××B），阶形截面编号为 $\mathrm{TJB_J}$××（××）、$\mathrm{TJB_J}$××（××A）或 $\mathrm{TJB_J}$××（××B）。

2）几何尺寸：水平尺寸 b、b_i，$i=1，2，\cdots$；竖向尺寸 h_1/h_2。

3）配筋：B：⏀××@×××/⏀××@×××。

条形基础底板列表格式见表 4-3。

表 4-3 条形基础底板几何尺寸和配筋表

基础底板编号/截面号	截面几何尺寸			底部配筋（B）	
	b	b_i	h_1/h_2	横向受力钢筋	纵向构造钢筋

注：表中可根据实际情况增加栏目，如增加上部配筋、基础底板底面标高（与基础底板底面基准标高不一致时）等。

第二节 条形基础平法施工图标准构造详图

一、基础梁端部等截面外伸构造

基础梁端部等截面外伸构造，如图 4-9 所示。

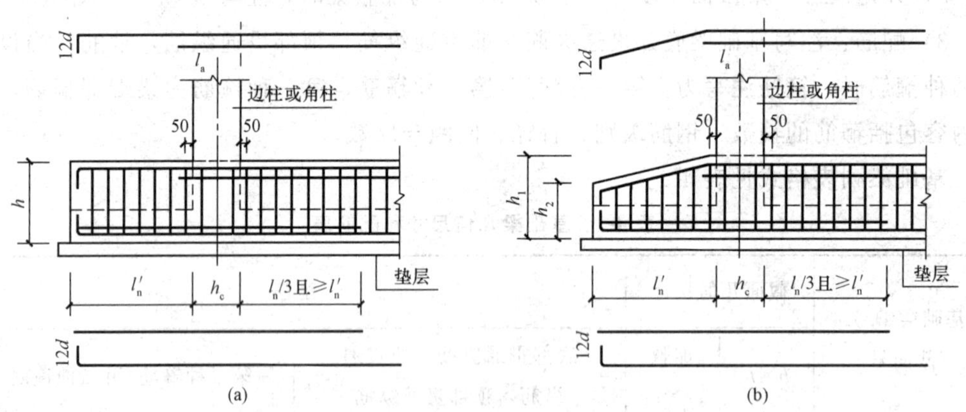

图 4-9 端部截面外伸构造

（a）端部等截面外伸构造；（b）端部变截面外伸构造

l_a—受拉钢筋非抗震锚固长度；l_n—本边跨的净跨长度值；

l'_n—端部外伸长度；h_c—柱截面沿基础梁方向的高度；

d—受拉钢筋直径；h_1、h_2—基础梁竖向尺寸

构造图说明：

（1）端部等截面外伸构造中，当 $l'_n+h_c\leq l_a$ 时，基础梁下部钢筋应伸至端部后弯

折，且从柱内边算起水平段长度大于或等于 $0.4l_{ab}$，弯折段长度 $15d$。

（2）在端部无外伸构造中，基础梁底部下排与顶部上排纵筋伸至梁包柱侧腋，与侧腋的水平构造钢筋绑扎在一起。

（3）基础梁外伸部位封边构造同筏形基础底板。

二、端部无外伸构造

端部无外伸构造，如图 4-10 所示。

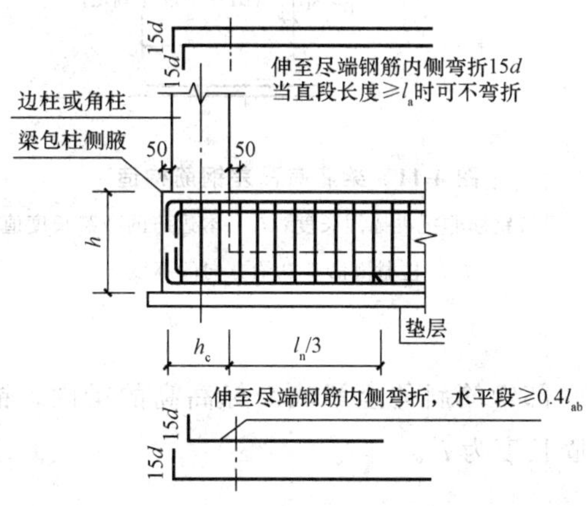

图 4-10　端部无外伸构造

l_{ab}—受拉钢筋的非抗震基本锚固长度；l_n—本边跨的净跨长度值；

l'_n—端部外伸长度；h_c—柱截面沿基础梁方向的高度；

d—受拉钢筋直径；h—基础梁竖向尺寸

构造图说明：

（1）在端部无外伸构造中，基础梁底部下排与顶部上排纵筋伸至梁包柱侧腋，与侧腋的水平构造钢筋绑扎在一起。

（2）基础梁外伸部位封边构造同筏形基础底板。

（3）梁顶部贯通纵筋伸至尽端内侧弯折 $15d$；从柱内侧起，伸入端部且水平段≥$0.4l_a$（顶部单排/双排钢筋构造相同）。

（4）梁底部非贯通纵筋伸至尽端内侧弯折 $15d$；从柱内侧起，伸入端部且水平段≥$0.4l_{ab}$，从支座中心线向跨内的延伸长度为 $l_n/3$。梁底部贯通纵筋伸至尽端内侧弯折 $15d$；从柱内侧起，伸入端部且水平段≥$0.4l_{ab}$。

三、基础梁梁底有高差钢筋构造

基础梁梁底有高差钢筋构造，如图 4-11 所示。

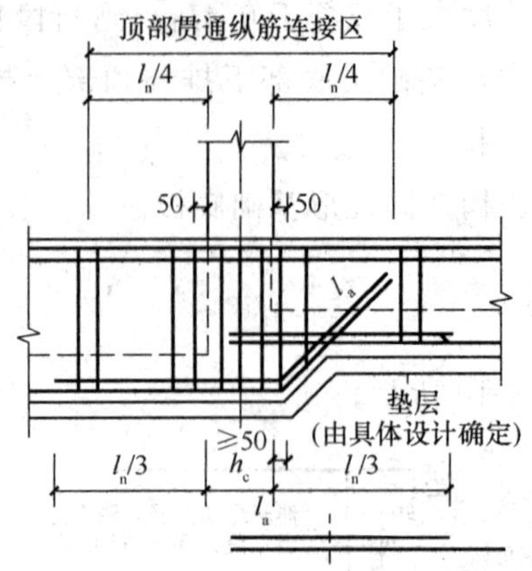

图 4-11　梁底有高差钢筋构造

l_a—受拉钢筋非抗震锚固长度；l_n—本边跨的净跨长度值；

h_c—柱截面沿基础梁方向的高度

构造图说明：

梁底面标高低的梁底部钢筋斜伸至梁底面标高高的梁内，锚固长度为 l_a；梁底面标高高的梁底部钢筋锚固长度为 l_a。

四、基础梁梁顶有高差钢筋构造

基础梁梁顶有高差钢筋构造，如图 4-12 所示。

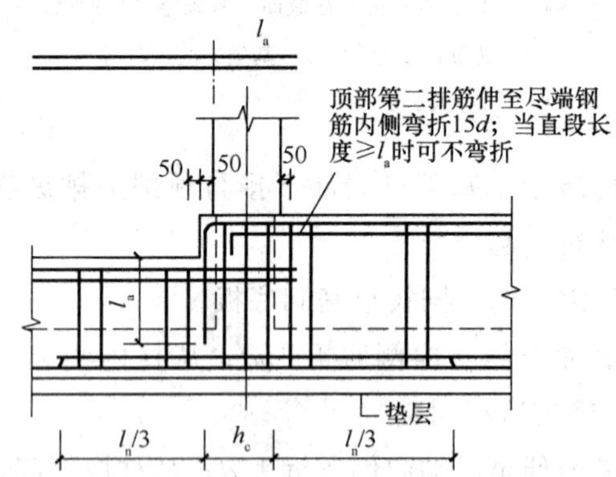

图 4-12　梁顶有高差钢筋构造

l_a—受拉钢筋非抗震锚固长度；l_n—本边跨的净跨长度值；

h_c—柱截面沿基础梁方向的高度

构造图说明：

梁顶面标高高的梁顶部第一排纵筋伸至尽端，弯折长度自梁顶面标高低的梁顶部算起 l_a，顶部第二排纵筋伸至尽端钢筋内侧，弯折长度 15d，当直锚长度大于或等于 l_a 时可不弯折。梁顶面标高低的梁上部纵筋锚固长度为 l_a。

五、基础梁梁底、梁顶均有高差钢筋构造

（1）基础梁梁底、梁顶均有高差钢筋构造，如图 4-13 所示。

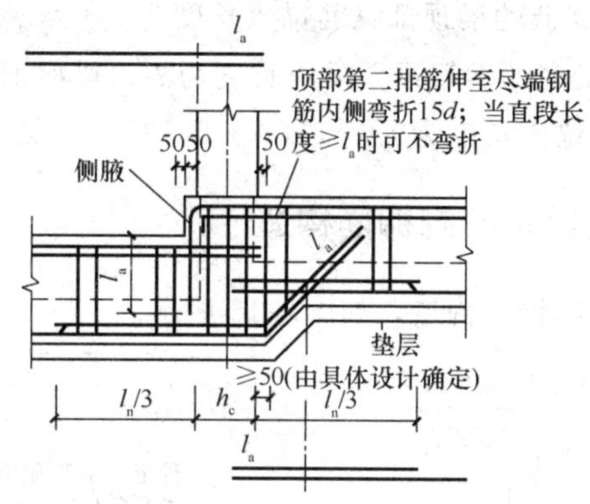

图 4-13　梁底、梁顶均有高差钢筋构造（一）

l_a—受拉钢筋非抗震锚固长度；l_n—本边跨的净跨长度值；

h_c—柱截面沿基础梁方向的高度；d—受拉钢筋直径

构造图说明：

1）梁底面标高高的梁顶部第一排纵筋伸至尽端，弯折长度自梁底面标高低的梁顶部算起 l_a，顶部第二排纵筋伸至尽端钢筋内侧，弯折长度 15d，当直锚长度大于或等于 l_a时可不弯折，梁底面标高低的梁顶部纵筋锚入长度为 l_a。

2）梁底面标高高的梁底部钢筋锚入梁内长度为 l_a；梁底面标高低的底部钢筋斜伸至梁底面标高高的梁内，锚固长度为 l_a。

（2）基础梁梁底、梁顶均有高差钢筋构造（仅适用于条形基础），如图 4-14 所示。

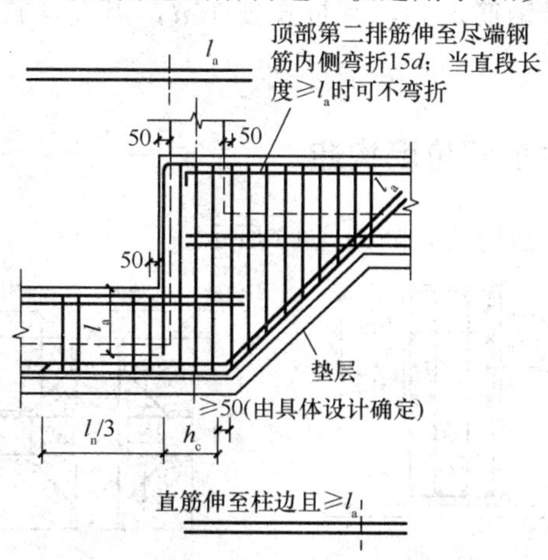

图 4-14　梁底、梁顶均有高差钢筋构造（二）（仅适用于条形基础）

l_a—受拉钢筋非抗震锚固长度；l_n—本边跨的净跨长度值；h_c—柱截面沿基础梁方向的高度；d—受拉钢筋直径

构造图说明：

1）梁底面标高高的梁顶部第一排纵筋伸至尽端，弯折长度自梁底面标高低的梁顶部算起 l_a，顶部第二排纵筋伸至尽端钢筋内侧，弯折长度 15d，当直锚长度大于或等于 l_a时可不弯折，梁底面标高低的梁顶部纵筋锚入长度为 l_a。

2）梁底面标高高的梁底部钢筋锚入梁内长度为 l_a；梁底面标高低的底部钢筋斜伸至梁底面标高高的梁内，锚固长度为 l_a。

六、基础梁柱两边梁宽不同钢筋构造

基础梁柱两边梁宽不同钢筋构造，如图 4-15 所示。

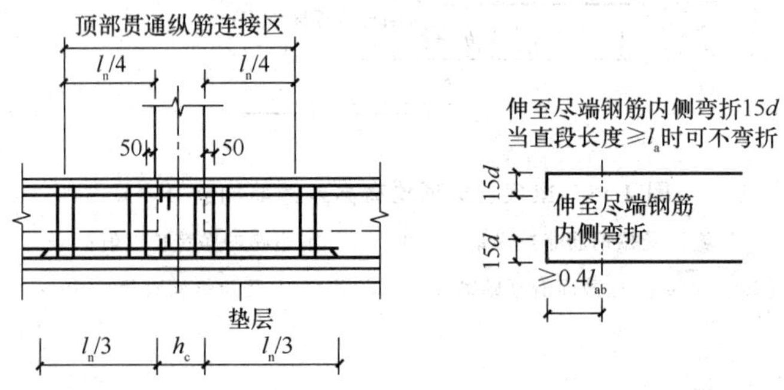

图 4-15　柱两边梁宽不同钢筋构造

l_a—受拉钢筋非抗震锚固长度；l_{ab}—受拉钢筋的非抗震基本锚固长度；

l_n—本边跨的净跨长度值；h_c—柱截面沿基础梁方向的高度；d—受拉钢筋直径

构造图说明：

宽出部位梁的上、下部第一排纵筋连通设置；在宽出部位不能连通的钢筋，上、下部第二排纵筋伸至尽端钢筋内侧，弯折长度 15d，当直锚长度大于或等于 l_a时可不弯折。

七、基础梁侧面纵筋和拉筋构造

基础梁侧面纵筋和拉筋构造，如图 4-16 所示。

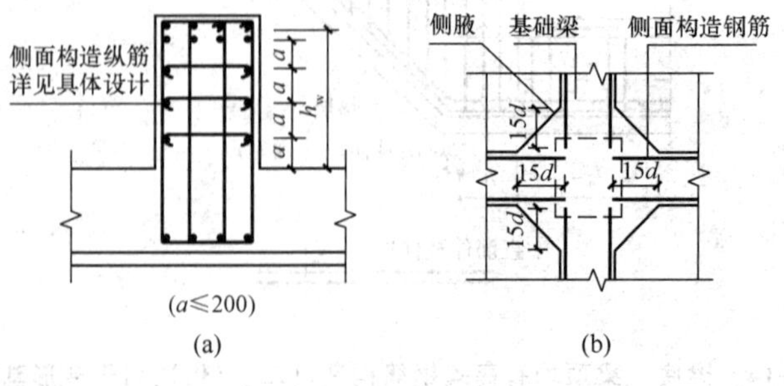

图 4-16　基础梁侧面纵筋和拉筋构造

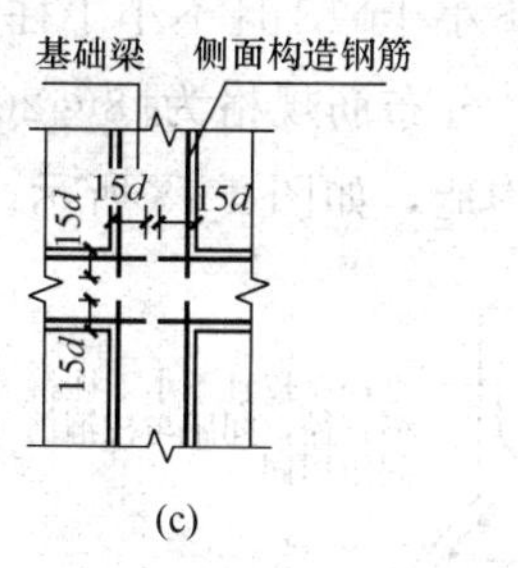

(c)

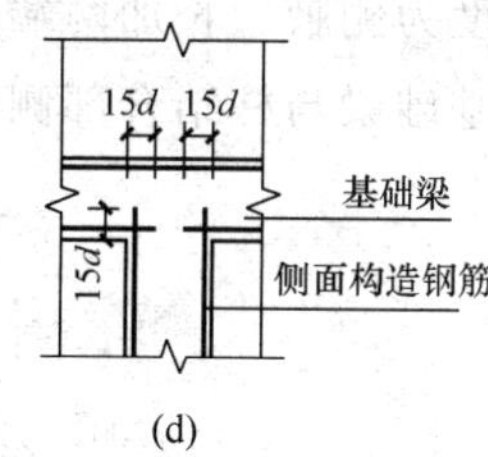

(d)

图 4-16　基础梁侧面纵筋和拉筋构造（续）

a—侧面构造纵筋间距；d—纵向受拉钢筋直径；h_w—梁腹板高度

构造图说明：

（1）梁侧钢筋的拉筋直径除注明者外均为 8mm，间距为箍筋间距的 2 倍。当设有多排拉筋时，上下两排拉筋竖向错开设置。

（2）基础梁侧面纵向构造钢筋搭接长度为 $15d$。十字相交的基础梁，当相交位置有柱时，侧面构造纵筋锚入梁包柱侧腋内 $15d$［图 4-16（b)］；当无柱时，侧面构造纵筋锚入交叉梁内 $15d$［图 4-16（c)］。丁字相交的基础梁，当相交位置无柱时，横梁外侧的构造纵筋应贯通，横梁内侧的构造纵筋锚入交叉梁内 $15d$［图 4-16（d)］。

（3）基础梁侧面受扭纵筋的搭接长度为 l_l，其锚固长度为 l_a，锚固方式同梁上部纵筋。

八、基础梁与柱结合部侧腋构造

（1）十字交叉基础梁与柱结合部侧腋构造，如图 4-17 所示。

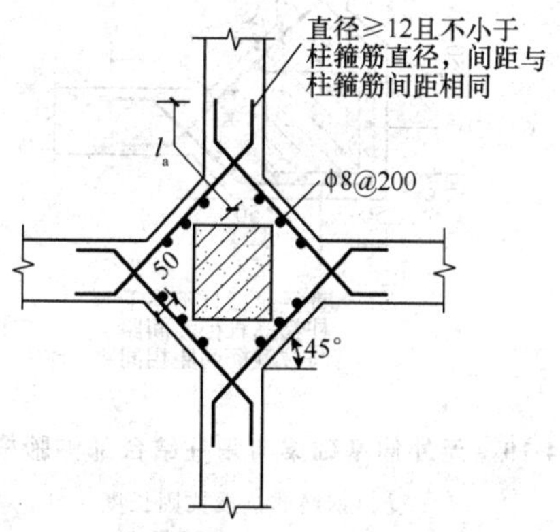

图 4-17　十字交叉基础梁与柱结合部侧腋构造

l_a—受拉钢筋非抗震锚固长度

构造图说明：

基础梁与柱结合部侧加腋筋，由加腋筋及其分布筋组成，均不需要在施工图上标注，按图集上构造规定即可；加腋筋规格不小于ϕ12 且不小于柱箍筋直径，间距同柱箍筋间距；加腋筋长度为侧腋边长加两端 l_a；分布筋规格为ϕ8@200。

（2）丁字交叉基础梁与柱结合部侧腋构造，如图 4-18 所示。

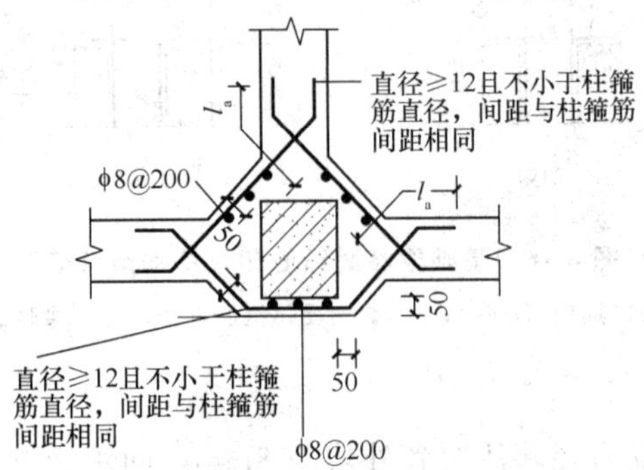

图 4-18　丁字交叉基础梁与柱结合部侧腋构造

l_a—受拉钢筋非抗震锚固长度

构造图说明：

当柱与基础梁结合部位的梁顶面高度不同时，梁包柱侧腋顶面应与较高基础梁的梁面一平（即在同一平面上），侧腋顶面至较低梁顶面高差内的侧腋，可参照角柱或丁字交叉基础梁包柱侧腋构造进行施工。

（3）无外伸基础梁与角柱结合部侧腋构造，如图 4-19 所示。

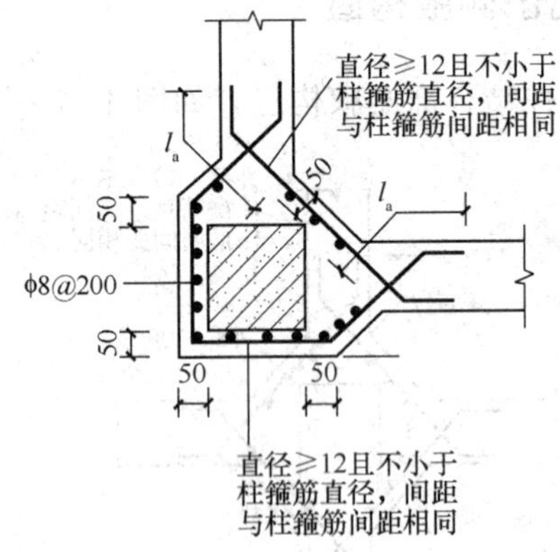

图 4-19　无外伸基础梁与角柱结合部侧腋构造

l_a—受拉钢筋非抗震锚固长度

构造图说明：

当柱与基础梁结合部位的梁顶面高度不同时，梁包柱侧腋顶面应与较高基础梁的梁面一平（即在同一平面上），侧腋顶面至较低梁顶面高差内的侧腋，可参照角柱或丁字交叉基础梁包柱侧腋构造进行施工。

（4）基础梁中心穿柱侧腋构造，如图 4-20 所示。

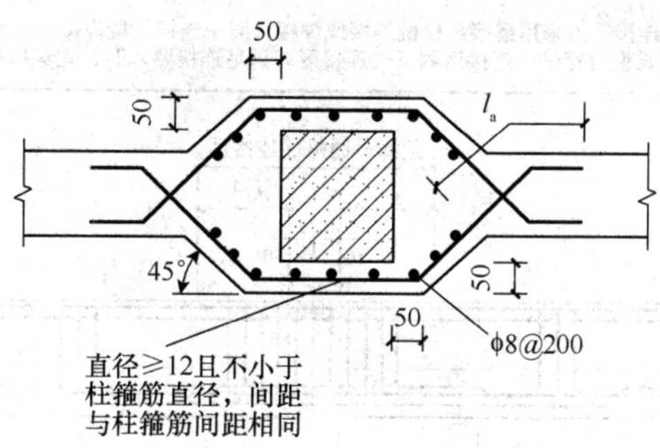

图 4-20　基础梁中心穿柱侧腋构造

l_a—受拉钢筋非抗震锚固长度

构造图说明：

当柱与基础梁结合部位的梁顶面高度不同时，梁包柱侧腋顶面应与较高基础梁的梁面一平（即在同一平面上），侧腋顶面至较低梁顶面高差内的侧腋，可参照角柱或丁字交叉基础梁包柱侧腋构造进行施工。

（5）基础梁偏心穿柱与柱结合部侧腋构造，如图 4-21 所示。

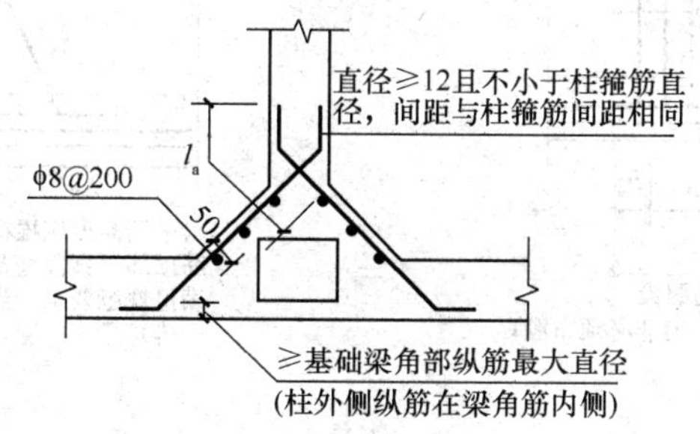

图 4-21　基础梁偏心穿柱与柱结合部侧腋构造

l_a—受拉钢筋非抗震锚固长度

构造图说明：

当柱与基础梁结合部位的梁顶面高度不同时，梁包柱侧腋顶面应与较高基础梁的梁面一平（即在同一平面上），侧腋顶面至较低梁顶面高差内的侧腋，可参照角柱或丁字交叉基础梁包柱侧腋构造进行施工。

九、基础梁纵向钢筋与箍筋构造

基础梁纵向钢筋与箍筋构造，如图 4-22 所示。

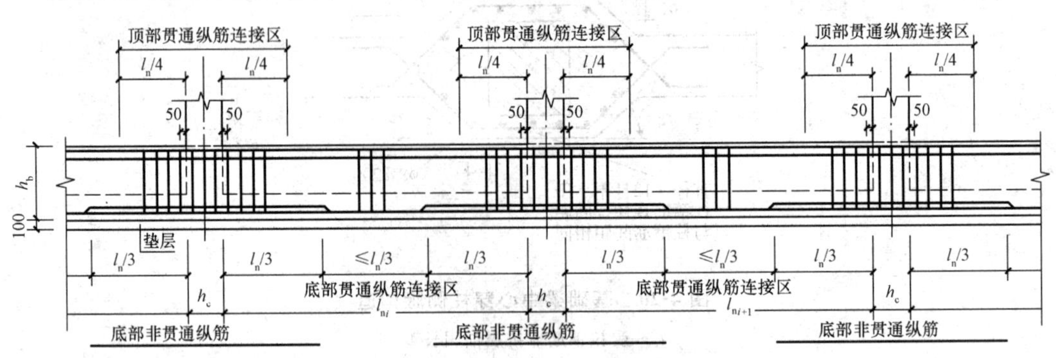

(a)

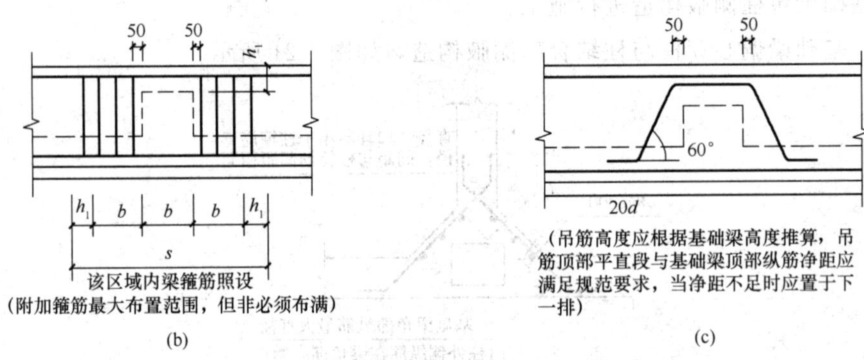

(b)
(c)

图 4-22　基础梁纵向钢筋与箍筋构造

(a) 基础梁纵向钢筋与箍筋构造；(b) 附加箍筋构造；(c) 附加（反扣）吊筋构造

构造图说明：

(1) 跨度值 l_n 左跨 l_{ni} 和右跨 l_{ni+1} 之较大值，其中 $i=1, 2, 3, \cdots$。

(2) 节点区内箍筋按梁端箍筋设置。梁相互交叉宽度内的箍筋按截面高度较大的基础梁设置。同跨箍筋有两种时，各自设置范围按具体设计注写。

(3) 当两毗邻的底部贯通纵筋配置不同时，应将配置较大一跨的底部贯通纵筋越过其标注的跨数终点或起点，伸至配置较小的毗邻跨的跨中连接区进行连接。

(4) 当底部纵筋多于两排时，从第三排起非贯通纵筋向跨内的伸出长度值应由设计者注明。

(5) 基础梁相交处位于同一层面的交叉纵筋，何梁纵筋在下，何梁纵筋在上，应按具体设计说明。

十、基础梁配置两种箍筋构造

基础梁配置两种箍筋构造，如图 4-23 所示。

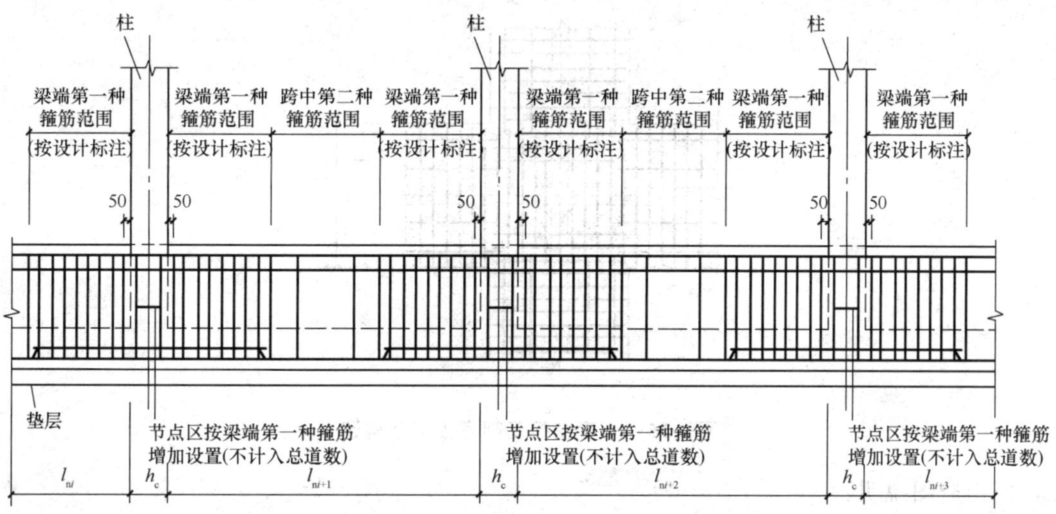

图 4-23　基础梁配置两种箍筋构造

构造图说明：

当具体设计未注明时，基础梁的外伸部位以及基础梁端部节点内按第一种拉筋设置。

十一、基础梁竖向加腋钢筋构造

基础梁竖向加腋钢筋构造，如图 4-24 所示。

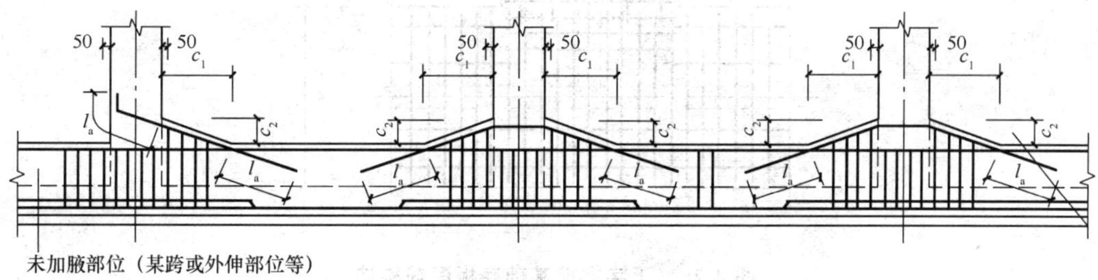

图 4-24　基础梁竖向加腋钢筋构造

构造图说明：

（1）基础梁竖向加腋部位的钢筋见设计标注。加腋范围的箍筋与基础梁的箍筋配置相同，仅箍筋高度为变值。

（2）基础梁的梁柱结合部位所加侧腋顶面与基础梁非加腋段顶面一平，不随梁加腋的升高而变化。

十二、条形基础底板配筋构造

（1）十字交接基础底板配筋构造，如图 4-25 所示。

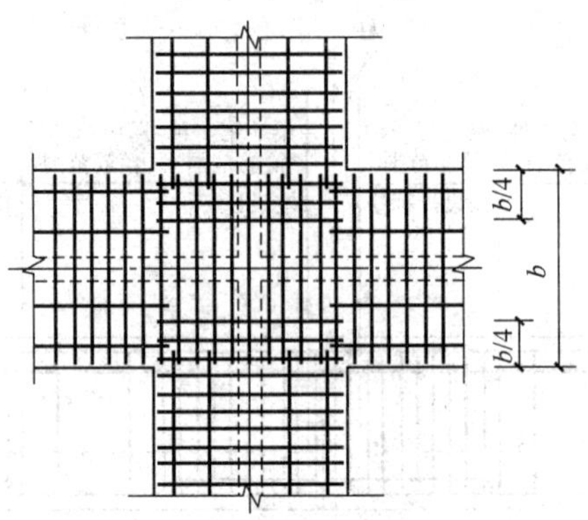

图 4-25　十字交接基础底板配筋构造

构造图说明：

1）十字交接时，一向受力筋贯通布置，另一向受力筋在交接处伸入 $b/4$ 范围内布置。

2）一向分布筋贯通，另一向分布在交接处与受力筋搭接。

3）当条形基础设有基础梁时，基础底板的分布钢筋在梁宽范围内不设置。

（2）丁字交接基础底板配筋构造，如图 4-26 所示。

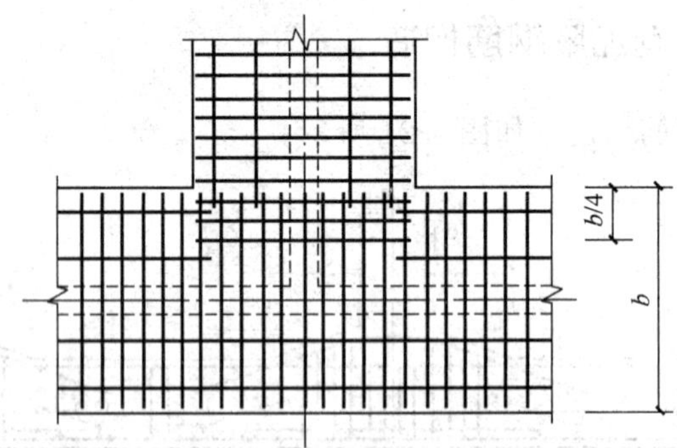

图 4-26　丁字交接基础底板配筋构造

构造图说明：

1）丁字交接时，丁字横向受力筋贯通布置，丁字竖向受力筋在交接处伸入 $b/4$ 范围内布置。

2）一向分布筋贯通，另一向分布在交接处与受力筋搭接。

3）当条形基础设有基础梁时，基础底板的分布钢筋在梁宽范围内不设置。

（3）转角梁板端部均有纵向延伸配筋构造，如图 4-27 所示。

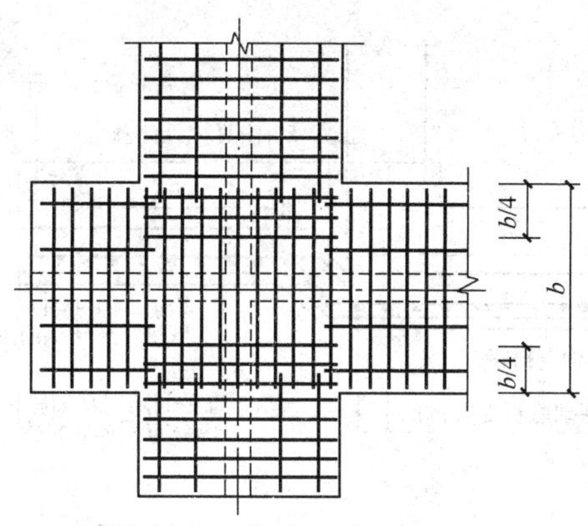

图 4-27　转角梁板端部均有纵向延伸配筋构造

构造图说明：

1）交接处，两向受力筋相互交叉形成钢筋网，分布筋则需要切断，与另一方向受力筋搭接。

2）当条形基础设有基础梁时，基础底板的分布钢筋在梁宽范围内不设置。

（4）转角梁板端部无纵向延伸配筋构造，如图 4-28 所示。

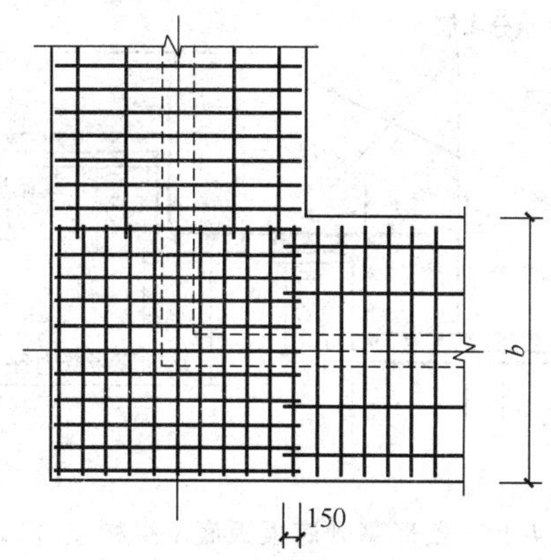

图 4-28　转角梁板端部无纵向延伸配筋构造

构造图说明：

1）交接处，两向受力筋相互交叉形成钢筋网，分布筋则需要切断，与另一方向受力筋搭接，搭接长度为 150mm。

2）当条形基础设有基础梁时，基础底板的分布钢筋在梁宽范围内不设置。

十三、条形基础底板板底不平构造

（1）条形基础底板板底不平构造，如图 4-29 所示。

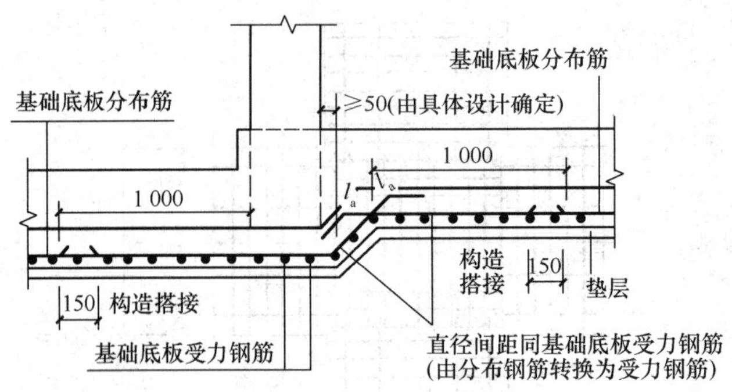

图 4-29　条形基础底板板底不平构造（一）

构造图说明：

在墙（柱）左方之外 1 000mm 的分布筋转换为受力钢筋，在右侧上拐点以右 1 000mm的分布筋转换为受力钢筋，转换后的受力钢筋锚固长度为 l_a与原来的分布筋搭接，搭接长度为 150mm。

（2）条形基础底板板底不平构造（板式条形基础），如图 4-30 所示。

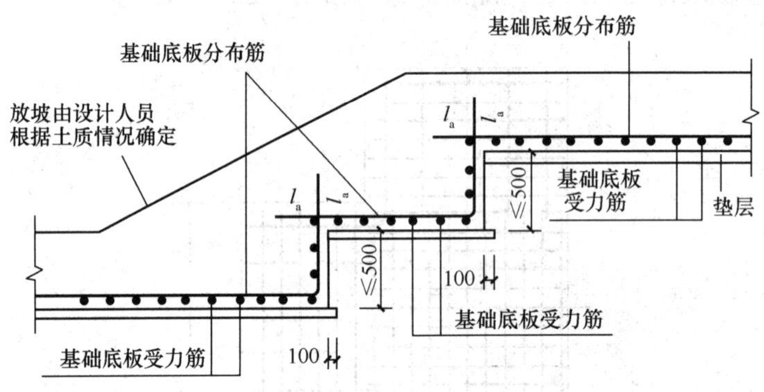

图 4-30　条形基础底板板底不平构造（二）

l_a—受拉钢筋非抗震锚固长度

构造图说明：

条形基础底板呈阶梯形上升状，基础底板分布筋垂上弯，受力筋于内侧。

十四、条形基础无交接底板端部钢筋构造

条形基础无交接底板端部钢筋构造，如图 4-31 所示。

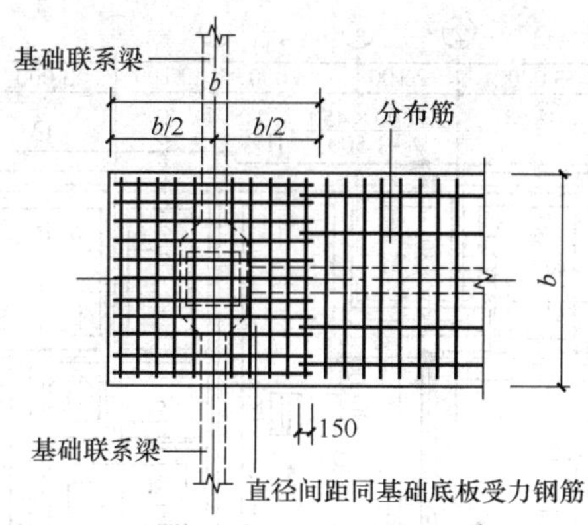

图 4-31　条形基础无交接底板端部钢筋构造

b—条形基础底板宽度

构造图说明：

端部无交接底板，受力筋在端部 b 范围内相互交叉，分布筋与受力筋搭接 150mm。

十五、条形基础底板配筋长度减短 10%构造

条形基础底板配筋长度减短 10%构造，如图 4-32 所示。

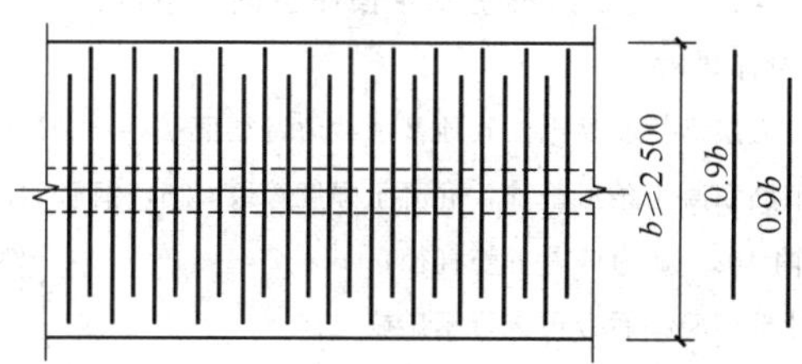

图 4-32　条形基础底板配筋长度减短 10%构造

b—条形基础底板宽度

构造图说明：

当条形基础底板≥2 500mm 时，底板配筋长度减短 10%交错配置，端部第一根钢筋不应减短。

第三节　条形基础平法施工图实例

一、墙下条形基础施工图

1. 墙下下条形基础平面布置图

某墙下条形基础平面布置图，如图 4-33 所示。

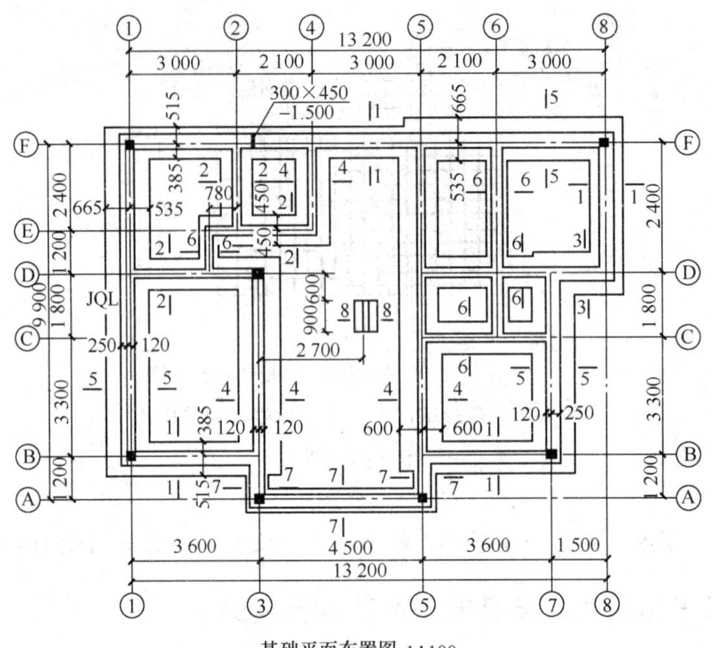

基础平面布置图 1:100

图 4-33 墙下条形基础平面布置图（单位：mm）

注：1. ±0.000 相当于绝对标高 80.900m。

2. 根据地质报告，持力层为粉质黏土，其地基承载力特征值 f_{ak}＝150MPa。

3. 本工程墙下采用钢筋混凝土条形基础，混凝土强度等级 C25，钢筋 HPB235、HRB335。

4. GZ 主筋锚入基础内 40d（d 为柱内主筋直径）。

5. 地基开挖后待设计部门验槽后方可进行基础施工。

6. 条形基础施工完成后对称回填土，且分层夯实，然后施工上部结构。

7. 其他未尽事宜按《建筑地基基础工程施工质量验收规范》（GB 50202—2002）执行。

实例识读：

（1）基础设计说明

从基础平面布置图中的分说明可知基础采用的材料；基础持力层的名称和承载力特征值 f_{ak}；基础施工时的一些注意事项等。

（2）图线

1）定位轴线：基础平面图中的定位轴线无论从编号或距离尺寸上都应与建筑施工图中的平面图保持一致。

2）墙身线：定位轴线两侧的中粗线是墙的断面轮廓线，两墙线外侧的中粗线是可见的基础底部的轮廓线，基础轮廓线也是基坑的边线，它是基坑开挖的依据。定位轴线和墙身线都是基础平面图中的主要图线。一般情况下，为了使图面简洁，基础的细部投影都省略不画。

3）基础圈梁及基础梁：有时为了增强基础的整体性，防止或减轻不均匀沉降，需要设置基础圈梁（JQL）。在图中，沿墙身轴线画的粗点画线即表示基础圈梁的中心位

置，同时在旁边标注的JQL也特别指出这里布置了基础圈梁。

4）构造柱：为了满足抗震设防的要求，砌体结构的房屋都应按照《建筑抗震设计规范》（GB 50011—2010）的有关规定设置构造柱，通常从基础梁或基础圈梁的定面开始设置，在图纸中用涂黑的矩形表示。

5）地沟及其他管洞：由于给排水、暖通专业的要求常常需要设置地沟，或者在基础墙上预留管洞（使排水管、进水管和采暖管能通过，基础和基础下面是不允许留设管洞和地沟的），在基础平面图上要表示洞口或地沟的位置。

图 4-33 中②轴靠近 F 轴位置墙上的 $\frac{300\times450}{-1.500}$ 粗实线表示了预留洞口的位置，它表示这个洞口宽×高为 300mm×450mm，洞口的底标高为－1.500m。

（3）尺寸标注

尺寸标注是确定基础的尺寸和平面位置的。除了定位轴线以外，基础平面图中的标注对象就是基础各个部位的定位尺寸（一般均以定位轴线为基准确定构件的平面位置）和定形尺寸。

图 4-33 中，标注 4—4 剖面，基础宽度 1 200mm，墙体厚度 240mm，墙体轴线居中，基础两边线到定位轴线均为 600mm；标注 5—5 剖面，基础宽度 1 200mm，墙体厚度 370mm，墙体偏心 65mm，基础两边线到定位轴线分别为 665mm 和 535mm。

（4）剖切符号

在房屋的不同部位，由于上部结构布置、荷载或地基承载力的不同从而使得基础各部位的断面形状、细部尺寸不尽相同。对于每一种不同的基础，都要分别画出它们的断面图，因此，在基础平面图中应相应地画出剖切符号并注明断面编号。断面编号可以采用阿拉伯数字或英文字母，在注写时编号数字或字母注写的一侧则为剖视方向。

2. 墙下条形基础详图

（1）某条形基础详图，如图 4-34 所示。

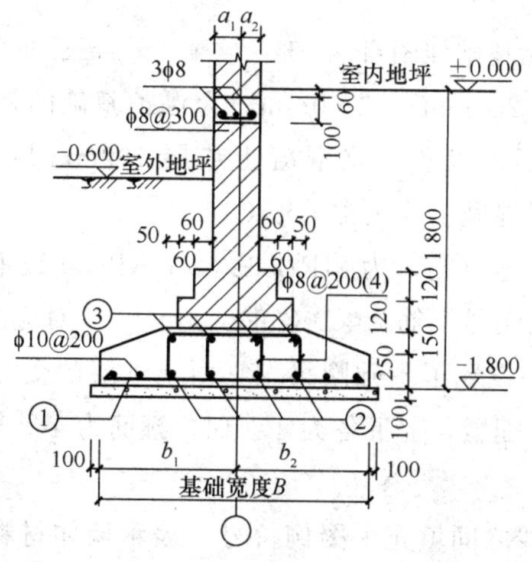

图 4-34　条形基础详图（单位：mm）（标高单位为 m）

在基础平面布置图 4-33 中仅表示出了基础的平面位置，而基础各部分的断面形式、详细尺寸、所用材料、构造做法（如防潮层、垫层等）以及基础的埋置深度尚需要在基础详图中得到体现。基础详图一般采用垂直的横剖断面表示，如图 4-34 所示。断面详图相同的基础用同一个编号、同一个详图表示，如图 4-34 所示的 1—1 剖面详图，它既适用于①轴的墙下，也适用于⑧轴的墙下和其他标注有剖面号为 1—1 的基础。基础细部数据见表 4-4。

表 4-4　基础细部数据

基础剖面	a_1	a_2	b_1	b_2	B	钢筋①	钢筋②	钢筋③
1—1	250	120	515	38	900	⌀10@200	—	—
4—4	120	120	600	600	1 200	⌀12@200	—	—
5—5	250	120	665	535	1 200	⌀12@200	4⌀14	4⌀14

在阅读基础详图的施工图时，首先应将图名及剖面编号与基础平面图相互对照，找出它在平面图中的剖切位置。基础平面布置图（图 4-33）中的基础断面 1—1、4—4、5—5 的详图在图 4-34 中画出。

由于墙下条形基础的断面结构形式一般情况下基本相同，仅仅是尺寸和配筋略有不同。因此，有时为了节省施工图的篇幅，只绘出一个详图示意，不同之处用代号表示，然后以列表的方式将不同的断面与各自的尺寸和配筋一一对应给出。

实例识读：

1）基础断面轮廓线和基础配筋

图 4-34 中的基础为墙下钢筋混凝土柔性条形基础，为了突出表示配筋，钢筋用粗线表示，室内外地坪用粗线表示，墙体和基础轮廓用中粗线表示。定位轴线、尺寸线、引出线等均为细线。

从图 4-34 中可知，此基础详图有 1—1、4—4、5—5 三种断面基础详图，其基础底面宽度分别为 900mm、1 200mm、1 200mm。为保护基础的钢筋，同时也为施工时铺设钢筋弹线方便，基础下面设置了素混凝土垫层 100mm 厚，每侧超出基础底面各 100mm，一般情况下垫层混凝土等级常采用 C10。

条形基础内配置了①号钢筋，为 HRB335 或 HRB400 级钢，具体数值可以通过表 4-4 查得，与 1—1 对应的①号钢筋为⌀10@200，与 4—4 对应的①号钢筋为⌀12@200。此外，5—5 剖面基础中还设置了基础圈梁，它由上下层的受力钢筋和箍筋组成。受力钢筋按普通梁的构造要求配置，上下各为 4⌀14，箍筋为 4 肢箍ϕ8@200。

2）墙身断面轮廓线

图 4-34 中墙身中粗线之间填充了图例符号，表示墙体材料是砖；墙下有放脚，由于受刚性角的限制，故分两层放出，每层 120mm，每边放出 60mm。

3）基础埋置深度

从图 4-34 中可知，基础底面即垫层顶面标高为－1.800m，说明该基础埋深 1.8m，在基础开挖时必须要挖到这个深度。

（2）某墙下条形基础详图，如图 4-35 所示。

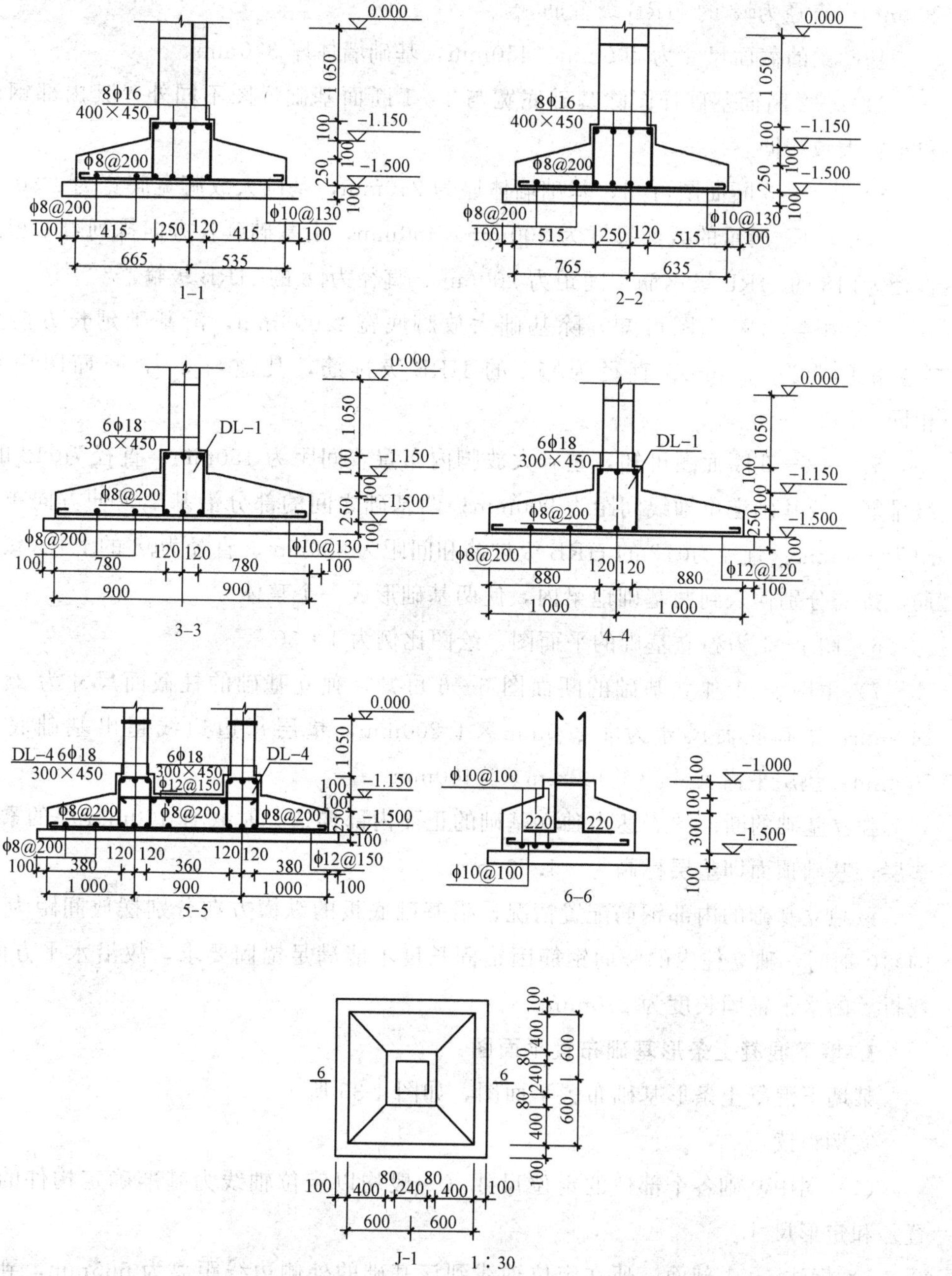

图 4-35　墙下条形基础详图

实例识读：

1）由1—1断面基础详图可知，沿基础纵向排列着间距为200mm、直径为ϕ8的HRB级通长钢筋，间距为130mm、直径为ϕ10的HRB级排列钢筋。

基础的地梁内，沿基础延长方向排列着8根直径为ϕ16的通长钢筋，间距为200mm、直径为ϕ8的HRB级箍筋。

基础梁的截面尺寸为400mm×450mm，基础墙体厚370mm。

2）2—2断面基础详图除基础底宽与1—1断面基础详图不同外，其内部钢筋种类和布置大致相同。

3）由3—3断面图可知，基础墙体厚为240mm，基础大放脚宽底宽为1 800mm。

“DL－1”所示的截面尺寸为300mm×450mm，沿基础延长方向排列着6根通长的直径为ϕ18的HRB级钢筋和间距为200mm、直径为ϕ8的HRB级箍筋。

4）由4—4断面图可知，除基础大放脚底宽2 000mm，沿基础延长方向大放脚布置的间距为120mm、直径为ϕ12的HRB级排筋，其他与3—3断面图内容大体相同。

5）由5—5断面图可知，基础大放脚内布置着间距为150mm、直径为ϕ12的HRB级排筋，两基础定位轴线间距为900mm；两基础之间的部分沿基础延伸方向布置着间距为150mm、直径为ϕ12的HRB级排筋和间距为200mm、直径为ϕ8的HRB级通长钢筋，排筋分别伸入到两基础地梁内，使两基础形成一个整体。

6）图J－1为独立基础的平面图，绘图比例为1∶30。

7）由图J－1独立基础的断面图6—6可知，独立基础的柱截面尺寸为240mm×240mm，基础底面尺寸为1 200mm×1 200mm，垫层每边边线超出基础底部边线100mm，垫层平面尺寸为1 400mm×1 400mm。

独立基础的断面图表达出独立基础的正面内部构造，基底有100mm厚的素混凝土垫层，基础顶面即垫层标高为－1.500mm。

该独立基础的内部钢筋配置情况，沿基础底板的纵横方向分别摆放间距为100mm的ϕ10钢筋，独立柱内的竖向钢筋因锚固长度不能满足锚固要求，故沿水平方向弯折，弯折后的水平锚固长度为220mm。

3. 墙下混凝土条形基础布置平面图

某墙下混凝土条形基础布置平面图，如图4-36所示。

实例识读：

(1) 图中基础各个部位的定位尺寸（一般均以定位轴线为基准确定构件的平面位置）和定形尺寸。

1）标注1—1剖面，所在定位轴线到该基础的外侧边线距离为665mm，到该基础的内侧线的距离为535mm；

2）标注4—4剖面，墙体轴线居中，基础两边线到定位轴线距离均为1000mm；

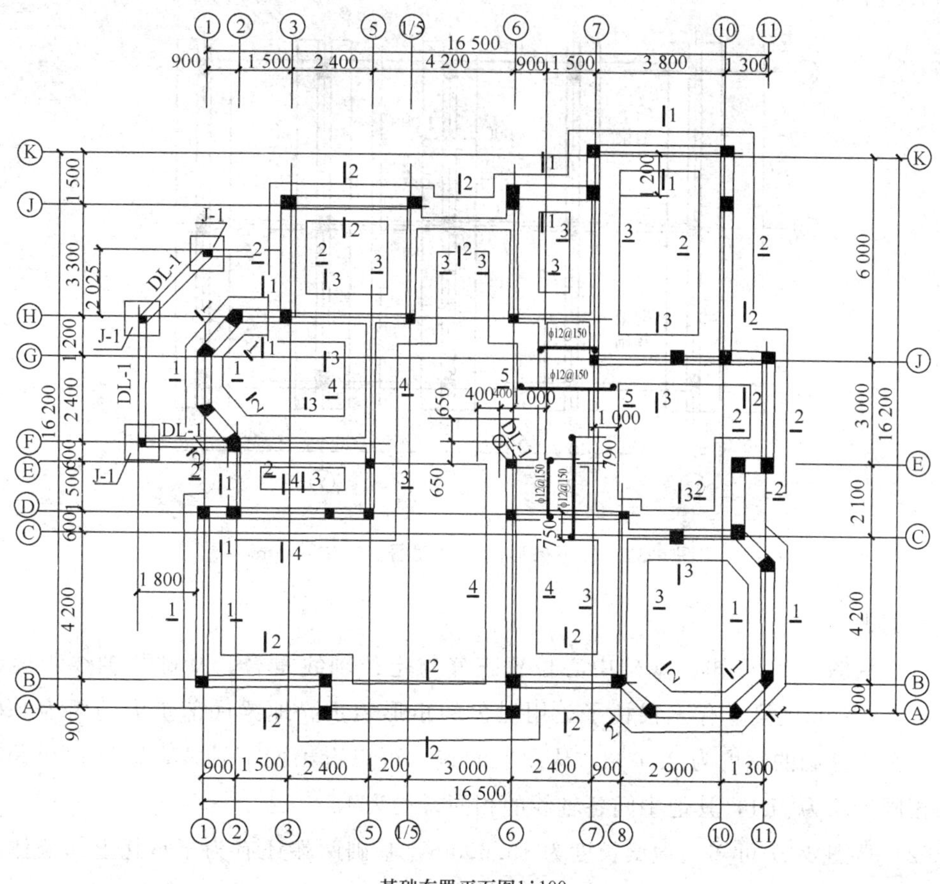

基础布置平面图1∶100

图 4-36　墙下混凝土条形基础布置平面图

3）标注 5—5 剖面，为两基础的外轮廓线重合交叉，而本图是将两基础做成一个整体，并用间距为 150mm 的ϕ12 钢筋拉接。

（2）图中标注的“1—1”“2—2”等为剖切符号，不同的编号代表断面形状、细部尺寸不尽相同的不同种基础。在剖切符号中，剖切位置线注写编号数字或字母的一侧表示剖视方向。

（3）从图中 6 号定位轴线与 F 号定位轴线交叉处附近的圆圈未被涂黑可知，它非构造柱，结合其他图纸可知道它是建筑物内一个装饰柱。

二、柱下条形基础施工图

1. 柱下条形基础平面布置图

框架结构的基础有各种各样的类型，这里介绍一种由地梁联结的柱下条形基础，它由基础底板和基础梁组成，如图 4-37 所示。

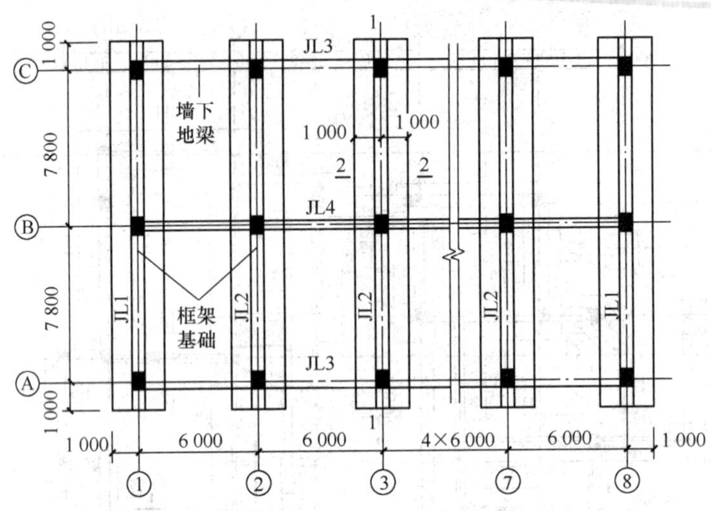

图 4-37　柱下条形基础平面图（单位：mm）

实例识读：

（1）从图 4-37 可知，基础中心位置正好与定位轴线重合，基础的轴线距离都是 6.00m，每根基础梁上有三根柱子，用黑色的矩形表示。地梁底部扩大的面为基础底板，即图中基础的宽度为 2.00m。从图上的编号可以看出两端轴线，即①轴和⑧轴的基础相同，均为 JL1，其他中间各轴线的相同，均为 JL2。

（2）从图 4-37 可知，地梁长度为 15.600m，基础两端还有为了承托上部墙体（砖墙或轻质砌块墙）而设置的基础梁，标注为 JL3，它的断面要比 JL1、JL2 小，尺寸为 300mm×550mm（$b\times h$）。JL3 的设置，使人们在看图中了解到该方向可以不必再另行挖土方做砖墙的基础了。

（3）从图 4-37 可知，柱子的柱距均为 6.0m，跨度为 7.8m。

2. 柱下条形基础详图

（1）图 4-38 是平面图 4-37 中 JL2 的纵向剖面图，从该剖面图中可知基础梁沿长向的构造。

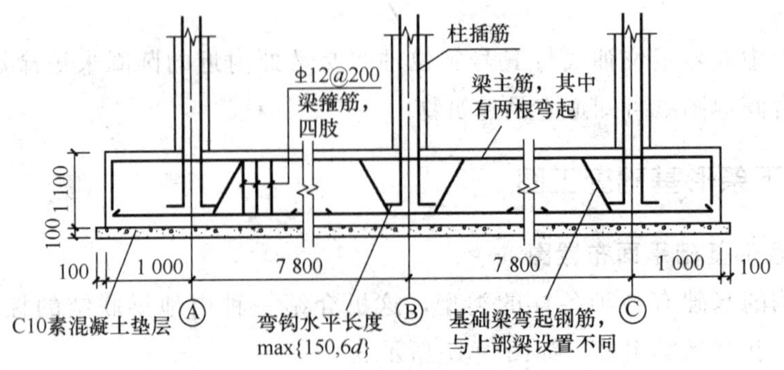

图 4-38　柱下条形基础纵向剖面（单位：mm）

纵向剖面图实例识读：

1）从图 4-38 可知，基础梁的两端有一部分挑出长度为 1 000mm，由力学知识可以知道，这是为了更好地平衡梁在框架柱处的支座弯矩。基础梁的高度是 1 100mm，基础梁的长度为 17 600mm，即跨距 7 800mm×2mm 加上柱轴线到梁边的 1 000mm，故总长为 7 800×2 ＋ 1 000×2＝17 600（mm）。

2）从图 4-38 可知，竖向有三根柱子的插筋，长向有梁的上部主筋和下部的受力主筋，根据力学的基本知识可知，基础梁承受的是地基土向上的反力，它的受力就好比是一个翻转 180°的上部结构的梁，因此跨中上部钢筋配置得少而支座处下部钢筋配置得多，而且最明显的是如果设弯起钢筋时，弯起钢筋在柱边支座处斜的方向和上部结构的梁的弯起钢筋斜向相反。上下的受力钢筋用钢箍绑扎成梁，图中注明了箍筋采用 ⌀12，并且是四肢箍，具体什么是四肢箍，还需要结合剖面图来看。

（2）图 4-39 为该梁式基础的横剖断面。

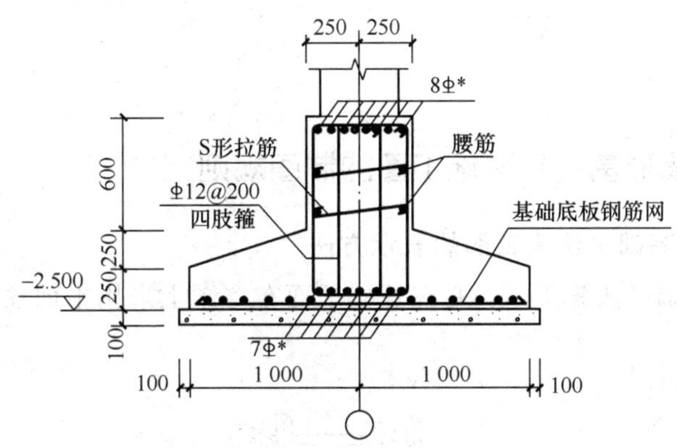

图 4-39　柱下条形基础横向剖面（单位：mm）（标高单位为 m）

横向剖面图实例识读：

1）从图 4-39 可知，基础宽度为 2.00m，基础底有 100mm 厚的素混凝土垫层，底板边缘厚为 250mm，斜坡高为 250mm，梁高与纵剖面一样为 1 100mm。从基础的横剖面图上还可以看出的是地基梁的宽度为 500mm。

2）在横剖面图上应看梁及底板的钢筋配置情况。

从图 4-39 可知，底板在宽度方向上是主要受力钢筋，摆放在底下，断面上的黑点表示长向钢筋，一般是分布筋。

板钢筋上面是梁的配筋，可以看出上部主筋有 8 根，下部配置有 7 根。

第五章 筏形基础平法施工图、基础相关构造制图及识图

第一节 筏形基础平法施工图、基础相关构造制图规则

一、梁板式筏形基础平法施工图的制图规则

1. 梁板式筏形基础平法施工图的表示方法

梁板式筏形基础平法施工图，是在基础平面布置图上采用平面注写方式进行表达，如图 5-1 所示。

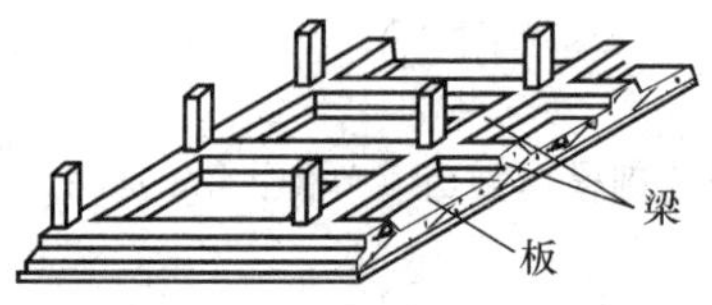

图 5-1 梁板式筏形基础

当绘制基础平面布置图时，应将梁板式筏形基础与其所支承的柱、墙一起绘制。当基础底面标高不同时，需注明与基础底面基准标高不同之处的范围和标高。

通过选注基础梁底面与基础平板底面的标高高差来表达两者间的位置关系，可以明确其“高板位”（梁顶与板顶一平）“低板位”（梁底与板底一平）以及“中板位”（板在梁的中部）三种不同位置组合的筏形基础，方便设计表达。

对于轴线未居中的基础梁，应标注其定位尺寸。

2. 梁板式筏形基础构件的类型与编号

（1）梁板式筏形基础由基础主梁、基础次梁、基础平板等构成。

（2）梁板式筏形基础构件编号按表 5-1 规定。

表 5-1　梁板式筏形基础构件编号

构件类型	代号	序号	跨数及有无外伸
基础主梁（柱下）	JL	××	（××）或（××A）或（××B）
基础次梁	JCL	××	（××）或（××A）或（××B）
梁板筏基础平板	LPB	××	

注：1.（××A）为一端有外伸，（××B）为两端有外伸，外伸不计入跨数。

2. 梁板式筏形基础平板跨数及是否有外伸分别在 X、Y 两向的贯通纵筋之后表达。图面从左至右为 X 向，从下至上为 Y 向。

3. 梁板式筏形基础主梁与条形基础梁编号与标准构造详图一致。

例如：某基础梁平法标注，如图 5-2 所示。

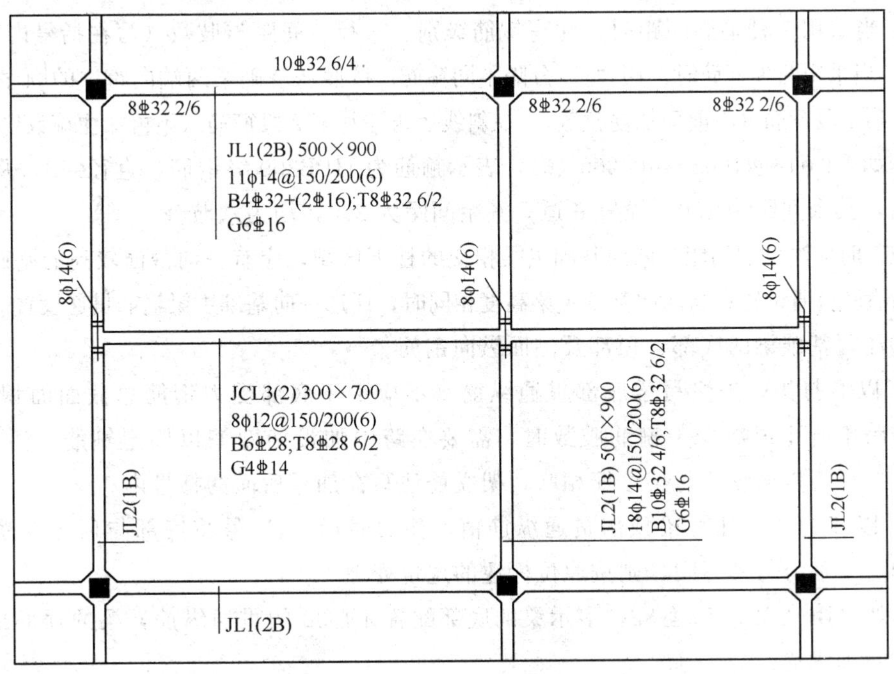

图 5-2　某基础梁平法标注图示

表示：

JL1（2B）表示：第 1 号基础主梁，2 跨，两端有外伸。

JCL2（3A）表示：第 2 号基础次梁，3 跨，一端有外伸。

JCL3（2）表示：第 3 号基础次梁，2 跨，无外伸。

3. 基础主梁与基础次梁的平面注写方式

（1）基础主梁 JL 与基础次梁 JCL 的平面注写，分集中标注与原位标注两部分内容。

（2）基础主梁 JL 与基础次梁 JCL 的集中标注内容为：基础梁编号、截面尺寸、配筋三项必注内容，以及基础梁底面标高高差（相对于筏形基础平板底面标高）一项选注内容。

1）注写基础梁的编号

注写基础梁的编号，参见表5-1。

2）注写基础梁的截面尺寸

以 $b \times h$ 表示梁截面宽度与高度；当为加腋梁时，用 $b \times h$　$\mathrm{Y}c_1 \times c_2$ 表示，其中 c_1 为腋长，c_2 为腋高。

例如：普通梁截面尺寸标注：

300×700，表示：截面宽度为300，截面高度为700。

例如：加腋梁截面尺寸标注：

300×700　Y500×250，表示：腋长为500，腋高为250。

3）注写基础梁的配筋

①注写基础梁箍筋。

a. 当采用一种箍筋间距时，注写钢筋级别、直径、间距与肢数（写在括号内）。

b. 当采用两种箍筋时，用“/”分隔不同箍筋，按照从基础梁两端向跨中的顺序注写。先注写第1段箍筋（在前面加注箍数），在斜线后再注写第2段箍筋（不再加注箍数）。

例如：9ϕ16@100/ϕ16@200（6），表示箍筋为HPB300级钢筋，直径ϕ16，从梁端向跨内，其余间距为100，设置9道，其余间距为200，均为六肢箍。

施工时应注意的问题：两向基础主梁相交的柱下区域，应有一向截面较高的基础主梁按梁端箍筋贯通设置；当两向基础主梁高度相同时，任选一向基础主梁箍筋贯通设置。

②注写基础梁的底部、顶部及侧面纵向钢筋。

a. 以B打头，先注写梁底部贯通纵筋（不应少于底部受力钢筋总截面面积的1/3）。当跨中所注根数少于箍筋肢数时，需要在跨中加设架立筋以固定箍筋，注写时，用“+”号将贯通纵筋与架立筋相联，架立筋注写在加号后面的括号内。

b. 以T打头，注写梁顶部贯通纵筋值，注写时用“;”号将底部与顶部纵筋分隔开，如有个别跨与其不同，则按原位标注的规定处理。

例如：B4⏀32；T7⏀32，表示梁的底部配置4⏀32的贯通纵筋，梁的顶部配置7⏀32的贯通纵筋。

c. 当梁底部或顶部贯通纵筋多于一排时，用斜线“/”将各排纵筋自上而下分开。

例如：梁底部贯通纵筋注写为B8⏀28　3/5，则表示上一排纵筋为3⏀28，下一纵筋为5⏀28。

注：1. 基础主梁与基础次梁的底部贯通纵筋，可在跨中1/3净跨长度范围内采用搭接连接、机械连接或焊接。

2. 基础主梁与基础次梁的顶部贯通纵筋，可在距支座1/4净跨长度范围内采用搭接连接，或在支座附近采用机械连接或焊接（均应严格控制接头百分率）。

d. 以大写字母G打头注写基础梁两侧面对称设置的纵向构造钢筋的总配筋值（当梁腹板高度 h_w 不小于450mm时，根据需要配置）。

例如：G8⏀16，表示梁的两个侧面共配置8⏀16的纵向构造钢筋，每侧各配置4⏀16。

当需要配置抗扭纵向钢筋时，梁两个侧面设置的抗扭纵向钢筋以N打头。

例如：N8⏀16，表示梁的两个侧面共配置8⏀16的纵向抗扭钢筋，沿截面周边均匀对称设置。

注：1. 当为梁侧面构造钢筋时，其搭接与锚固长度可取为15*d*。

2. 当为梁侧面受扭纵向钢筋时，其锚固长度为l_a，搭接长度为l_l，其锚固方式同基础梁上部纵筋。

4）基础梁底面标高高差（系指相对于筏形基础平板底面标高的高差值），该项为选注值。有高差时需将高差写入括号内（如“高板位”与“中板位”基础梁的底面与基础平板底面标高的高差值）。无高差时不注（如“低板位”筏形基础的基础梁）。

（3）基础主梁与基础次梁的原位标注。

1）注写梁端（支座）区域的底部全部纵筋，包括已经集中注写过的贯通纵筋在内的所有纵筋。

①当梁端（支座）区域的底部纵筋多于一排时，用“/”将各排纵筋自上而下分开。

例如：梁端（支座）区域底部纵筋注写为10⏀25 4/6，表示上一排纵筋为4⏀25，下一排纵筋为6⏀25。

②当同排纵筋有两种直径时，用“＋”将两种直径的纵筋相联。

例如：梁端（支座）区域底部纵筋注写为4⏀28＋2⏀25，表示一排纵筋由两种不同直径的钢筋组合。

③当梁中间支座两边的底部纵筋配置不同时，需在支座两边分别标注；当梁中间支座两边的底部纵筋相同时，可仅在支座的一边标注配筋值。

④当梁端（支座）区域的底部全部纵筋与集中注写过的贯通纵筋相同时，可不再重复做原位标注。

⑤加腋梁加腋部位钢筋，需在设置加腋的支座处以Y打头注写在括号内。

例如：加腋梁端（支座）处注写为Y4⏀25，表示加腋部位斜纵筋为4⏀25。

设计时应注意的问题：当对底部一平的梁支座两边的底部非贯通纵筋采用不同配筋值时，应先按较小一边的配筋值选配相同直径的纵筋贯穿支座，再将较大一边的配筋差值选配适当直径的钢筋锚入支座，避免造成两边大部分钢筋直径不相同的不合理配置结果。

施工及预算方面应注意的问题：当底部贯通纵筋经原位修正注写后，两种不同配置的底部贯通纵筋应在两毗邻跨中配置较小一跨的跨中连接区域连接（即配置较大一跨的底部贯通纵筋需越过其跨数终点或起点伸至毗邻跨的跨中连接区域）。

2）注写基础梁的附加箍筋或（反扣）吊筋。将其直接画在平面图中的主梁上，用线引注总配筋值（附加箍筋的肢数注在括号内），当多数附加箍筋或（反扣）吊筋相同时，可在基础梁平法施工图上统一注明，少数与统一注明值不同时，再原位引注。施工时应注意：附加箍筋或（反扣）吊筋的几何尺寸应按照标准构造详图，结合其所在位置的主梁和次梁的截面尺寸确定。

3）当基础梁外伸部位变截面高度时，在该部位原位注写 $b \times h_1/h_2$，h_1 为根部截面高度，h_2 为尽端截面高度。

4）注写修正内容。当在基础梁上集中标注的某项内容（如梁截面尺寸、箍筋、底部与顶部贯通纵筋或架立筋、梁侧面纵向构造钢筋、梁底面标高高差等）不适用于某跨或某外伸部分时，则将其修正内容原位标注在该跨或该外伸部位，施工时原位标注取值优先。

当在多跨基础梁的集中标注中已注明加腋，而该梁某跨根部不需要加腋时，则应在该跨原位标注等截面的 $b \times h$，以修正集中标注中的加腋信息。

（4）基础主梁与基础次梁标注图示，如图 5-3 所示。

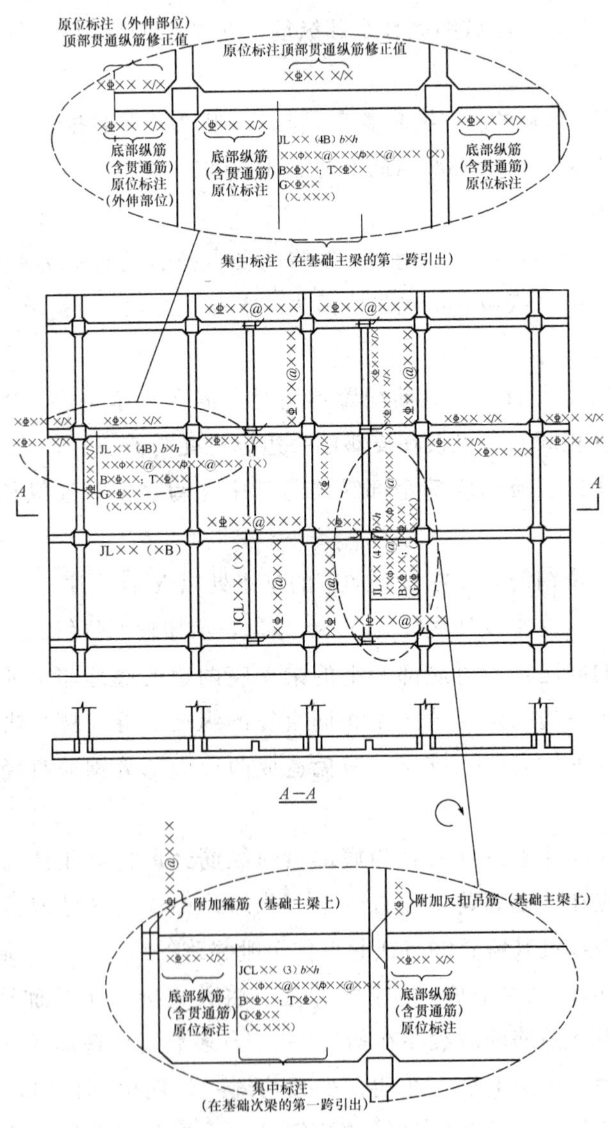

图 5-3　基础主梁与基础次梁标注图示

图示说明：

1）集中标注说明：集中标注应在第一跨引出。

①注写形式：JL××（×B）或JCL××（×B）。

表达内容：基础主梁JL或基础次梁JCL编号，具体包括：代号、序号、（跨数及外伸状况）。

附加说明：（×A）：一端有外伸；（×B）：两端均有外伸；无外伸则仅注跨数（×）。

②注写形式：$b \times h$。

表达内容：截面尺寸，梁宽×梁高。

附加说明：当加腋时，用$b \times h$　$Yc_1 \times c_2$表示，其中c_1为腋长，c_2为腋高。

③注写形式：××ϕ××@×××/ϕ××@×××（×）。

表达内容：第一种箍筋道数、强度等级、直径、间距/第二种钢筋（肢数）。

附加说明：ϕ—HPB300，Φ—HRB335，Φ—HRB400，$Φ^R$—RRB400，下同。

④注写形式：B×Φ××；T×Φ××。

表达内容：底部（B）贯通纵筋根数、强度等级、直径；顶部（T）贯通纵筋根数、强度等级、直径。

附加说明：底部纵筋应有不少于1/3贯通全跨；顶部纵筋全部连通。

⑤注写形式：G×Φ××。

表达内容：梁侧面纵向构造钢筋根数、强度等级、直径。

附加说明：为梁两个侧面构造纵筋的总根数。

⑥注写形式：(×.×××)。

表达内容：梁底面相对于筏板基础平板标高的高差。

附加说明：高者前加＋号，低者前加－号，无高差不注。

2）原位标注（含贯通筋）的说明：

①注写形式：×Φ××；×/×。

表达内容：基础主梁柱下与基础次梁支座区域底部纵筋根数、强度等级、直径，以及用“/”分隔的各排筋根数。

附加说明：为该区域底部包括通筋在内的全部纵筋。

②注写形式：×ϕ××@×××。

表达内容：附加箍筋总根数（两侧均分）、规格、直径及间距。

附加说明：在主次梁相交处的主梁上引出。

③注写形式：其他原位标注。

表达内容：某部位与集中标注不同的内容。

附加说明：原位标注取值优先。

注：相同的基础主梁或次梁只标注一根，其他仅注编号。有关标注的其他规定详见制图规则。

在基础梁相交处位于同一层面的纵筋相交叉时，设计应注明何梁纵筋在下，何梁纵筋在上。

4. 基础梁底部非贯通纵筋的长度规定

（1）为方便施工，凡基础主梁柱下区域和基础次梁支座区域底部非贯通纵筋的伸出长度 a_0 值，当配置不多于两排时，在标准构造详图中统一取值为自支座边向跨内伸出至 $l_n/3$ 位置；当非贯通纵筋配置多于两排时，从第三排起向跨内的伸出长度值应由设计者注明。l_n的取值规定为：边跨边支座的底部非贯通纵筋，l_n取本边跨的净跨长度值；中间支座的底部非贯通纵筋，l_n取较大一跨的净跨长度值。

（2）基础主梁与基础次梁外伸部位底部纵筋的伸出长度 a_0 值，在标准构造详图中统一取值为：第一排伸出至梁端头后，全部上弯 12d；其他排伸至梁端头后截断。

（3）设计者在执行基础梁底部非贯通纵筋伸出长度的统一取值规定时，应注意按《混凝土结构设计规范》（GB 50010—2010）、《建筑地基基础设计规范》（GB 50007—2011）和《高层建筑混凝土结构技术规程》（JGJ 3—2010）的相关规定进行校核，若不满足时应另行变更。

5. 梁板式筏形基础平板的平面注写方式

（1）梁板式筏形基础平板 LPB 贯通纵筋的集中标注，应在所表达的板区双向均为第一跨（X 与 Y 双向首跨）的板上引出（图面从左至右为 X 向，从下至上为 Y 向）。

板区划分条件：板厚相同、基础平板底部与顶部贯通纵筋配置相同的区域为同一板区。

集中标注的内容规定如下：

1）注写基础平板的编号，参见表 5-1。

2）注写基础平板的截面尺寸。注写 h=×××表示板厚。

3）注写基础平板的底部与顶部贯通纵筋及其总长度。先注写 X 向底部（B 打头）贯通纵筋与顶部（T 打头）贯通纵筋及纵向长度范围；再注写 Y 向底部（B 打头）贯通纵筋与顶部（T 打头）贯通纵筋及纵向长度范围（图面从左至右为 X 向，从下至上为 Y 向）。

贯通纵筋的总长度注写在括号中，注写方式为“跨数及有无外伸”，其表达形式为：（××）（无外伸）、（××A）（一端有外伸）或（××B）（两端有外伸）。

注：基础平板的跨数以构成柱网的主轴线为准；两主轴线之间无论有几道辅助轴线（例如框筒结构中混凝土内筒中的多道墙体），均可按一跨考虑。

例如：梁板式筏形基础平板 LPB1 的集中标注，如图 5-4 所示。

集中标注说明：

LPB1h=400

X：B⌀20@300；T⌀18@150；（3B）

Y：B⌀22@360；T⌀20@180；（2B）

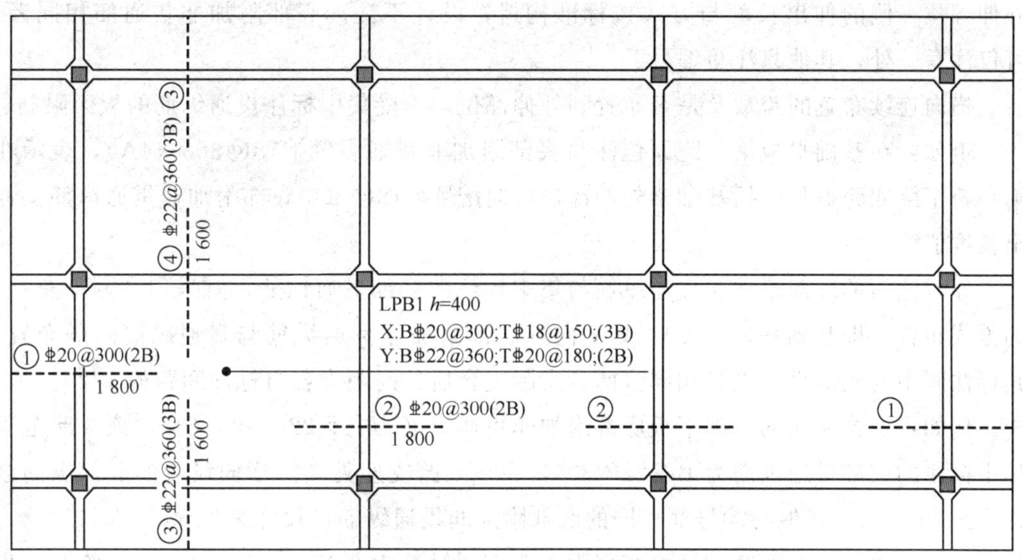

图 5-4　梁板式筏形基础平板 LPB1 的集中标注图示

表示：

基础平板 X 向底部配置⌀20、间距 300 的贯通纵筋，顶部配置⌀18、间距 150 的贯通纵筋，纵向总长度为 3 跨两端有外伸；

基础平板 Y 向底部配置⌀22、间距 360 的贯通纵筋，顶部配置⌀20、间距 180 的贯通纵筋，纵向总长度为 2 跨一端有外伸。

当贯通筋采用两种规格钢筋"隔一布一"方式时，表达为ϕ××/yy@×××，表示直径××的钢筋和直径 yy 的钢筋之间的间距为×××，直径为××的钢筋、直径为 yy 的钢筋间距分别为×××的 2 倍。

例：⌀10/12@100 表示贯通纵筋为⌀10、⌀12 隔一布一，彼此之间间距为 100。若为⌀10 钢筋，则间距为 200；若为⌀12 钢筋，则间距为 200。

（2）梁板式筏形基础平板 LPB 的原位标注，主要表达板底部附加非贯通纵筋。

1）原位注写位置及内容。

板底部原位标注的附加非贯通纵筋，应在配置相同跨的第一跨表达（当在基础梁悬挑部位单独配置时则在原位表达）。在配置相同跨的第一跨（或基础梁外伸部位），垂直于基础梁绘制一段中粗虚线（当该筋通长设置在外伸部位或短跨板下部时，应画至对边或贯通短跨），在虚线上注写编号（如①、②等）、配筋值、横向布置的跨数及是否布置到外伸部位。

注：（××）为横向布置的跨数，（××A）为横向布置的跨数及一端基础梁的外伸部位，（××B）为横向布置的跨数及两端基础梁外伸部位。

板底部附加非贯通纵筋向两边跨内的伸出长度值注写在线段的下方位置。当该筋向两侧对称伸出时，可仅在一侧标注，另一侧不注；当布置在边梁下时，向基础平板外伸部位一侧的伸出长度与方式按标准构造，设计不注。底部附加非贯通筋相同者，可仅注写一处，其他只注写编号。

横向连续布置的跨数及是否布置到外伸部位，不受集中标注贯通纵筋的板区限制。

例如：在基础平板第一跨原位注写底部附加非贯通纵筋⌀18@300（4A)，表示在第一跨至第四跨板且包括基础梁外伸部位横向配置⌀18@300底部附加非贯通纵筋。伸出长度值略。

原位注写的底部附加非贯通纵筋与集中标注的底部贯通钢筋，宜采用“隔一布一”的方式布置，即基础平板（X向或Y向）底部附加非贯通纵筋与贯通纵筋间隔布置，其标注间距与底部贯通纵筋相同（两者实际组合后的间距为各自标注间距的1/2)。

例如：原位注写的基础平板底部附加非贯通纵筋为⑤⌀22@300（3)，该3跨范围集中标注的底部贯通纵筋为B⌀22@300，在该3跨支座处实际横向设置的底部纵筋合计为⌀22@150。其他与⑤号筋相同的底部附加非贯通纵筋可仅注编号⑤。

例如：原位注写的基础平板底部附加非贯通纵筋为②25@300（4)，该4跨范围集中标注的底部贯通纵筋为B⌀22@300，表示该4跨支座处实际横向设置的底部纵筋为⌀25和⌀22间隔布置，彼此间距为150。

2）注写修正内容。当集中标注的某些内容不适用于梁板式筏形基础平板某板区的某一板跨时，应由设计者在该板跨内注明，施工时应按注明内容取用。

3）当若干基础梁下基础平板的底部附加非贯通纵筋配置相同时（其底部、顶部的贯通纵筋可以不同)，可仅在一根基础梁下做原位注写，并在其他梁上注明“该梁下基础平板底部附加非贯通筋同××基础梁。

基础平板（X向或Y向）底部非贯通纵筋与底部贯通纵筋为交错插空布置的关系。所以，要注意底部附加非贯通纵筋间距与贯通纵筋间距存在一定的倍数关系，由此形成了“隔一布一”和“隔一布二”的布筋方式。

隔一布一：施工方便，设计时仅通过调整纵筋直径即可实现贯通全跨的纵筋面积介于相应方向总配筋面积的1/3～1/2之间，所以“隔一布一”为首选方式。

“隔一布一”布筋方式的特点是：底部非贯通纵筋的间距与底部贯通纵筋的间距相同。此时底部非贯通纵筋的钢筋根数可直接按其间距来进行计算。

例如：原位标注的基础平板底部附加非贯通纵筋为：①⌀25@250（5)，而在该5跨范围内集中标注的底部贯通纵筋为B⌀22@250。

隔一布二：布筋方式的特点是：底部非贯通纵筋的间距用“两个@”来定义，其中“小间距”是“大间距”的1/2，是底部贯通纵筋间距的1/3。

此时底部非贯通纵筋的钢筋根数可直接按“底部贯通纵筋间距”（即“小间距”与“大间距”之和）来进行计算“间隔”的个数，每一个“间隔”放置两根底部非贯通纵筋。

例如：原位标注的基础平板底部附加非贯通纵筋为：③⌀20@120@240（3)，而在

该 3 跨范围内集中标注的底部贯通纵筋为 BΦ22@360。

该 3 跨实际横向设置的底部纵筋合计为（1Φ22＋2Φ20）@360，各筋间距为 120。

（3）梁板式筏形基础平板标注，如图 5-5 所示。

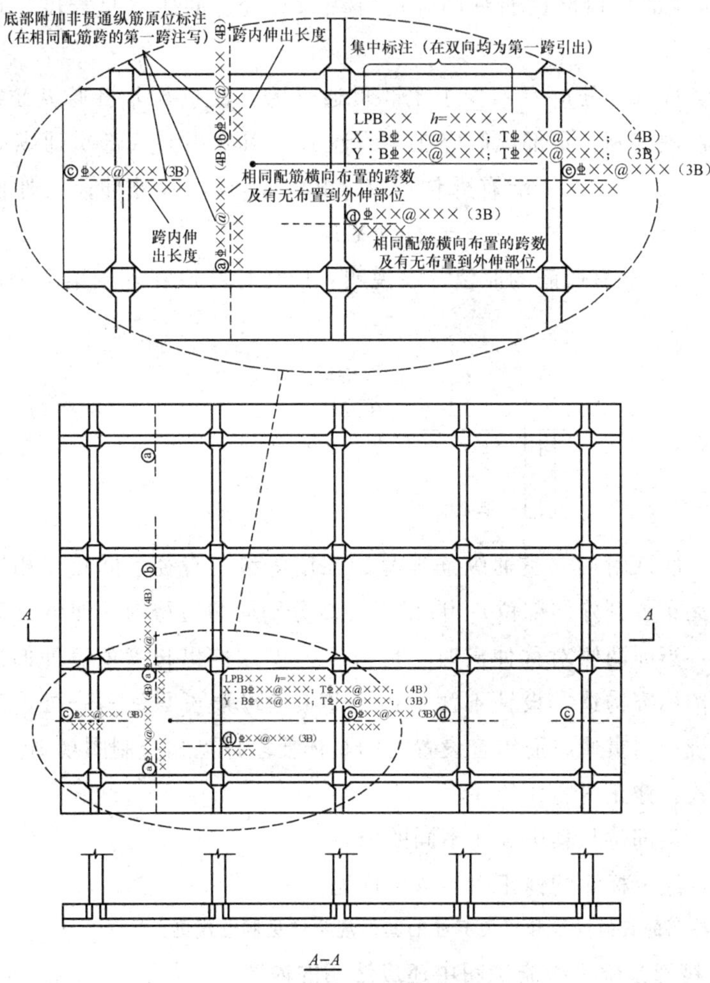

图 5-5　梁板式筏形基础平板 LPB 标注图示

图示说明：

1）集中标注说明：集中标注应在双向均为第一跨引出。

①注写形式：LPB××。

表达内容：基础平板编号，包括代号和序号。

附加说明：为梁板式基础的基础平板。

②注写形式：h＝××××。

表达内容：基础平板厚度。

③注写形式：X：BΦ××@×××；

TΦ××@×××；（×、×A、×B）；

Y：B⏀××@×××；

T⏀××@×××；(×、×A、×B)。

表达内容：X向底部与顶部贯通纵筋强度等级、直径、间距（总长度：跨数及有无外伸）；Y向底部与顶部贯通纵筋强度等级、直径、间距（总长度：跨数及有无外伸）。

附加说明：底部纵筋应有不少于1/3贯通全跨，注意与非贯通纵筋组合设置的具体要求，详见制图规则。顶部纵筋应在全跨连通。用B引导底部贯通纵筋，用T引导顶部贯通纵筋。(×A)：一端有外伸；(×B)：两端均有外伸；无外伸则仅注跨数(×)。图面从左至右为X向，从下至上为Y向。

2）板底部附加非贯通筋的原位标注说明：原位标注应在基础梁下相同配筋的第一跨下注写。

①注写形式：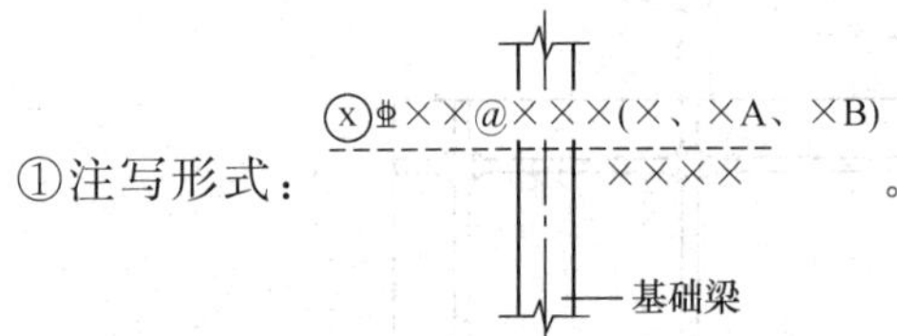

。

表达内容：底部附加非贯通纵筋编号、强度等级、直径、间距（相同配筋横向布置的跨数及有无布置到外伸部位）；自梁中心线分别向两边跨内的伸出长度值。

附加说明：当向两侧对称伸出时，可只在一侧注伸出长度值。外伸部位一侧的伸出长度与方式按标准构造，设计不注。相同非贯通纵筋可只注写一处，其他仅在中粗虚线上注写编号。与贯通纵筋组合设置时的具体要求详见相应制图规则。

②注写形式：修正内容原位注写。

表达内容：某部位与集中标注不同的内容。

附加说明：原位标注的修正内容取值优先。

注：图注中注明的其他内容和有关标注的其他规定详见制图规则。

6. 梁板式筏形基础平板施工图中还应注明的内容

（1）当在基础平板周边沿侧面设置纵向构造钢筋时，应在图中注明。

（2）应注明基础平板外伸部位的封边方式，当采用U形钢筋封边时应注明其规格、直径及间距。

（3）当基础平板外伸变截面高度时，应注明外伸部位的 h_1/h_2，h_1 为板根部截面高度，h_2 为板尽端截面高度。

（4）当基础平板厚度大于2m时，应注明具体构造要求。

（5）当在基础平板外伸阳角部位设置放射筋时，应注明放射筋的强度等级、直径、根数以及设置方式等。

（6）当在板的分布范围内采用拉筋时，应注明拉筋的强度等级、直径、双向间距等。

（7）应注明混凝土垫层厚度与强度等级。

（8）结合基础主梁交叉纵筋的上下关系，当基础平板同一层面的纵筋相交叉时，应注明何向纵筋在下，何向纵筋在上。

（9）设计需注明的其他内容。

二、平板式筏形基础平法施工图的制图规则

1. 平板式筏形基础平法施工图的表示方法

（1）平板式筏形基础平法施工图，是在基础平面布置图上采用平面注写方式表达。

（2）当绘制基础平面布置图时，应将平板式筏形基础与其所支承的柱、墙一起绘制。当基础底面标高不同时，需注明与基础底面基准标高不同之处的范围和标高。

2. 平板式筏形基础构件的类型与编号

（1）平板式筏形基础构件的类型与编号平板式筏形基础可划分为柱下板带和跨中板带；也可不分板带，按基础平板进行表达。

（2）平板式筏形基础构件编号按表 5-2 的规定。

表 5-2　平板式筏形基础构件编号

构件类型	代号	序号	跨数及有无外伸
柱下板带	ZXB	××	（××）或（××A）或（××B）
跨中板带	KZB	××	（××）或（××A）或（××B）
平板筏基础平板	BPB	××	

注：1.（××A）为一端有外伸，（××B）为两端有外伸，外伸不计入跨数。

2. 平板式筏形基础平板，其跨数及是否有外伸分别在 X、Y 两向的贯通纵筋之后表达。图面从左至右为 X 向，从下至上为 Y 向。

3. 柱下板带与跨中板带的平面注写方式

（1）柱下板带 ZXB（视其为无箍筋的宽扁梁）与跨中板带 KZB 的平面注写，分板带底部与顶部贯通纵筋的集中标注与板带底部附加非贯通纵筋的原位标注两部分内容。

（2）柱下板带与跨中板带的集中标注，应在第一跨（X 向为左端跨，Y 向为下端跨）引出。具体规定如下：

1）注写编号。注写编号，参见表 5-2。

2）注写截面尺寸。注写截面尺寸，注写 b=××××表示板带宽度（在图注中注明基础平板厚度）。柱下板带宽度应根据规范要求与结构实际受力需要确定。当柱下板带宽度确定后，跨中板带宽度亦随之确定（即相邻两平行柱下板带之间的距离）。当柱下板带中心线偏离柱中心线时，应在平面图上标注其定位尺寸。

3）注写底部与顶部贯通纵筋。注写底部贯通纵筋（B 打头）与顶部贯通纵筋（T 打头）的规格与间距，用"；"号将其分隔开。柱下板带的柱下区域，通常在其底部贯通纵筋的间隔内插空设有（原位注写的）底部附加非贯通纵筋。

例如：B⏀22@300；T⏀25@150 表示板带底部配置⏀22 间距 300 的贯通纵筋，板带顶部配置⏀25 间距 150 的贯通纵筋。

注：1. 柱下板带与跨中板带的底部贯通纵筋，可在跨中 1/3 净跨长度范围内采用搭接连接、机械连接或焊接。

2. 柱下板带及跨中板带的顶部贯通纵筋，可在柱网轴线附近 1/4 净跨长度范围内采用搭接连接、机械连接或焊接。

施工及预算方面应注意的问题：当柱下板带的底部贯通纵筋配置从某跨开始改变时，两种不同配置的底部贯通纵筋应在两毗邻跨中配置较小跨的跨中连接区域连接(即配置较大跨的底部贯通纵筋需越过其跨数终点或起点伸至毗邻跨的跨中连接区域。具体位置见标准构造详图)。

(3) 柱下板带与跨中板带原位标注的内容，主要为底部附加非贯通纵筋。

1) 注写内容：以一段与板带同向的中粗虚线代表附加非贯通纵筋；柱下板带：贯穿其柱下区域绘制；跨中板带：横贯柱中线绘制。在虚线上注写底部附加非贯通纵筋的编号（如①、②等)、钢筋级别、直径、间距，以及自柱中线分别向两侧跨内的伸出长度值。当向两侧对称伸出时，长度值可仅在一侧标注，另一侧不注。外伸部位的伸出长度与方式按标准构造，设计不注。对同一板带中底部附加非贯通筋相同者，可仅在一根钢筋上注写，其他可仅在中粗虚线上注写编号。

原位注写的底部附加非贯通纵筋与集中标注的底部贯通纵筋，宜采用“隔一布一”的方式布置，即柱下板带或跨中板带底部贯通纵筋相同（两者实际组合后的间距为各自标注间距的 1/2)。

例如：柱下区域注写底部附加非贯通纵筋③⏀22@300，集中标注的底部贯通纵筋也为 B⏀22@300，表示在柱下区域实际设置的底部纵筋为⏀22@150，其他部位与③号筋相同的附加非贯通纵筋仅注编号③。

例如：柱下区域注写底部附加非贯通纵筋②⏀25@300，集中标注的底部贯通纵筋为 B⏀22@300，表示在柱下区域实际设置的底部纵筋为⏀25 和⏀22 间隔布置，彼此之间间距为 150。

当跨中板带在轴线区域不设置底部附加非贯通纵筋时，则不做原位注写。

2) 注写修正内容：当在柱下板带、跨中板带上集中标注的某些内容（如截面尺寸、底部与顶部贯通纵筋等）不适用于某跨或某外伸部分时，则将修正的数值原位标注在该跨或该外伸部位，施工时原位标注取值优先。

设计时应注意：对于支座两边不同配筋值的（经注写修正的）底部贯通纵筋，应按较小一边的配筋值选配相同直径的纵筋贯穿支座，较大一边的配筋差值选配适当直径的钢筋锚入支座，避免造成两边大部分钢筋直径不相同的不合理配置结果。

(4) 柱下板带 ZXB 与跨中板带 KZB 标注，如图 5-6 所示。

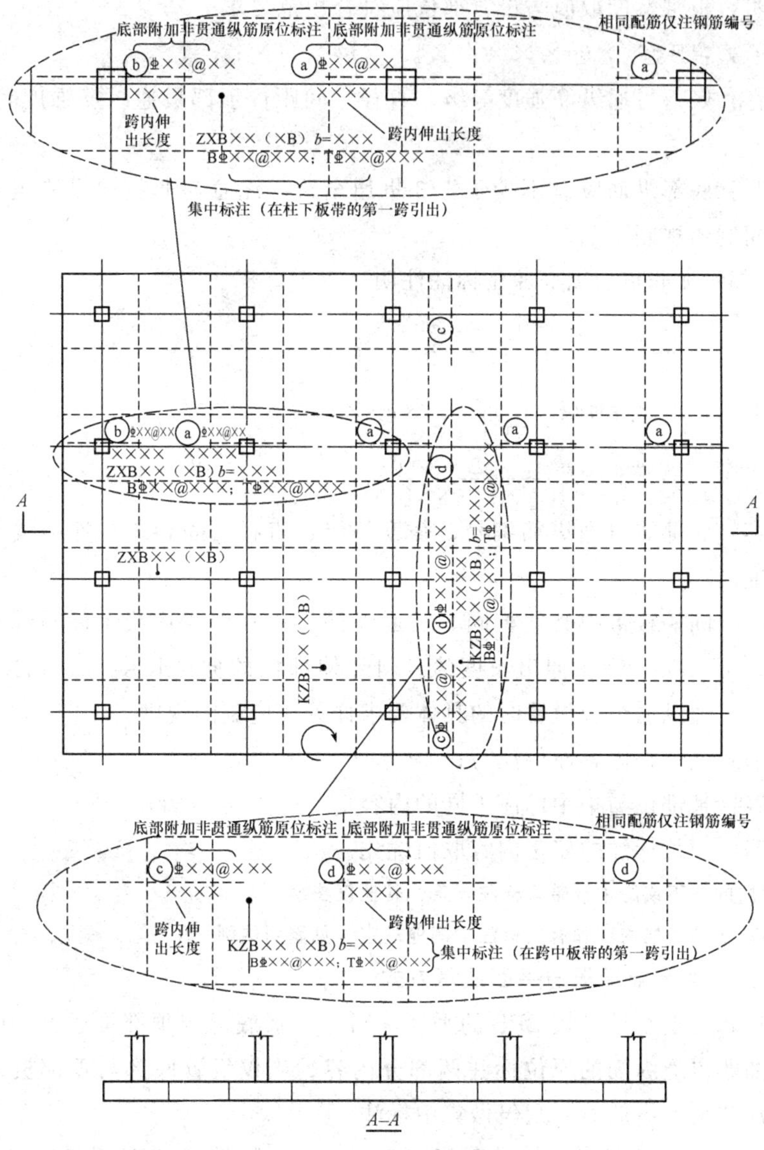

图 5-6　柱下板带 ZXB 与跨中板带 KZB 标注图示

标注说明：

1）集中标注说明：集中标注应在第一跨引出。

①注写形式：ZXB××（×B）或 KZB××（×B）；

表达内容：柱下板带或跨中板带编号，具体包括：代号、序号（跨数及外伸状况）；

附加说明：（×A）：一端有外伸；（×B）两端均有外伸；无外伸则仅注跨数（×）。

②注写形式：b=××××；

表达内容：板带宽度（在图注中应注明板厚）；

附加说明：板带宽度取值与设置部位应符合规范要求。

③注写形式：BΦ××@×××；TΦ××@×××；

表达内容：底部贯通纵筋强度等级、直径、间距；顶部贯通纵筋强度等级、直径、间距；

附加说明：底部纵筋应有不少于1/3贯通全跨，注意与非贯通纵筋组合设置的具体要求，相间制图规则。

2）板底部附加非贯通纵筋原位标注注明。

①注写形式：

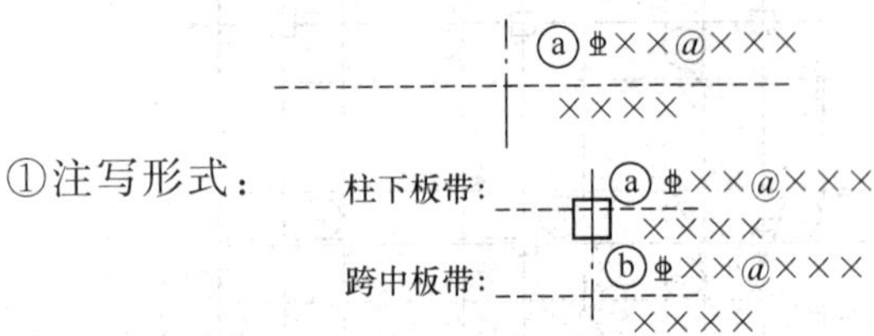

表达内容：底部非贯通纵筋编号、强度等级、直径、间距；自柱中线分别向两跨内的伸出长度值；

附加说明：同一板带中其他相同非贯通纵筋可仅在中粗虚线上注写编号。向两侧对称伸出时，可只在一侧注伸出长度值。向外伸部位的伸出长度与方式按标准构造，设计不注。与贯通纵筋组合设置时的具体要求详见相应制图规则。

②注写形式：修正内容原位注写；

表达内容：某部位与集中标注不同的内容；

附加说明：原位标注的修正内容取值优先。

注：1. 相同的柱下或跨中板带只标注一条，其他仅注编号。

2. 图注中注明的其他内容和有关标注的其他规定详见制图规则。

4. 平板式筏形基础平板的平面注写方式

（1）平板式筏形基础平板BPB的平面注写，分板底部与顶部贯通纵筋的集中标注与板底部附加非贯通纵筋的原位标注两部分内容。当仅设置底部与顶部贯通纵筋而未设置底部附加非贯通纵筋时，则仅做集中标注。

基础平板BPB的平面注写与柱下板带ZXB、跨中板带KZB的平面注写为不同的表达方式，但可以表达同样的内容。当整片板式筏形基础配筋比较规律时，宜采用BPB表达方式。

（2）平板式筏形基础平板BPB的集中标注，除参见表5-2注写编号外，其他规定与梁板式筏形基础的LPB贯通纵筋的集中标注相同。

当某向底部贯通纵筋或顶部贯通纵筋的配置，在跨内有两种不同间距时，先注写跨内两端的第一种间距，并在前面加注纵筋根数（以表示其分布的范围）；再注写跨中部的第二种间距（不需加注根数）；两者用“/”分隔。

例如：X：B12Φ22@150/200；T10Φ20@150/200表示基础平板X向底部配置Φ22的贯通纵筋，跨两端间距为150配12根，跨中间距为200；X向顶部配置Φ20的贯

通纵筋，跨两端间距为150配10根，跨中间距为200（纵向总长度略）。

(3) 平板式筏形基础平板BPB的原位标注，主要表达横跨柱中心线下的底部附加非贯通纵筋。

1）原位注写位置及内容。在配置相同的若干跨的第一跨下，垂直于柱中线绘制一段中粗虚线代表底部附加非贯通纵筋，在虚线上的注写内容与梁板式筏形基础施工图制图规则中在虚线上的标注内容相同。

当柱中心线下的底部附加非贯通纵筋（与柱中心线正交）沿柱中心线连续若干跨配置相同时，则在该连续跨的第一跨下原位注写，且将同规格配筋连续布置的跨数注在括号内；当有些跨配置不同时，则应分别原位注写。外伸部位的底部附加非贯通纵筋应单独注写（当与跨内某筋相同时仅注写钢筋编号）。

当底部附加非贯通纵筋横向布置在跨内有两种不同间距的底部贯通纵筋区域时，其间距应分别对应为两种，其注写形式应与贯通纵筋保持一致，即先注写跨内两端的第一种间距，并在前面加注纵筋根数；再注写跨中部的第二种间距（不需加注根数）；两者用“/”分隔。

2）当某些柱中心线下的基础平板底部附加非贯通纵筋横向配置相同时（其底部、顶部的贯通纵筋可以不同），可仅在一条中心线下做原位注写，并在其他柱中心线上注明“该柱中心线下基础平板底部附加非贯通纵筋同××柱中心线”。

(4) 平板式筏形基础平板BPB的平面注写规定，同样适用于平板式筏形基础上局部有剪力墙的情况。

平板式筏形基础平板BPB标注，如图5-7所示。

标注说明：

1）集中标注说明：集中标注应在双向均为第一跨引出。

①注写形式：BPB××；

表达内容：基础平板编号，包括代号和序号；

附加说明：为平板式筏形基础的基础平板。

②注写形式：h=××××；

表达内容：基础平板厚度。

③注写形式：X：B⏀××@×××；

T⏀××@×××；(×、×A、×B)

T：B⏀××@×××；

T⏀××@×××；(×、×A、×B)

表达内容：X向底部与顶部贯通纵筋强度等级、直径、间距（总长度：跨数及有无外伸）；Y向底部与顶部贯通纵筋强度等级、直径、间距（总长度：跨数及有无外伸）。

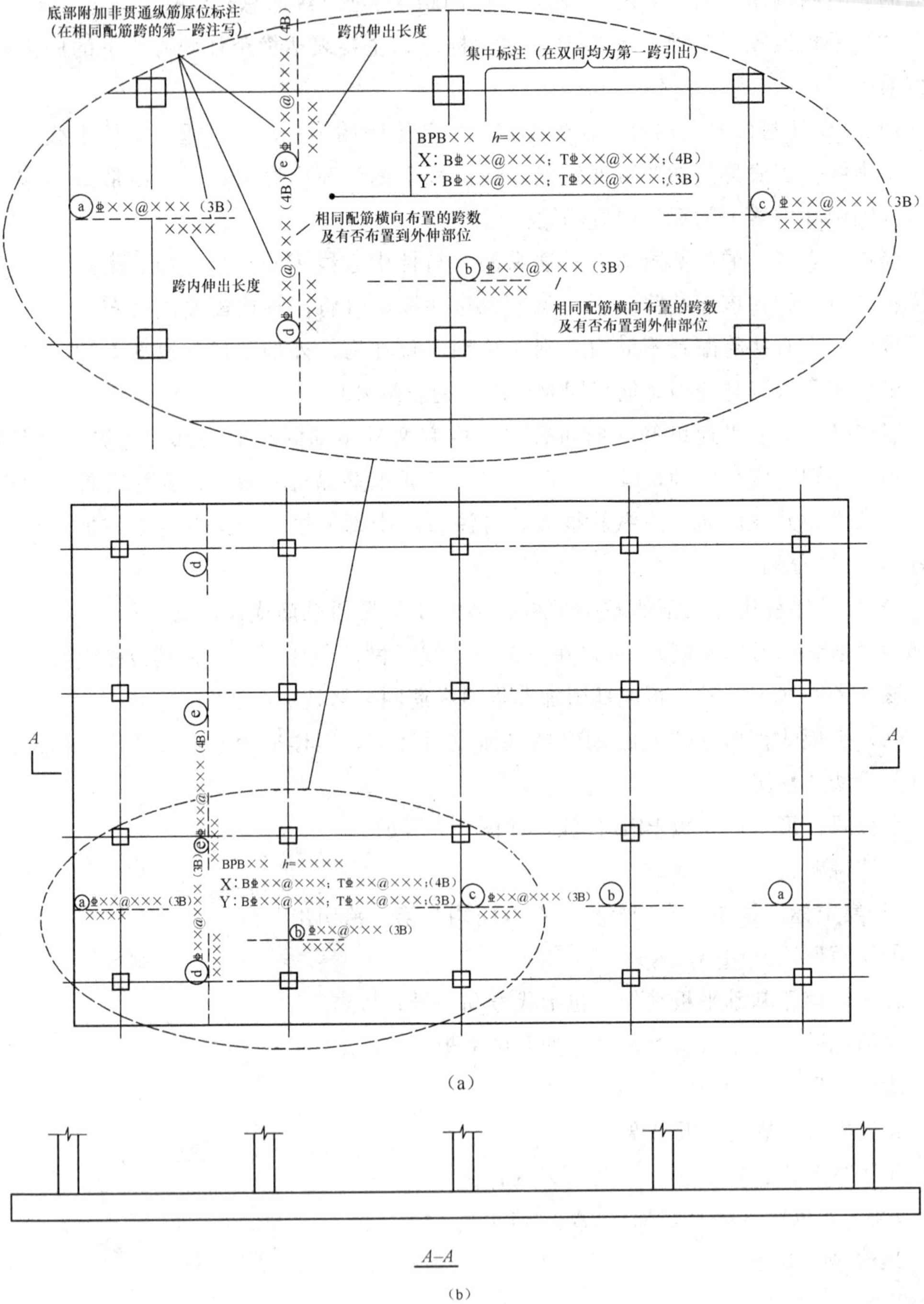

(a)

(b)

图 5-7　平板式筏形基础平板 BPB 标注图示

附加说明：底部纵筋应有不少于 1/3 贯通全跨，注意与非贯通纵筋组合设置的具体要求，详见制图规则。顶部纵筋应全跨贯通，用 B 引导底部贯通纵筋，用 T 引导顶部贯通纵筋。(×A)：一端有外伸；(×B)：两端均有外伸；无外伸则仅注跨数（×）。

图面应从左至右为 X 向，从下之上为 Y 向。

2）板底部附加非贯通筋的原位标注说明：原位标注应在基础梁下相同配筋跨的第一跨下注写。

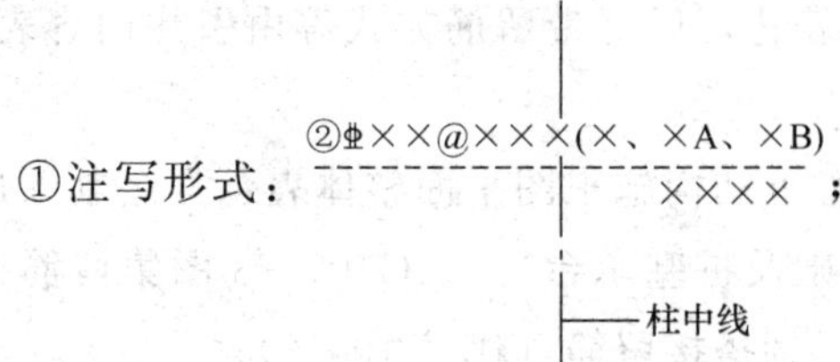

①注写形式：；

表达内容：底部附加非贯通纵筋编号、强度等级、直径、间距（相同配筋横向布置的跨数及有无布置到外伸部位）；自梁中心线分别向两边跨内的伸出长度值；

附加说明：当向两侧对称伸出时，可只在一侧注伸出长度值。外伸部位一侧的伸出长度与方式按标准构造，设计不注。相同非贯通纵筋可只注写一处，其他仅在中粗虚线上注写编号。与贯通纵筋组合设置时的具体要求详见相应制图规则。

②注写形式：修正内容原位注写；

表达内容：某部位与集中标注不同的内容；

附加说明：原位标注的修正内容取值优先。

注：图注中注明的其他内容和有关标注的其他规定详见制图规则。

5. 平板式筏形基础在施工图中还应注明的内容

（1）注明板厚。当整片平板式筏形基础有不同板厚时，应分别注明各板厚值及其各自的分布范围。

（2）当在基础平板周边沿侧面设置纵向构造钢筋时，应在图注中注明。

（3）应注明基础平板外伸部位的封边方式，当采用 U 形钢筋封边时，应注明其规格、直径及间距。

（4）当基础平板外伸变截面高度时，应注明外伸部位的 h_1/h_2，h_1 为板根部截面高度，h_2 为板尽端截面高度。

（5）当基础平板厚度大于 2m 时，应注明设置在基础平板中部的水平构造钢筋网。

（6）当在基础平板外伸阳角部位设置放射筋时，应注明放射筋的强度等级、直径、根数以及设置方式等。

（7）当在板的分布范围内采用拉筋时，应注明拉筋的强度等级、直径、双向间距等。

（8）应注明混凝土垫层厚度与强度等级。

（9）当基础平板同一层面的纵筋相交叉时，应注明何向纵筋在下，何向纵筋在上。

（10）设计需注明的其他内容。

三、基础相关构造制图规则

1. 后浇带 HJD 直接引注

后浇带的平面形状及定位由平面布置图表达，后浇带留筋方式等由引注内容表达，包括：

(1) 后浇带编号及留筋方式代号。《混凝土结构施工图平面整体表示方法制图规则和构造详图（独立基础、条形基础、筏形基础及桩基承台）》11G101－3图集留筋方式有两种，分别为：贯通留筋（代号GT），100％搭接留筋（代号100％）。

(2) 后浇混凝土的强度等级C××。宜采用补偿收缩混凝土，设计应注明相关施工要求。

(3) 当后浇带区域留筋方式或后浇混凝土强度等级不一致时，设计者应在图中注明与图示不一致的部位及做法。

设计者应注明后浇带下附加防水层做法：当设置抗水压垫层时，尚应注明其厚度、材料与配筋；当采用后浇带超前止水构造时，设计者应注明其厚度与配筋。

后浇带引注，如图5-8所示。

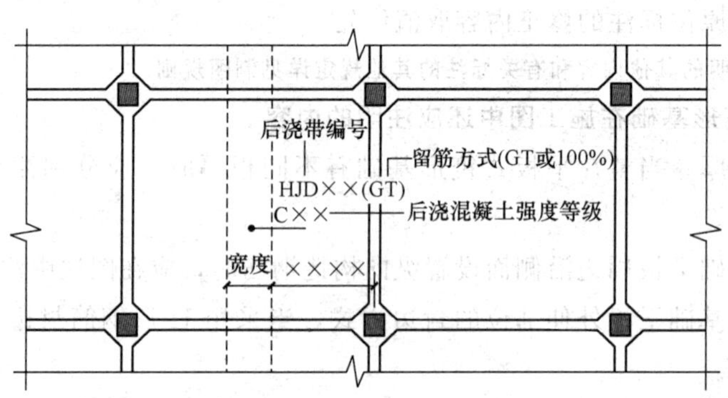

图5-8　后浇带引注图示

贯通留筋的后浇带宽度通常取大于或等于800mm；100％搭接留筋的后浇带宽度通常取800mm与（l_l＋60mm）的较大值。

2. 上柱墩 SZD 直接引注

上柱墩SZD，是根据平板式筏形基础受剪或受冲切承载力的需要，在板顶面以上混凝土柱的根部设置的混凝土墩。

上柱墩直接引注的内容规定：

(1) 注写编号SZD××，见表5-3。

表5-3　基础相关构造类型与编号

构造类型	代号	序号	说明
基础连系梁	JLL	××	用于独立基础、条形基础、桩基承台

（续表）

构造类型	代号	序号	说明
后浇带	HJD	××	用于梁板、平板筏基础、条形基础
上柱墩	SZD	××	用于平板筏基础
下柱墩	XZD	××	用于梁板、平板筏基础
基坑（沟）	JK	××	用于梁板、平板筏基础
窗井墙	CJQ	××	用于梁板、平板筏基础

注：1. 基础连系梁序号：（××）为端部无外伸或无悬挑，（××A）为一端有外伸或有悬挑，（××B）为两端有外伸或有悬挑。

2. 上柱墩在混凝土柱根部位，下柱墩在混凝土柱或钢柱柱根投影部位，均根据筏形基础受力与构造需要而设。

（2）注写几何尺寸。按“柱墩向上凸出基础平板高度 h_d \ 柱墩顶部出柱边缘宽度 c_1 \ 柱墩底部出柱边缘宽度 c_2”的顺序注写，其表达形式为 h_d \ c_1 \ c_2。

当为棱柱形柱墩 $c_1=c_2$时，c_2不注，表达形式为 h_d \ c_1。

（3）注写配筋。按“竖向（$c_1=c_2$）或斜竖向（$c_1\neq c_2$）纵筋的总根数、强度等级与直径 \ 箍筋强度等级、直径、间距与肢数（X 向排列肢数 m×Y 向排列肢数 n)”的顺序注写（当分两行注写时，则可不用反斜线，即“\”)。

所注纵筋总根数环正方形柱截面均匀分布，环非正方形柱截面相对均匀分布（先放置柱角筋，其余按柱截两相对均匀分布），其表达形式为：××⏀××\ϕ××@×××。

棱台形上柱墩（$c_1\neq c_2$）引注，如图 5-9 所示。

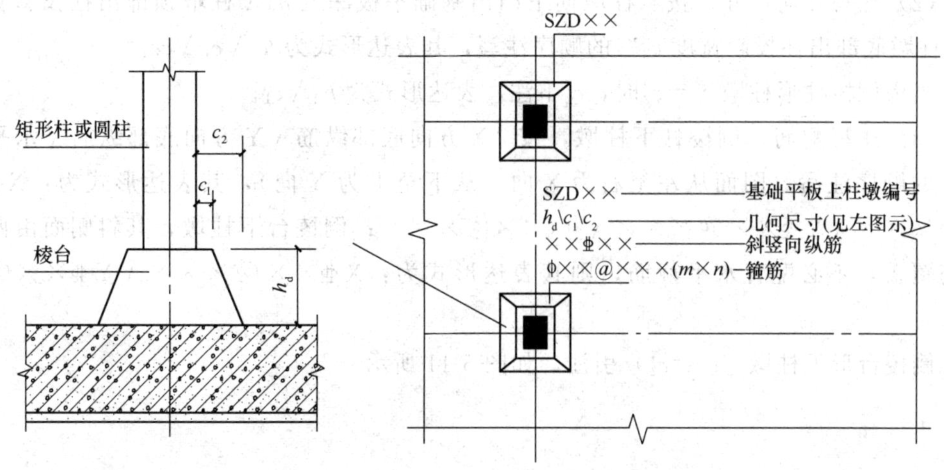

图 5-9　棱台形上柱墩引注图示

棱柱形上柱墩（$c_1=c_2$）引注，如图 5-10 所示。

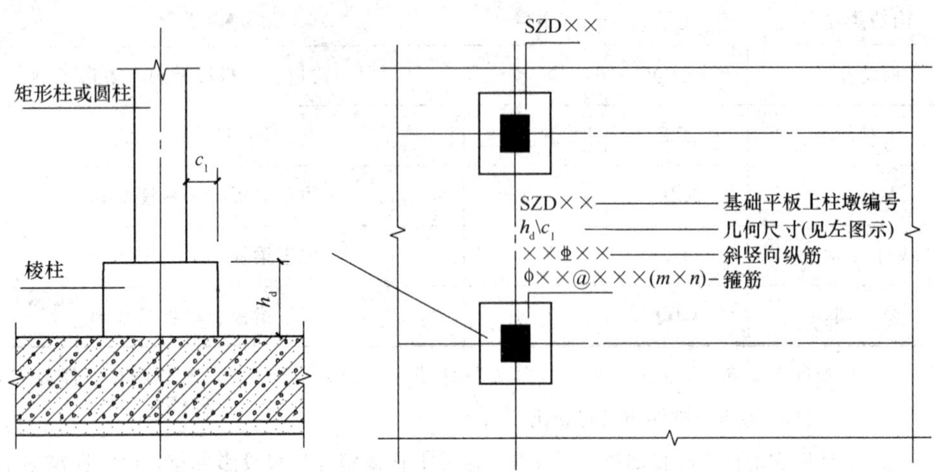

图 5-10　棱柱形上柱墩引注图示

例如：SZD3，600\50\350，14Φ16 \Φ10@100（4×4），表示 3 号棱台状上拄墩；凸出基础平板顶面高度为 600，底部出柱边缘宽度为 350，顶部出柱边缘宽度为 50；共配置 14 根Φ16 斜向纵筋；箍筋直径ϕ10 间距 100，X 向与 Y 向各为 4 肢。

当为非抗震设计，且采用素混凝土上柱墩时，则不注配筋。

3. 下柱墩 XZD 直接引注

下柱墩 XZD，是根据平板式筏形基础受剪或受冲切承载力的需要，在柱的所在位置、基础平板底面以下设置的混凝土墩。

下柱墩直接引注的内容规定：

（1）注写编号 XZD××，参见表 5-3。

（2）注写几何尺寸。按“柱墩向下凸出基础平板深度 h_d\柱墩顶部出柱投影宽度 c_1\柱墩底部出柱投影宽度 c_2”的顺序注写，其表达形式为 h_d\$c_1$\$c_2$。

当为倒棱柱形柱墩 $c_1=c_2$时，c_2不注，表达形式为 h_d\c_1。

（3）注写配筋。倒棱柱下柱墩，按“X 方向底部纵筋\Y 方向底部纵筋\水平箍筋”的顺序注写（图面从左至右为 X 向，从下至上为 Y 向），其表达形式为：XΦ××@×××\YΦ××@×××\+ϕ××@×××；倒棱台下柱墩，其斜侧面由两向纵筋覆盖，不必配置水平箍筋，则其表达形式为：XΦ××@×××\YΦ××@×××。

倒棱台形下柱墩（$c_1\neq c_2$）引注，如图 5-11 所示。

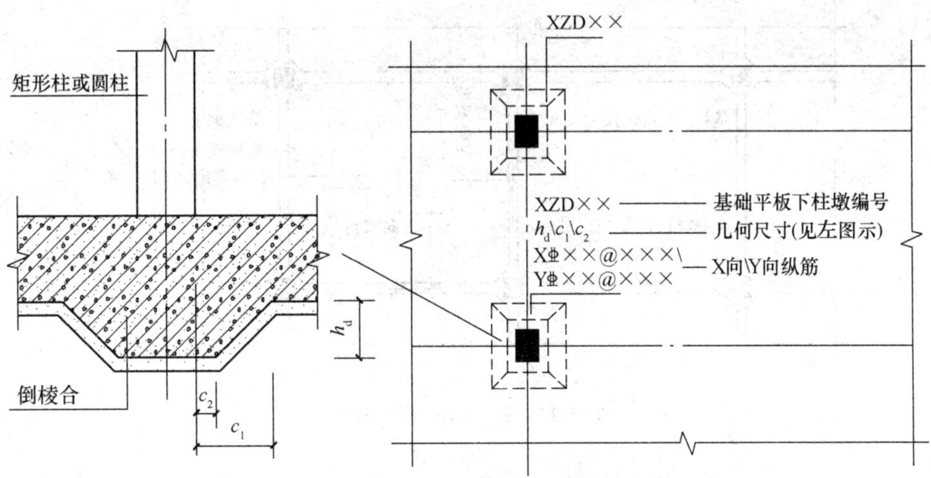

图 5-11　棱台形下柱墩引注图示

倒棱柱形下柱墩（$c_1=c_2$）引注，如图 5-12 所示。

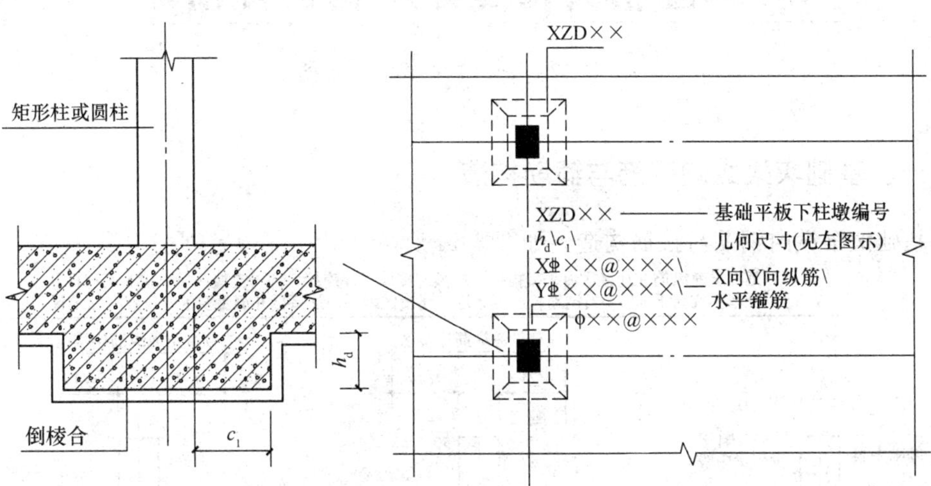

图 5-12　棱柱形下柱墩引注图示

4. 基坑 JK 直接引注

（1）注写编号 JK××，参见表 5-3。

（2）注写几何尺寸。按“基坑深度 h_k/基坑平面尺寸 $x \times y$”的顺序注写，其表达形式为：$h_k/x \times y$，x 为 X 向基坑宽度，y 为 Y 向基坑宽度（图面从左至右为 X 向，从下至上为 Y 向）。

在平面布置图上应标注基坑的平面定位尺寸。

基坑 JK 引注图示，如图 5-13 所示。

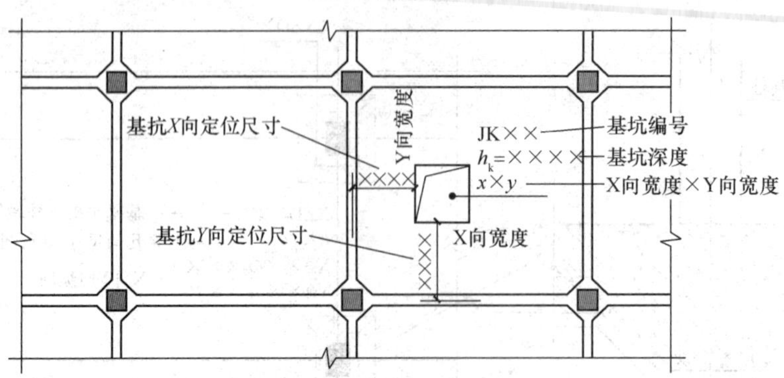

图 5-13　基坑 JK 引注图示

第二节　筏形基础平法施工图、基础相关构造标准构造详图

一、基础次梁纵向钢筋与箍筋构造

基础次梁纵向钢筋与箍筋构造，如图 5-14 所示。

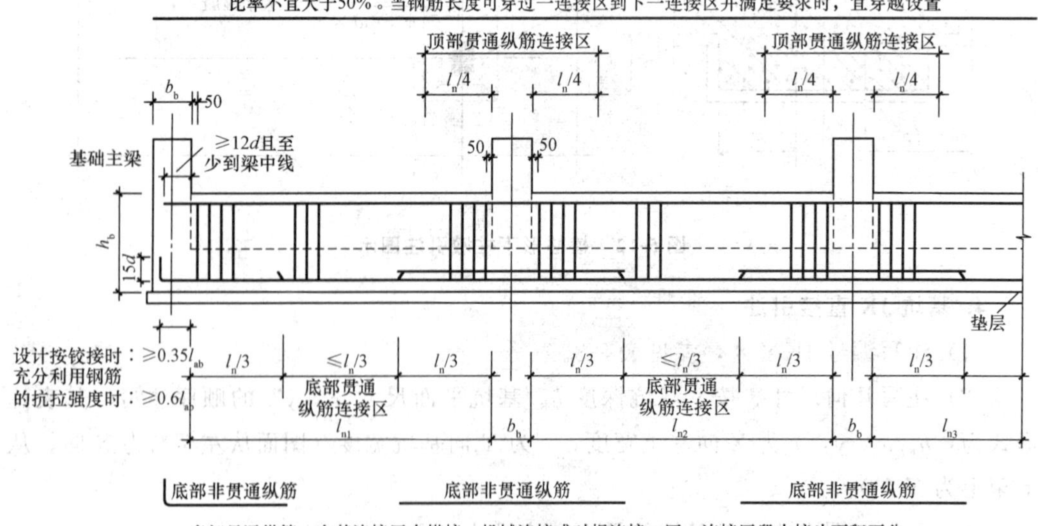

图 5-14　基础次梁纵向钢筋与箍筋构造

b_b—基础主梁的截面宽度；h_b—基础次梁的截面高度

构造图说明：

（1）基础次梁顶部贯通纵筋伸至尽端内侧弯折 $12d$。

（2）基础次梁底部非贯通纵筋：

1）底部非贯通纵筋位于上排，伸至端部截断；底部非贯通纵筋位于下排（与贯通纵筋一排），伸至尽端内侧弯折 $12d$。

2）从支座中心线向跨内的延伸长度为 $l_n/3+b_b/2$。

（3）基础梁底部贯通纵筋伸至尽端内侧弯折 $12d$。

注：当 $l_n'+b_b \leqslant l_a$ 时，基础梁下部钢筋伸至端部后弯折 $15d$；从梁内边算起水平段长度由设计指定，当设计按铰接时应大于或等于 $0.35l_{ab}$，当充分利用钢筋抗拉强度时应大于或等于 $0.6l_{ab}$。

（4）次梁的识别。“次梁”是相对于“主梁”而言的。

一般来说，“次梁”就是“非框架梁”。“非框架梁”与“框架梁”的区别在于，框架梁以框架柱或剪力墙作为支座，而非框架梁以梁作为支座。

在施工图中如何识别次梁：

两个梁相交，哪个梁是主梁，哪个梁是次梁呢？一般来说，截面高度大的梁是主梁，截面高度小的梁是次梁。当然，以上所说的是“一般规律”，有时也有特殊的情况。例如，在有些施工图设计中，次梁的截面高度可高于主梁。

当施工图设计的梁编号是正确的时候，可以从施工图梁编号后面括号中的“跨数”来判断相交的两根梁谁是主梁、谁是次梁。因为两根梁相交，总是主梁把次梁分成两跨，而不存在次梁分断主梁的情况。

此外，从图纸中的附加吊筋或附加箍筋也能看出谁是主梁、谁是次梁，因为附加吊筋或附加箍筋都是配置在主梁上的。

二、基础次梁端部等截面外伸部位钢筋构造

基础次梁端部等截面外伸部位钢筋构造，如图 5-15 所示。

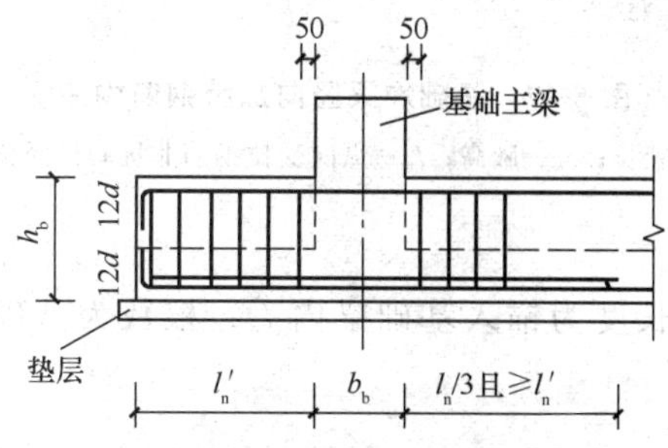

图 5-15 基础次梁端部等截面外伸部位钢筋构造

构造图说明：

（1）梁顶部贯通纵筋伸至尽端内侧弯折 $12d$。

（2）梁底部上排非贯通纵筋伸至端部截断；底部下排非贯通纵筋伸至尽端内侧弯

折 12d，从支座边缘向跨内的延伸长度为 max（$l_n/3$，l_n'）。

（3）梁底部贯通纵筋伸至尽端内侧弯折 12d。

三、基础次梁端部变截面外伸部位钢筋构造

基础次梁端部变截面外伸部位钢筋构造，如图 5-16 所示。

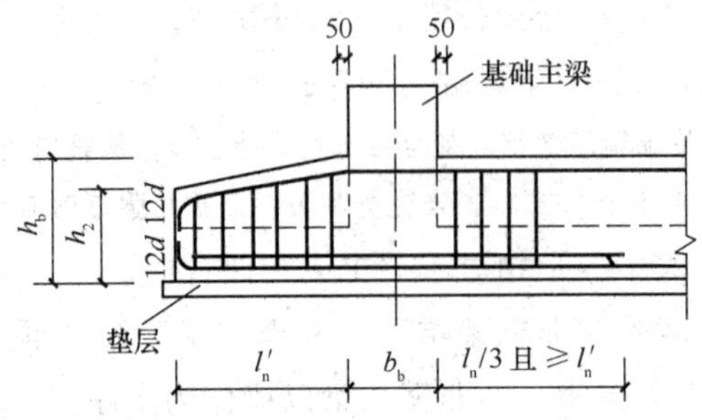

图 5-16　基础次梁端部变截面外伸部位钢筋构造

构造图说明：

（1）梁顶部贯通纵筋沿变截面平面斜伸至尽端内侧弯折 12d。

（2）梁底部纵筋构造要点同等截面外伸部位梁底部纵筋构造。

四、基础次梁竖向加腋钢筋构造

基础次梁竖向加腋钢筋构造，如图 5-17 所示。

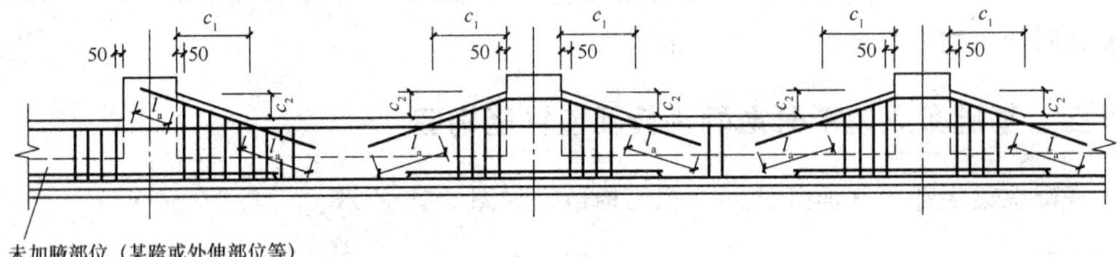

图 5-17　基础次梁竖向加腋钢筋构造

c_1—腋长；c_2—腋高；l_a—纵向受拉钢筋非抗震锚固长度

构造图说明：

基础次梁高加腋筋，长度为锚入基础梁内 l_a；根数为基础次梁顶部第一排纵筋根数减去 1 根。

五、基础次梁配置两种箍筋构造

基础次梁配置两种箍筋构造，如图 5-18 所示。

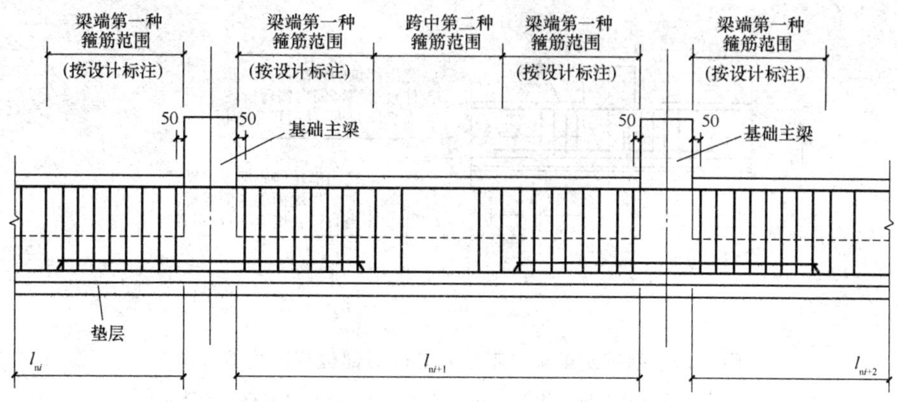

图 5-18　基础次梁配置两种箍筋构造

构造图说明：

同跨箍筋有两种时，各自设置范围按具体设计注写值。当具体设计未注明时，基础次梁的外伸部位，按第一种箍筋设置。

六、基础次梁梁底不平和变截面部位钢筋构造

基础次梁梁底不平和变截面部位钢筋构造，如图 5-19 所示。

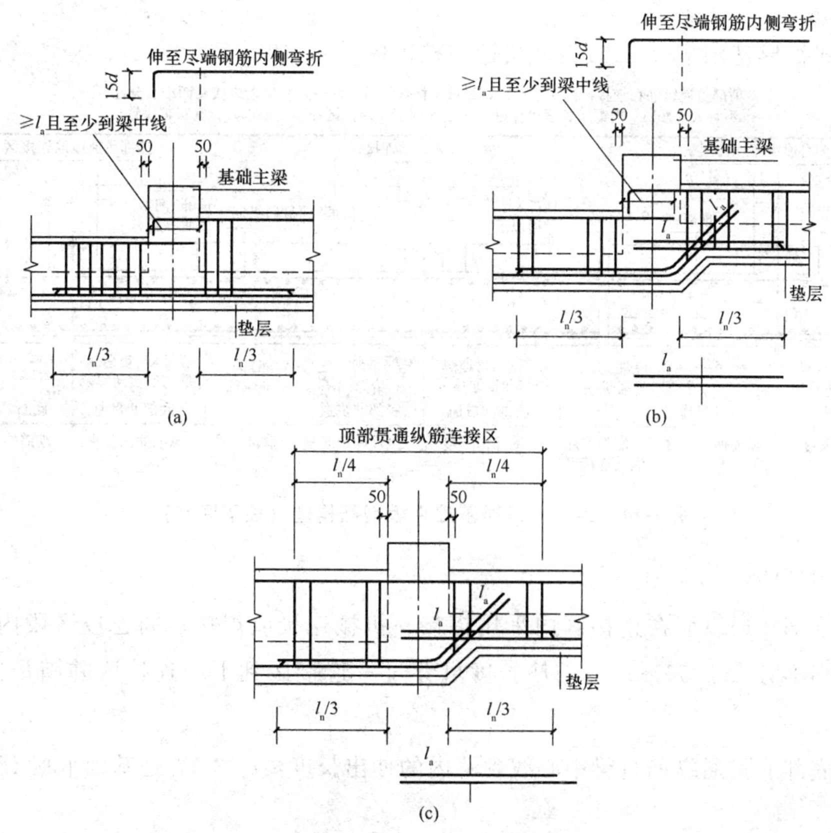

图 5-19　基础次梁梁底不平和变截面部位钢筋构造

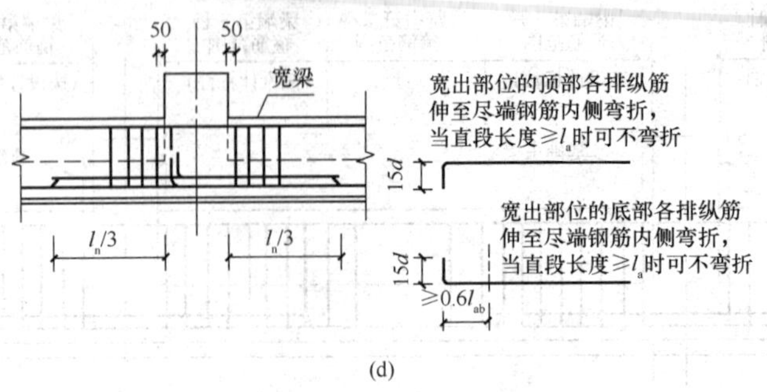

图 5-19　基础次梁梁底不平和变截面部位钢筋构造（续）

（a）梁顶有高差钢筋构造；（b）梁底、梁顶均有高差钢筋构造；

（c）梁底有高差钢筋构造；（d）支座两边梁宽不同钢筋构造

构造图说明：

（1）当基础次梁变标高及截面形式与本图不同时，其构造应由设计者另行设计；当要求施工方参照本图构造方式时，应提供相应改动的交更说明。

（2）板底台阶可取 45°或 60°角。

七、梁板式筏形基础平板钢筋构造（柱下区域）

梁板式筏形基础平板 LPB 钢筋构造（柱下区域），如图 5-20 所示。

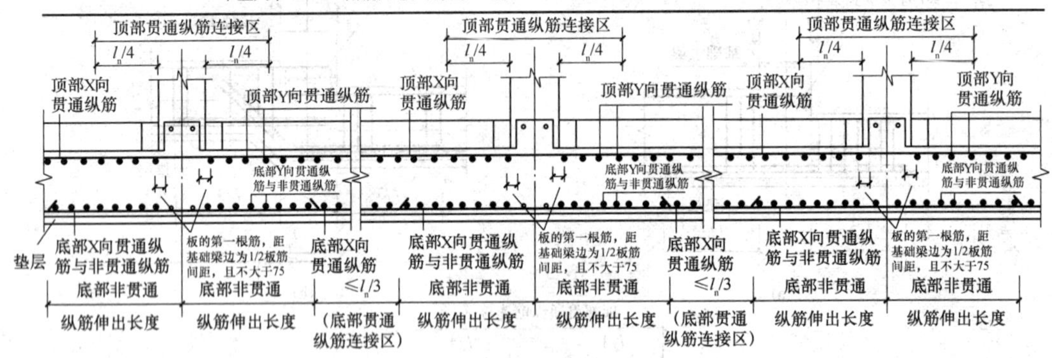

图 5-20　梁板式筏形基础平板钢筋构造（柱下区域）

构造图说明：

（1）顶部贯通纵筋在连接区内采用搭接、机械连接或焊接；同连接区段内接头面积百分比率不宜大于 50%；当钢筋长度可穿过一连接区到下一连接区并满足要求时，宜穿越设置。

（2）底部非贯通纵筋自梁中心线到跨内的伸出长度≤l_n/3（l_n是基础平板 LPB 的轴线跨度）。

（3）底部贯通纵筋在基础平板内贯通布置。

八、梁板式筏形基础平板钢筋构造（跨中区域）

梁板式筏形基础平板 LPB 钢筋构造（跨中区域），如图 5-21 所示。

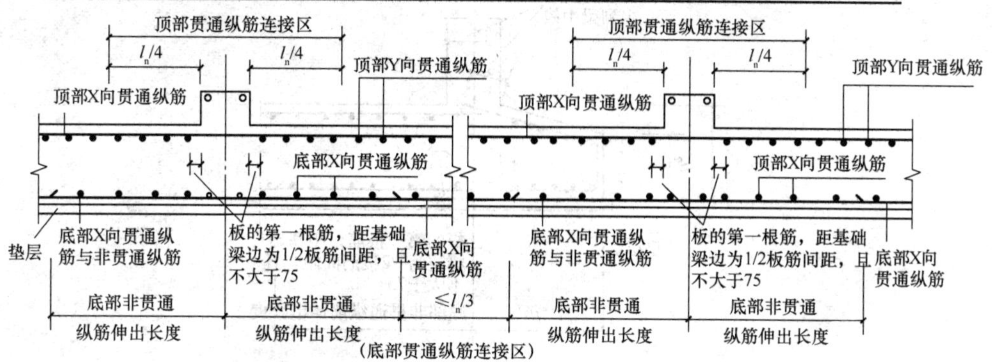

图 5-21 梁板式筏形基础平板钢筋构造（跨中区域）

构造图说明：

（1）顶部贯通纵筋在连接区内采用搭接、机械连接或焊接；同连接区段内接头面积百分比率不宜大于 50%；当钢筋长度可穿过一连接区到下一连接区并满足要求时，宜穿越设置。

（2）底部非贯通纵筋自梁中心线到跨内的伸出长度$\leqslant l_n/3$（l_n是基础平板 LPB 的轴线跨度）。

（3）底部贯通纵筋在基础平板内贯通布置。

九、梁板式筏形基础平板端部与外伸部位钢筋构造

（1）端部等截面外伸构造，如图 5-22 所示。

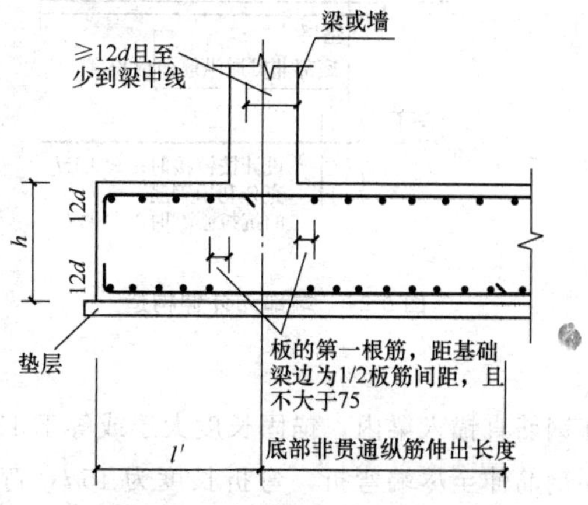

图 5-22 端部等截面外伸构造

构造图说明：

基础平板顶部、底部钢筋伸至尽端弯折，弯折长度为 12d。

（2）端部变截面外伸构造，如图 5-23 所示。

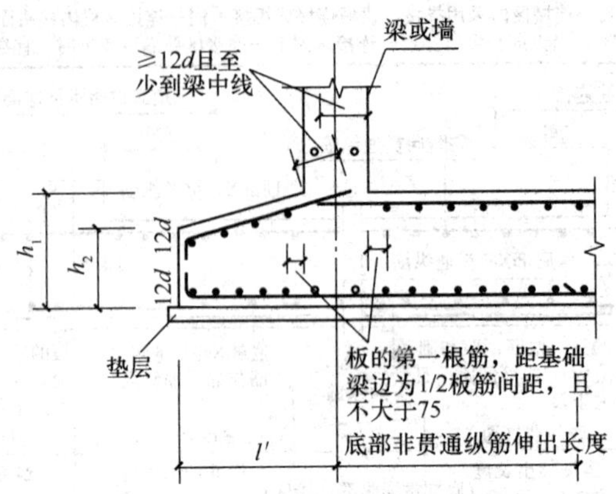

图 5-23　端部变截面外伸构造

构造图说明：

基础平板顶部钢筋分为两部分：外伸部位钢筋一端斜向伸至尽端弯折，弯折长度为 12d，另一向锚入；跨内部分钢筋锚入梁或墙内，锚固长度大于或等于 12d 且至少到梁中线。

基础平板底部钢筋伸至尽端弯折，弯折长度为 12d。

（3）端部无外伸构造，如图 5-24 所示。

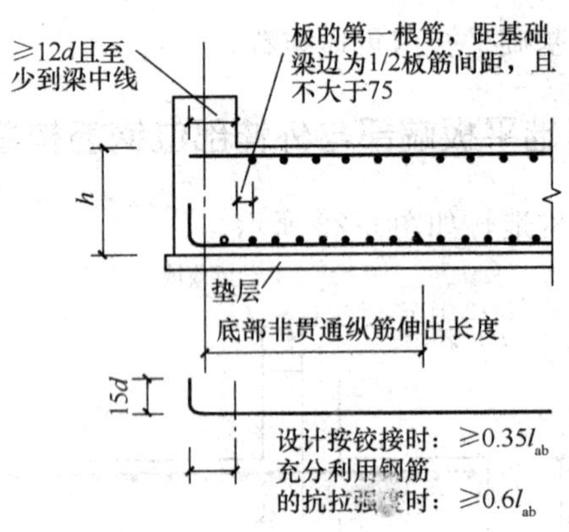

图 5-24　端部无外伸构造

构造图说明：

1）基础平板顶部钢筋直锚入梁内，锚固长度大于或等于 12d 且至少到梁中线。

2）基础平板底部钢筋伸至尽端弯折，弯折长度为 15d，弯折水平段长度从梁内边算起，当设计按铰接时应不小于 0.35l_{ab}，当充分利用钢筋抗拉强度时应不小于 0.6l_{ab}。

十、梁板式筏形基础板顶有高差的变截面部位钢筋构造

梁板式筏形基础板顶有高差的变截面部位钢筋构造，如图 5-25 所示。

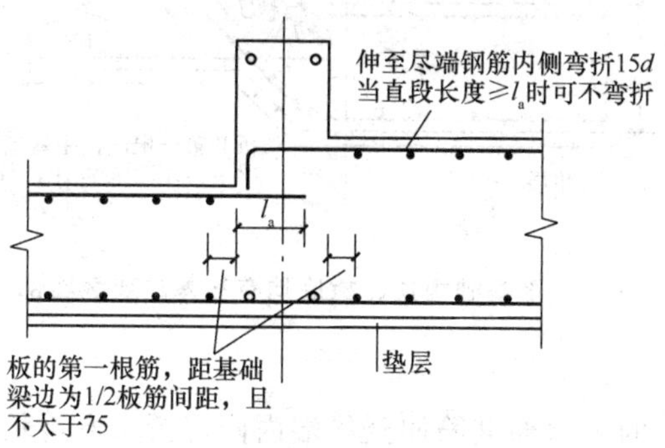

图 5-25　梁板式筏形基础板顶有高差的变截面部位钢筋构造

构造图说明：

（1）板顶部顶面标高高的板顶部贯通纵筋伸至端部弯折 15d，当直线段长度大于或等于 l_a时可不弯折；板顶部顶面标高高的板顶部贯通纵筋锚入梁内长度为 l_a。

（2）板的第一根筋，距梁边距离为 max（s/2，75）。

十一、梁板式筏形基础板底有高差的变截面部位钢筋构造

梁板式筏形基础板底有高差的变截面部位钢筋构造，如图 5-26 所示。

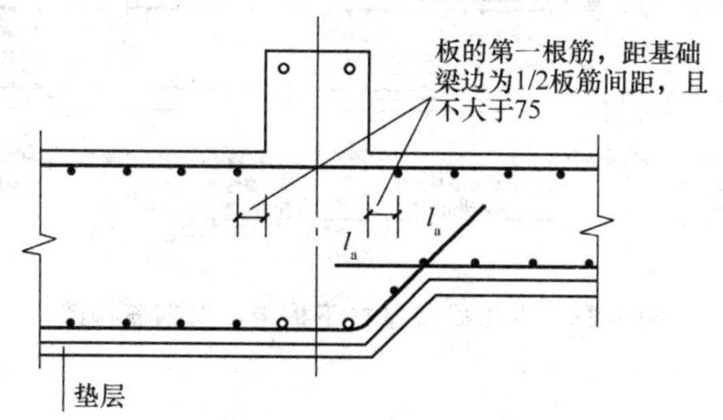

图 5-26　梁板式筏形基础板底有高差的变截面部位钢筋构造

构造图说明：

（1）底面标高低的基础平板底部钢筋斜伸至梁底面标高高的梁内，锚固长度为 l_a；底面标高高的平板底部钢筋锚固长度大于或等于 l_a 截断即可。

（2）板的第一根筋，距梁边距离为 max（s/2，75）。

十二、梁板式筏形基础板顶、板底均有高差的变截面部位钢筋构造

梁板式筏形基础板顶、板底均有高差的变截面部位钢筋构造，如图 5-27 所示。

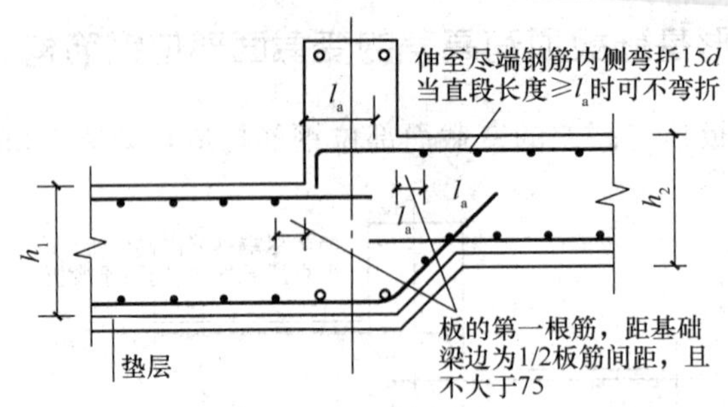

图 5-27　梁板式筏形基础板顶、板底均有高差的变截面部位钢筋构造

构造图说明：

（1）板顶面标高高的板顶部纵筋伸至尽端内侧弯折，弯折长度为 15d。板顶面标高低的板上部纵筋锚入基础梁内长度为 l_a。

（2）底面标高低的基础平板底部钢筋斜伸至梁底面标高高的梁内，锚固长度为 l_a；底面标高高的平板底部钢筋锚固长度取 l_a。

十三、平板式筏基柱下板带纵向钢筋构造

平板式筏基柱下板带纵向钢筋构造，如图 5-28 所示。

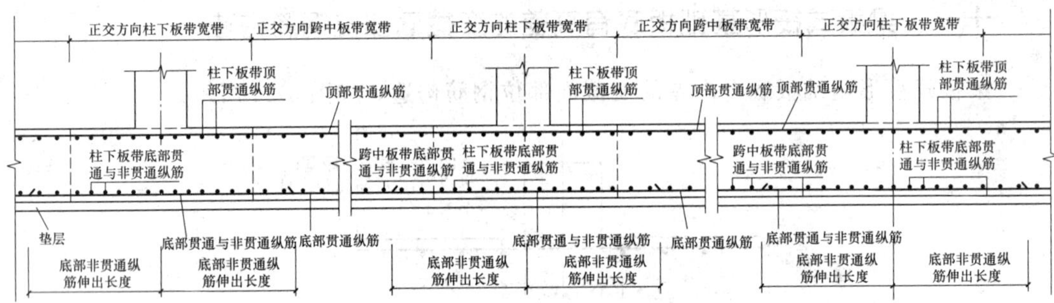

图 5-28　平板式筏基柱下板带纵向钢筋构造

构造图说明：

（1）底部非贯通纵筋由设计注明。

（2）底部贯通纵筋贯通布置。

（3）顶部贯通纵筋按全长贯通布置。

十四、平板式筏基跨中板带纵向钢筋构造

平板式筏基跨中板带纵向钢筋构造，如图 5-29 所示。

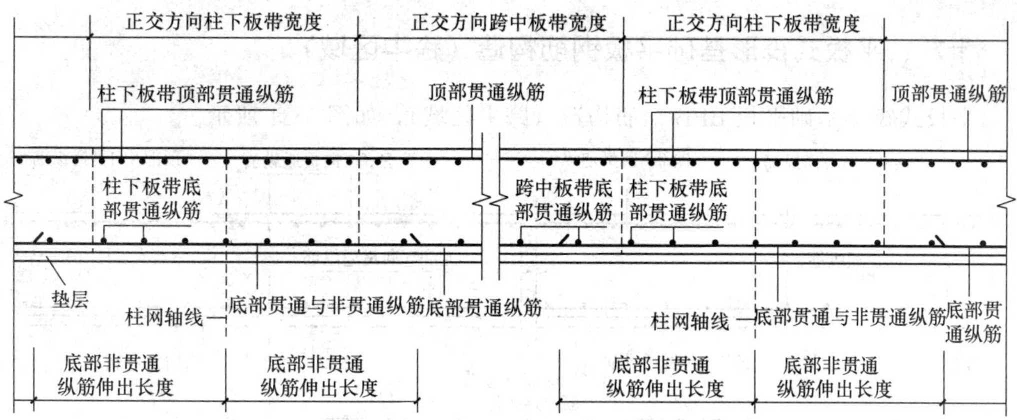

图 5-29　平板式筏基跨中板带纵向钢筋构造

构造图说明：

（1）底部非贯通纵筋由设计说明。

（2）底部贯通纵筋贯通布置。

（3）顶部贯通纵筋按全长贯通布置，顶部贯通纵筋的连接区的长度为正交方向柱下板带的宽度。

十五、平板式筏形基础平板钢筋构造（柱下区域）

平板式筏形基础平板 BPB 钢筋构造（柱下区域），如图 5-30 所示。

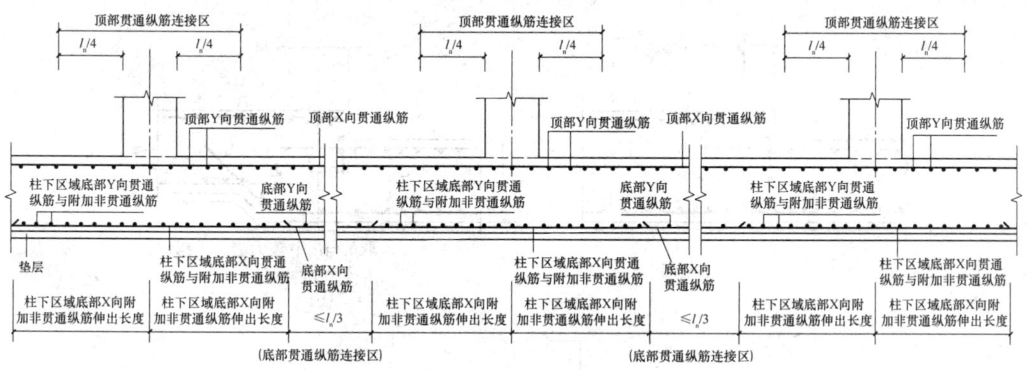

图 5-30　平板式筏形基础平板钢筋构造（柱下区域）

构造图说明：

（1）底部附加非贯通纵筋自梁中线到跨内的伸出长度$\geq l_n/3$（l_n为基础平板的轴线跨度）。

（2）当底部贯通纵筋直径不一致时，当某跨底部贯通纵筋直径大于邻跨时，如果相邻板区板底一平，则应在两毗邻跨中配置较小一跨的跨中连接区内进行连接。

（3）顶部贯通纵筋按全长贯通设置，连接区的长度为正交方向的柱下板带宽度。

（4）跨中部位为顶部贯通纵筋的非连接区。

十六、平板式筏形基础平板钢筋构造（跨中区域）

平板式筏形基础平板 BPB 钢筋构造（跨中区域），如图 5-31 所示。

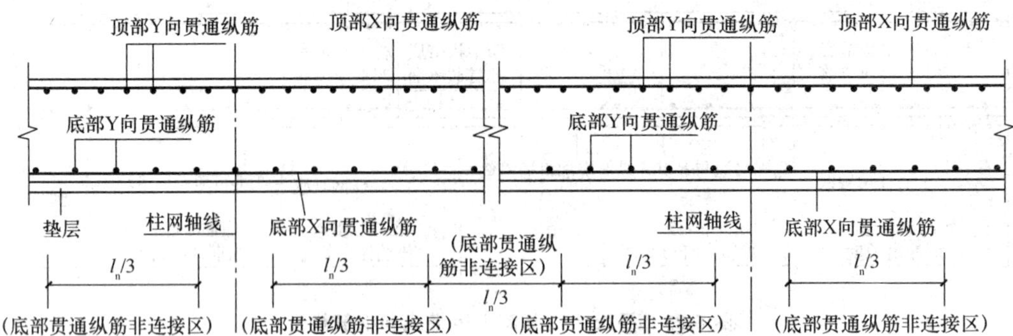

图 5-31　平板式筏形基础平板钢筋构造（跨中区域）

构造图说明：

（1）顶部贯通纵筋按全长贯通设置，连接区的长度为正交方向的柱下板带宽度。

（2）跨中部位为顶部贯通纵筋的非连接区。

十七、平板式筏形基础平板变截面部位钢筋构造

平板式筏形基础平板（ZXB、KZB、BPB）变截面部位钢筋构造，如图 5-32 和图 5-33 所示。

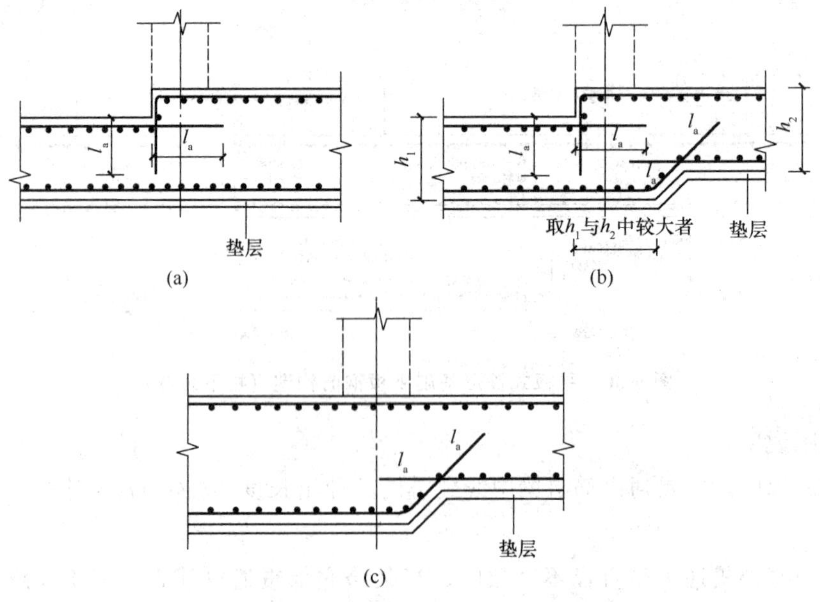

图 5-32　变截面部位钢筋构造

（a）板顶有高差；（b）板顶、板底均有高差；（c）板底有高差

l_a—受拉钢筋非抗震锚固长度；h_1—基础平板左边截面高度；h_2—基础平板右边截面高度

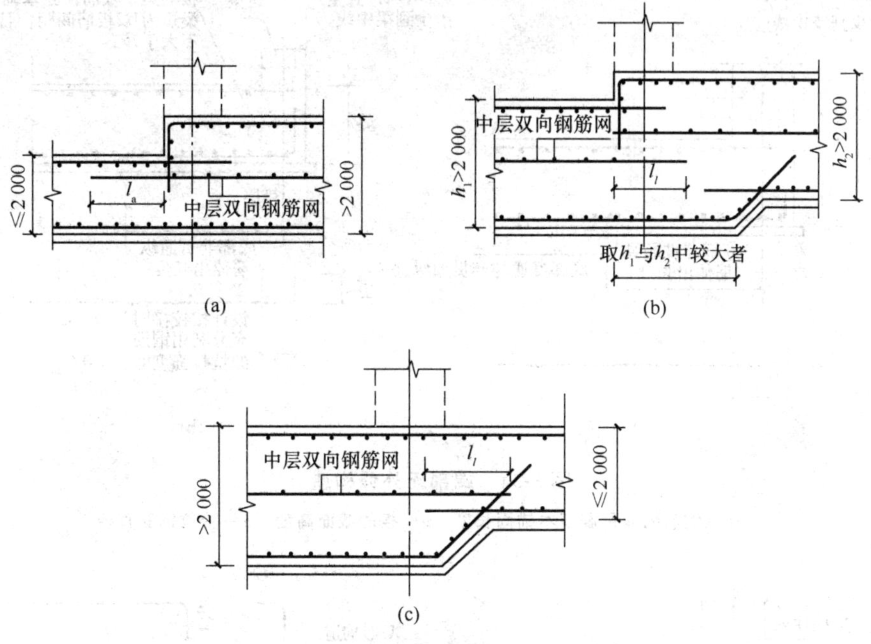

图 5-33　变截面部位中层钢筋构造

（a）板顶不一平；（b）板顶、板底均不一平；（c）板底不一平

l_a—受拉钢筋非抗震锚固长度；l_l—受拉钢筋非抗震绑扎搭接长度；

h_1—基础平板左边截面高度；h_2—基础平板右边截面高度

构造图说明：

（1）上图构造规定适用于设置或未设置柱下板带和跨中板带的板式筏形基础的变截面部位的钢筋构造。

（2）当板式筏形基础平板的变截面形式与上图不同时，其构造应由设计者设计；当要求施工方参照上图构造方式时，应提供相应改动的变更说明。

（3）板底台阶可为 45°或 60°角。

（4）中层双向钢筋网直径不宜小于 12mm，间距不宜大于 300mm。

十八、平板式筏形基础平板端部和外伸部位钢筋构造

平板式筏形基础平板（ZXB、KZB、BPB）端部和外伸部位钢筋构造，如图 5-34～图 5-37 所示。

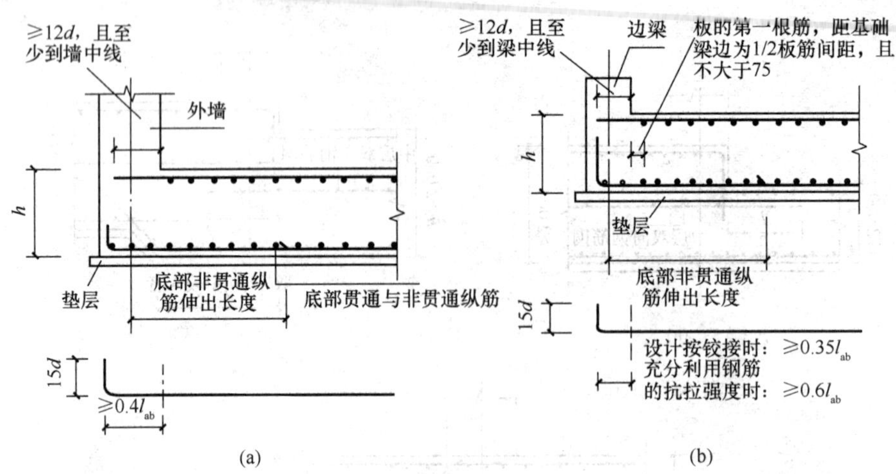

图 5-34　端部无外伸构造

l_{ab}—受拉钢筋的非抗震基本锚固长度；h—板的截面高度；d—受拉钢筋直径

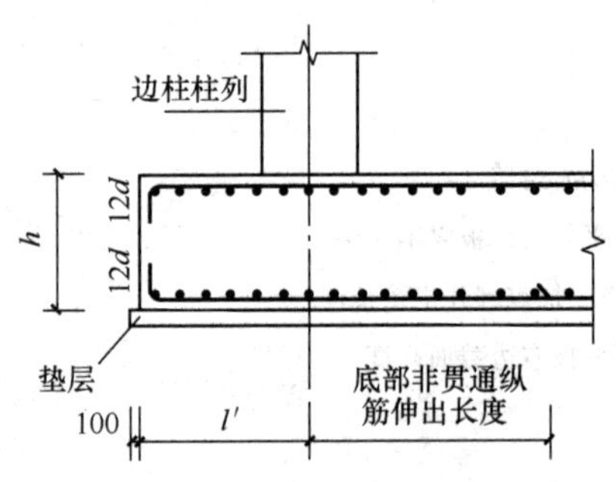

图 5-35　端部等截面外伸构造（板外边缘应封边）

h—板的截面高度；d—受拉钢筋直径

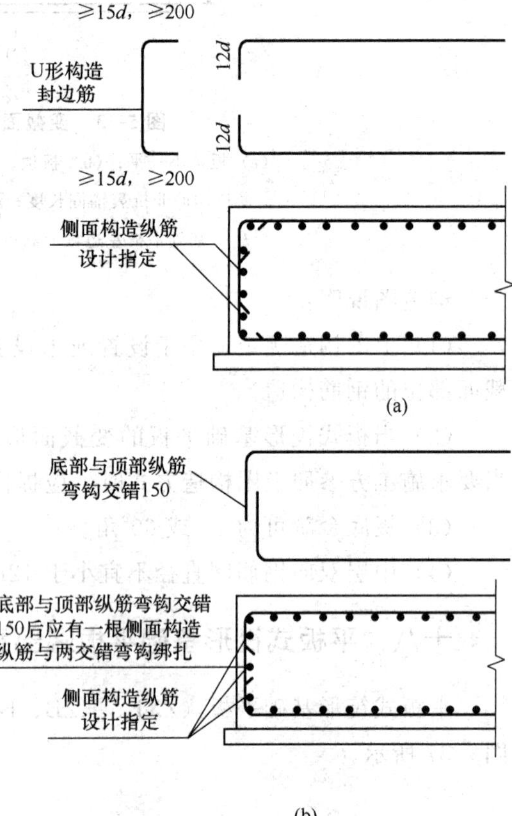

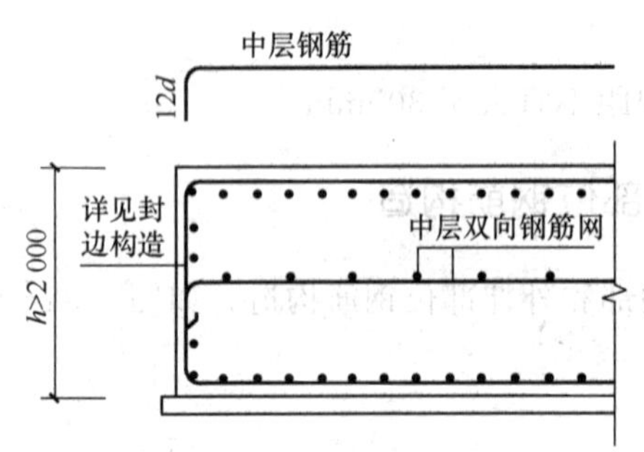

图 5-37　中层筋端头构造

h—板的截面高度；d—受拉钢筋直径

图 5-36　板边缘侧面封边构造

（外伸部位变截面时侧面构造相同）

（a）U 形筋构造封边方式；（b）纵筋弯钩交错封边方式

h—板的截面高度；d—受拉钢筋直径

构造图说明：

（1）端部无外伸构造，如图 5-34（a）中，当设计指定采用墙外侧纵筋与底板纵筋搭接的做法时，基础底板下部钢筋弯折段应伸至基础顶面标高处。

（2）板边缘侧面封边构造同样用于基础梁外伸部位，采用何种做法由设计者指定，当设计者未指定时，施工单位可根据实际情况自选一种做法。

十九、基础连系梁配筋构造

基础连系梁配筋构造，如图 5-38 所示。

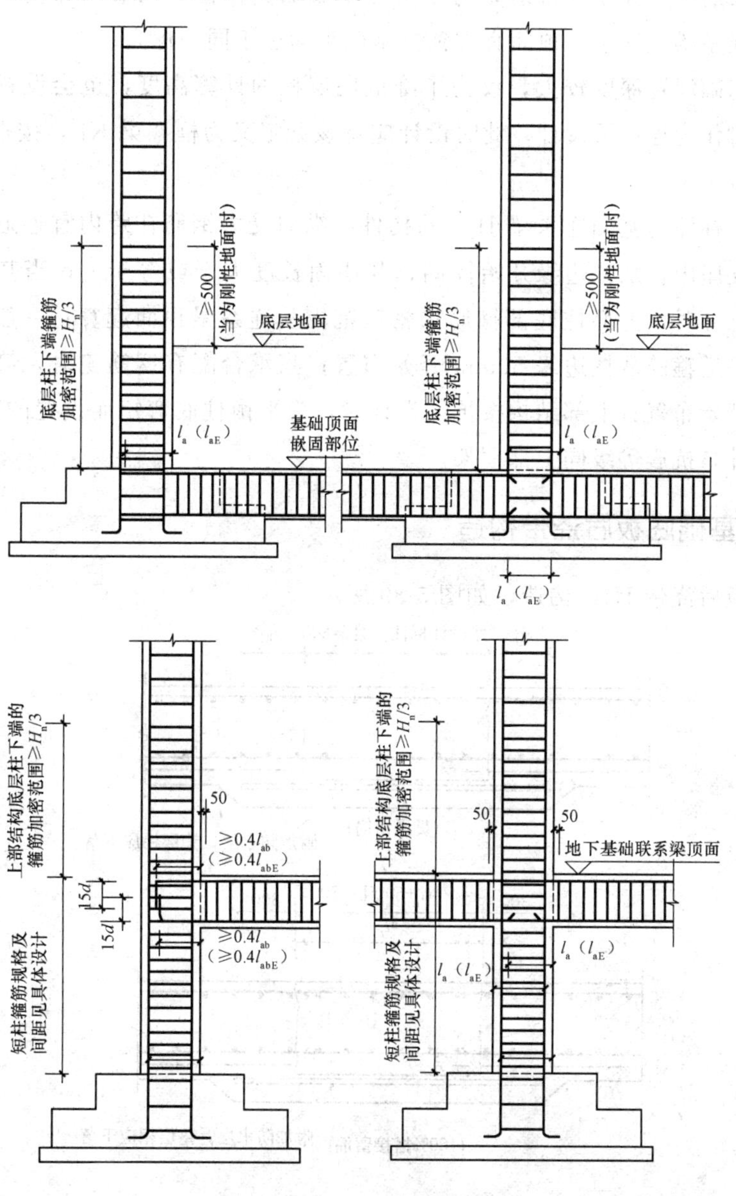

图 5-38　基础连系梁配筋构造

当遇下列情况时，应设基础连系梁：

（1）当建筑基础形式采用桩基础时，桩基承台间设置连系梁能够起到传递并分布水平荷载、减小上部结构传至承台弯矩的作用，增强各桩基之间的共同作用和基础的整体性。

一柱一桩时，应在桩顶两个主轴方向上设置连系梁。当桩与柱的截面直径之比大于2时，可不设连系梁。两桩桩基的承台，应在短向设置连系梁。有抗震设防要求的柱下桩基承台，宜沿两个主轴方向设置连系梁。桩基承台间的连系梁顶面宜与承台顶面位于同一标高。

（2）当采用柱下独立基础时，为了增强基础的整体性、调节相邻基础的不均匀沉降，也会设连系梁，连系梁顶面宜与独立基础顶面位于同一标高。

当独立基础埋置深度较大，仅为了降低底层柱的计算高度，也会设置与柱相连的梁，但不同时作为连系梁设计；此时设计应将该梁定义为框架梁KL，按框架梁KL的构造要求进行施工。

（3）设计标注为基础连系梁JLL的构件，纵向受力钢筋在跨内宜连通，钢筋长度不足时锚入支座内。从柱边缘开始锚固，其锚固长度大于或等于 l_a；当基础连系梁位于基础顶面上方时，上部柱底部箍筋加密区范围从连系梁顶面起算；一般情况下，基础连系梁第一道箍筋从柱边缘50mm开始布置；当承台配有钢筋笼时，第一道箍筋可从承台边缘开始布置；上部结构按抗震设计时，为平衡柱底弯矩而设置的基础连系梁，应按抗震设计，抗震等级同上部框架。

二十、基础底板后浇带构造

基础底板后浇带HJD构造，如图5-39所示。

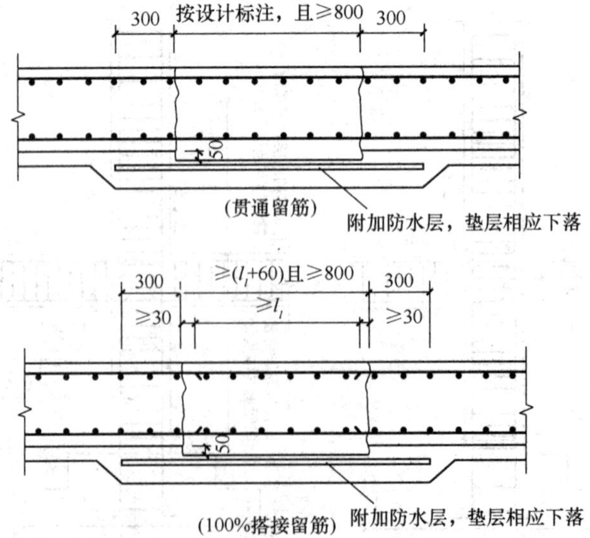

图5-39　基础底板后浇带构造

构造图说明：

（1）后浇带混凝土的浇筑时间及其他要求按具体工程的设计要求。

（2）后浇带两侧可采用钢筋支架单层钢丝网或单层钢板网隔断。当后浇混凝土时，应将其表面浮浆剔除。

二十一、基础梁后浇带构造

后浇带是在建筑施工中为防止现浇钢筋混凝土结构由于自身收缩不均或沉降不均可能产生的有害裂缝，按照设计或施工规范要求，在基础底板、墙、梁相应位置留设临时施工缝，将结构暂时划分为若干部分，经过构件内部收缩，在若干时间后再浇捣该施工缝混凝土，将结构连成整体的地带，如图 5-40 所示。

图 5-40　后浇带施工实图

基础梁后浇带 HJD 构造，如图 5-41 所示。

构造图说明：

（1）后浇带混凝土的浇筑时间及其他要求按具体工程的设计要求。

（2）后浇带两侧可采用钢筋支架单层钢丝网或单层钢板网隔断。当后浇混凝土时，应将其表面浮浆剔除。

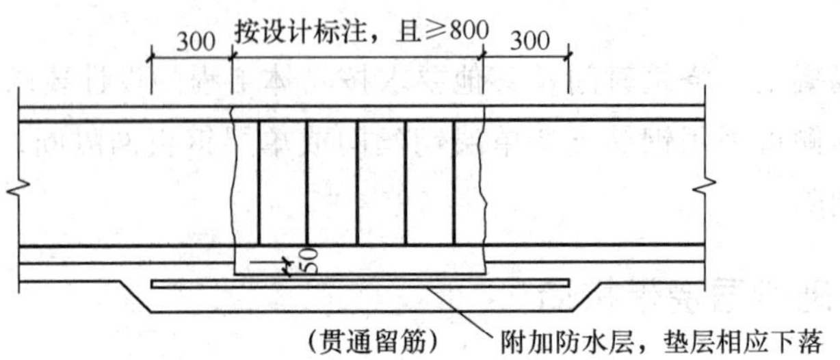

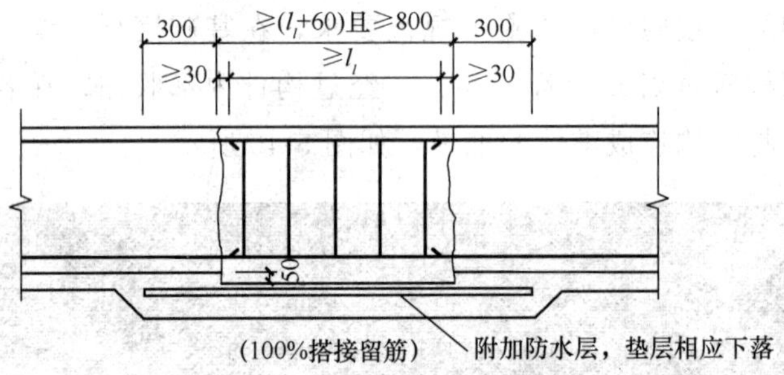

图 5-41　基础梁后浇带构造

二十二、后浇带下抗水压垫层构造

后浇带 HJD 下抗水压垫层构造，如图 5-42 所示。

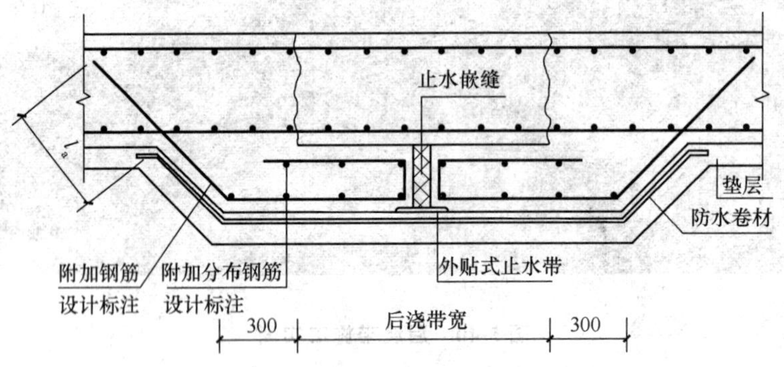

图 5-42　后浇带下抗水压垫层构造

二十三、后浇带超前止水构造

后浇带 HJD 超前止水构造，如图 5-43 所示。

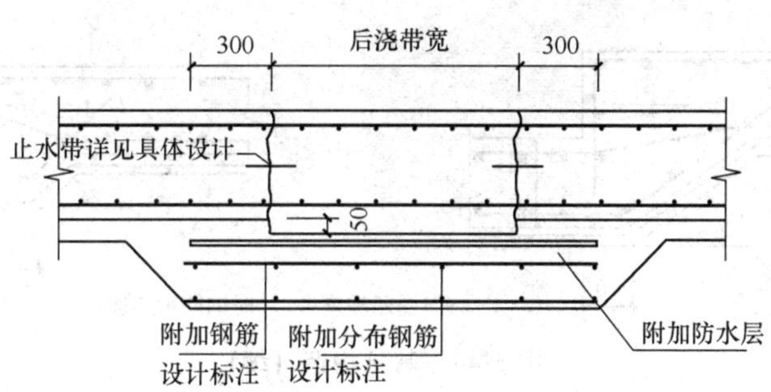

图 5-43　后浇带超前止水构造

二十四、基坑构造

基坑 JK 构造，如图 5-44 所示。

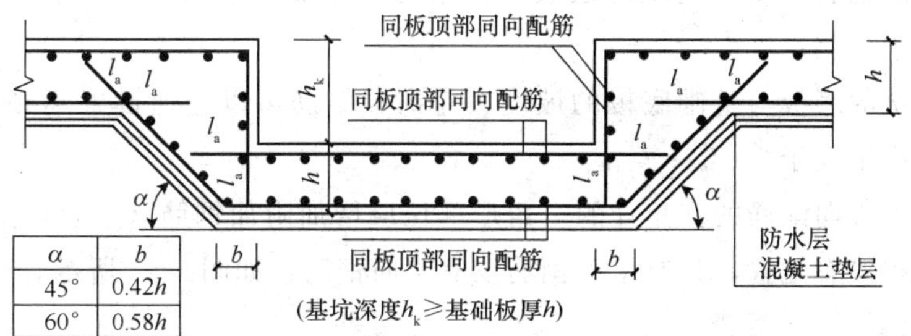

α	b
45°	0.42h
60°	0.58h

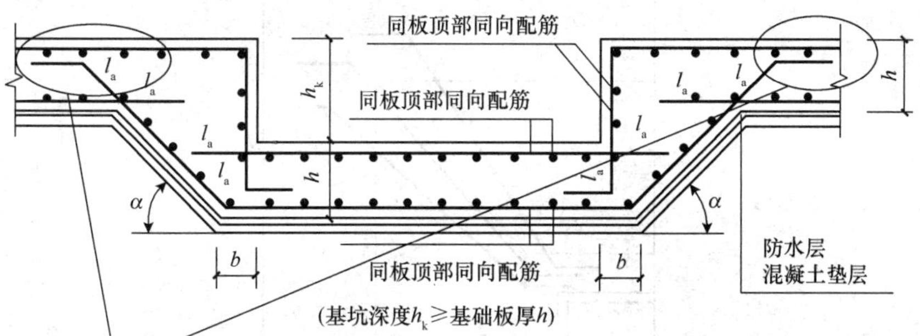

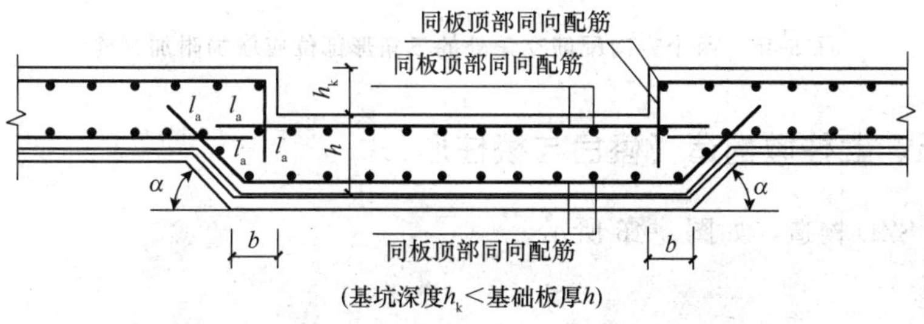

图 5-44　基坑构造

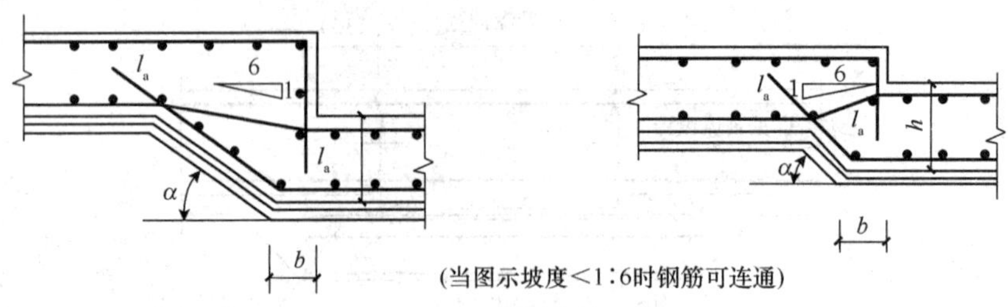

图 5-44　基坑构造（续）

构造图说明：

（1）坑底的配筋应与筏板相同，基坑同一层面两向正交钢筋的上下位置与基础底板对应相同，基础底板同一层面的交叉纵筋上下位置，应按具体设计说明；

（2）受力钢筋应满足在支座处的锚固长度，基坑中当钢筋直锚至对边小于 l_a 时，可以伸至对边钢筋内侧顺势弯折，总锚固长度应大于或等于 l_a；

（3）斜板的钢筋应注意间距的摆放，根据施工方便，基坑侧壁的水平钢筋可位于内侧，也可位于外侧；

（4）当地坑的底板与基础底板的坡度较小时，钢筋可以连通设置不必各自截断并分别锚固（坡度不大于 1∶6）；

（5）在两个方向配筋的交角处的三角形部位应增加附加钢筋（放射钢筋），在这个部位，很多工程没有配置，只有水平钢筋没有竖向钢筋，如图 5-45 所示。

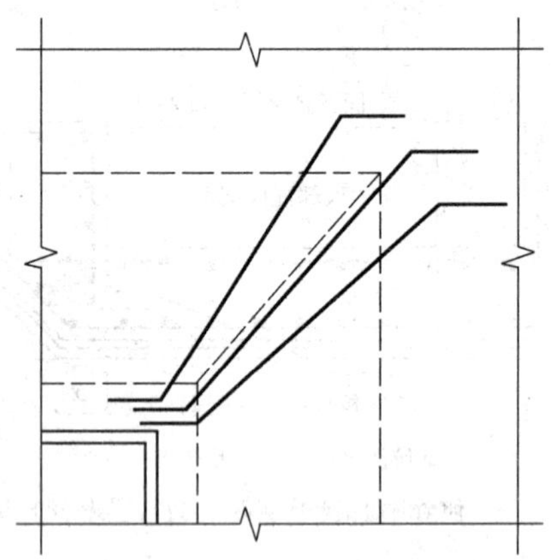

图 5-45　两个方向配筋交角处的三角形部位应增加附加钢筋

二十五、上柱墩构造（棱台与棱柱形）

上柱墩 SZD 构造，如图 5-46 所示。

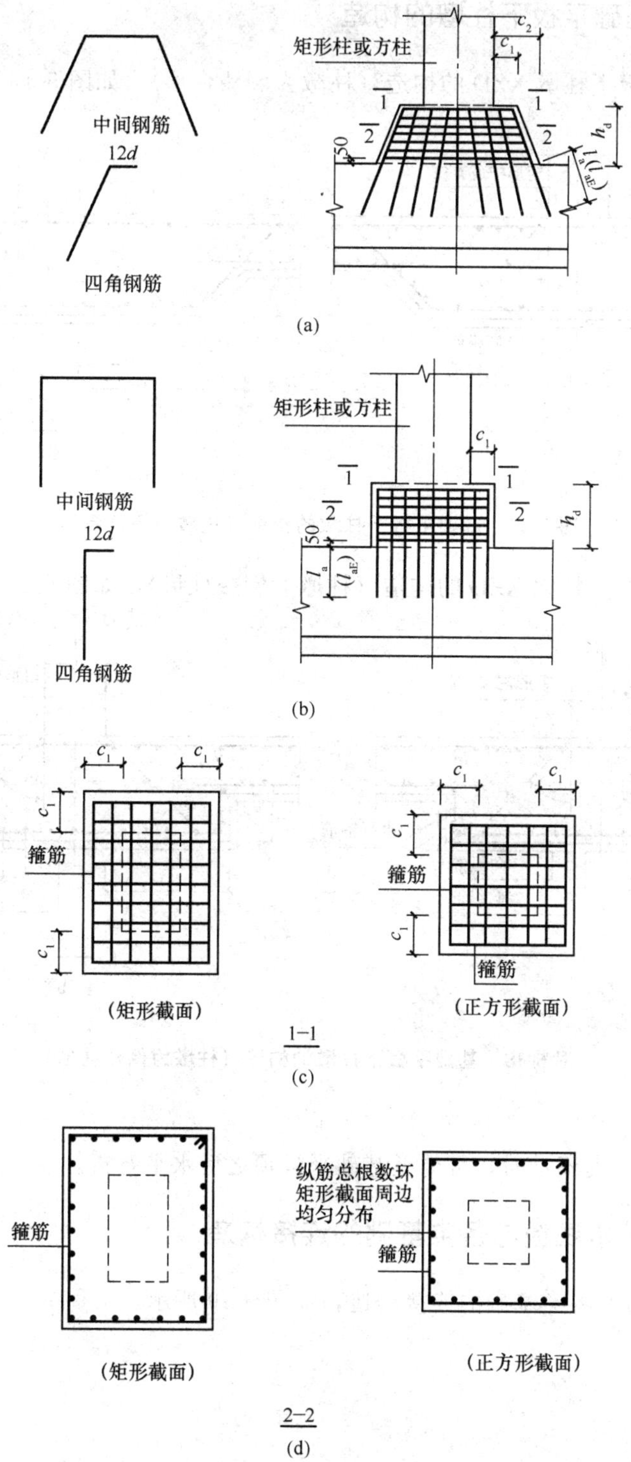

中间钢筋

12d

四角钢筋

矩形柱或方柱

c_2 c_1 1 2 50 h_d l_a (l_{aE})

(a)

中间钢筋

12d

四角钢筋

矩形柱或方柱

c_1 1 2 50 h_d l_a (l_{aE})

(b)

c_1 箍筋

（矩形截面）

c_1 箍筋

（正方形截面）

1—1

(c)

箍筋

（矩形截面）

纵筋总根数环矩形截面周边均匀分布

箍筋

（正方形截面）

2—2

(d)

图 5-46　上柱墩构造

(a) 棱台状上柱墩 SZD；(b) 棱柱状上柱墩 SZD；(c) 1—1 剖面图；(d) 2—2 剖面图

二十六、基础平板下柱墩的构造

(1) 基础平板下柱墩 XZD 的构造（柱墩为倒棱台形），如图 5-47 所示。

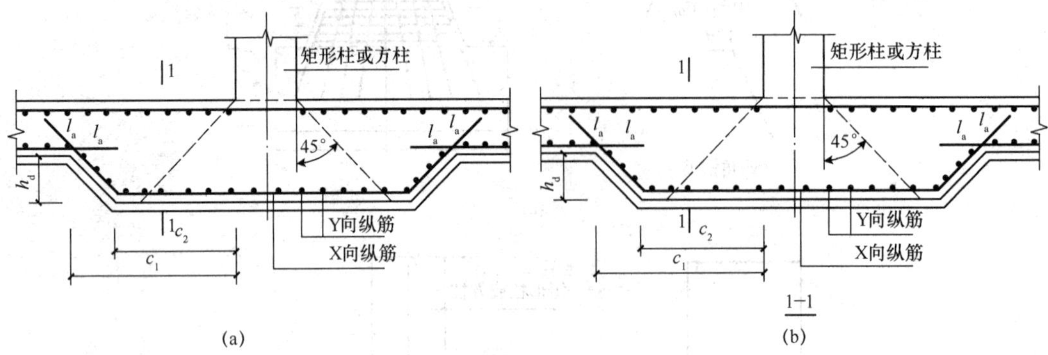

图 5-47 基础平板下柱墩的构造（柱墩为倒棱台形）

(2) 基础平板下柱墩 XZD 的构造（柱墩为倒棱柱形），如图 5-48 所示。

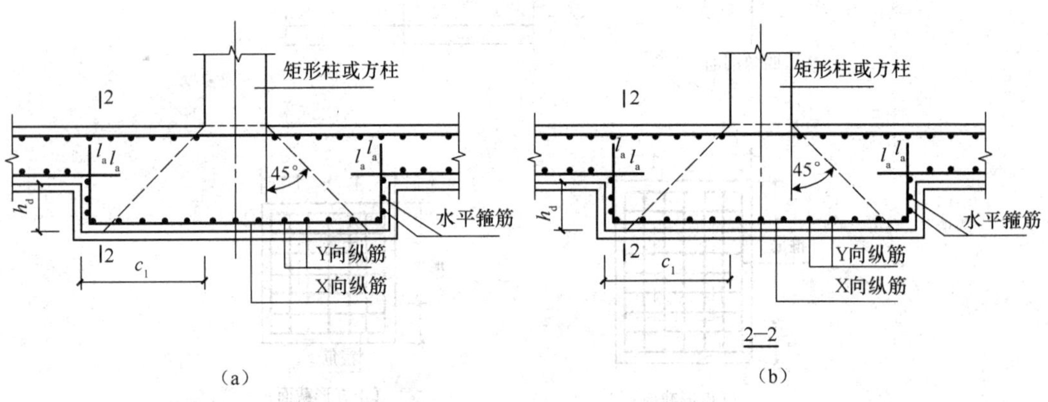

图 5-48 基础平板下柱墩的构造（柱墩为倒棱柱形）

构造图说明：

当纵筋直锚长度不足时，可伸至基础平板顶之后水平弯折。

二十七、防水底板与各类基础的连接构造

防水底板 JB 与各类基础的连接构造，如图 5-49 所示。

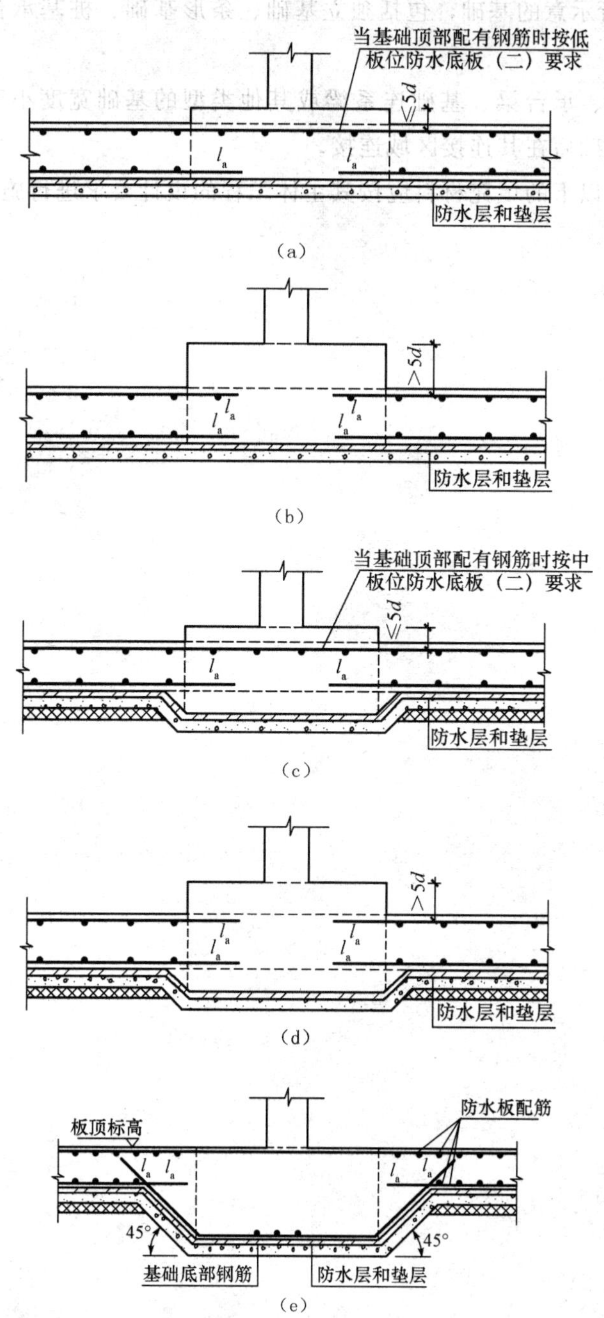

图 5-49　防水底板与各类基础的连接构造

(a) 底板位防水底板（一）；(b) 底板位防水底板（二）；

(c) 中板位防水底板（一）；(d) 中板位防水底板（二）；(e) 高板位防水底板

构造图说明：

(1) 图 5-49 中 d 为防水底板受力钢筋的最大直径。

（2）图 5-49 所示意的基础，包括独立基础、条形基础、桩基承台、桩基承台梁以及基础连系梁等。

（3）当基础梁、承台梁、基础连系梁或其他类型的基础宽度小于或等于 l_a时，可将受力钢筋穿越基础后在其连接区域连接。

（4）防水底板以下的填充材料应按其主体工程的设计要求进行施工。

第六章 桩基承台平法施工图制图及识图

第一节 桩基承台平法施工图制图规则

一、桩基承台平法施工图的表示方法

桩基承台平法施工图，有平面注写与截面注写两种表达方式，设计者可根据具体工程情况选择一种，或将两种方式相结合进行桩基承台施工图设计。

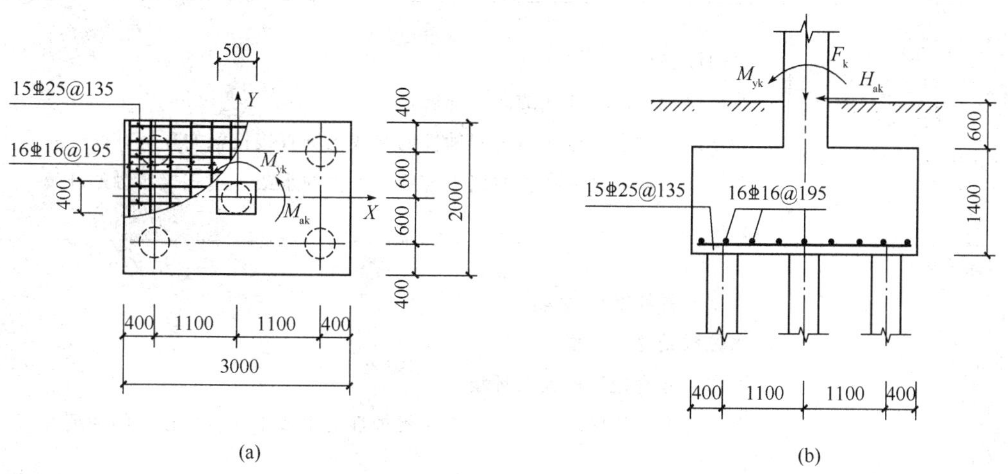

图 6-1 桩基承台图

（a）平面；（b）立面

当绘制桩基承台平面布置图时，应将承台下的桩位和承台所支承的柱、墙一起绘制，当设置基础连系梁时，可根据图面的疏密情况，将基础连系梁与基础平面布置图一起绘制，或将基础连系梁布置图单独绘制。

桩承台间连系梁的构造要求：

（1）单桩承台宜在两个相互垂直方向设置连系梁。

（2）两桩承台，宜在其短方向设置承台梁。

（3）有抗震设防要求的柱下独立承台，宜在两个主轴方向设置连系梁。

（4）柱下独立桩基承台间的连系梁与单排桩或双排桩的条形基础承台梁不同。承台连系梁的顶部一般与承台的顶部在同一标高，承台连系梁的底部比承台的底部高，以保证梁中的纵向钢筋在承台内的锚固。

（5）连系梁中的纵向钢筋是按结构计算配置的受力钢筋。

（6）当连系梁上部有砌体等荷载时，该构件是拉（压）弯或受弯构件，钢筋不允许绑扎搭接。

（7）位于同一轴线上相邻跨的连系梁纵向钢筋应拉通设置，不允许连系梁在中间承台内锚固。

（8）承台连系梁通常在二 a 或二 b 环境（表 6-1）中，纵向受力钢筋在承台内的保护层厚度应满足相应环境中最小厚度（表 6-2）的要求。

表 6-1　混凝土结构的环境类别

环境类别	条　件
一	室内干燥环境； 无侵蚀性静水浸没环境
二 a	室内潮湿环境； 非严寒和非寒冷地区的露天环境； 非严寒和非寒冷地区与无侵蚀性的水或土壤直接接触的环境； 严寒和寒冷地区的冰冻线以下与无侵蚀性的水或土壤直接接触的环境
二 b	干湿交替环境； 水位频繁变动环境； 严寒和寒冷地区的露天环境； 严寒和寒冷地区冰冻线以上与无侵蚀性的水或土壤直接接触的环境
三 a	严寒和寒冷地区冬季水位变动区环境； 受除冰盐影响环境； 海风环境
三 b	盐渍土环境； 受除冰盐作用环境； 海岸环境

（续表）

环境类别	条　　件
四	海水环境
五	受人为或自然的侵蚀性物质影响的环境

注：1. 室内潮湿环境是指构件表面经常处于结露或湿润状态的环境。

2. 严寒和寒冷地区的划分应符合《民用建筑热工设计规范》（GB 50176—1993）的有关规定。

3. 海岸环境和海风环境宜根据当地情况，考虑主导风向及结构所处迎风、背风部位等因素的影响，由调查研究和工程经验确定。

4. 受除冰盐影响环境是指受到除冰盐盐雾影响的环境；受除冰盐作用环境是指被除冰盐溶液溅射的环境以及使用除冰盐地区的洗车房、停车楼等建筑。

5. 暴露的环境是指混凝土结构表面所处的环境。

表 6-2　混凝土保护层的最小厚度　　（单位：mm）

环境类别	板、墙	梁、柱
一	15	20
二 a	20	25
二 b	25	35
三 a	30	40
三 b	40	50

注：1. 表中混凝土保护层厚度指最外层钢筋外边缘至混凝土表面的距离，适用于设计使用年限为 50 年的混凝土结构。

2. 构件中受力钢筋的保护层厚度不应小于钢筋的公称直径。

3. 设计使用年限为 100 年的混凝土结构，一类环境中，最外层钢筋的保护层厚度不应小于表中数值的 1.4 倍；二、三类环境中，应采取专门的有效措施。

4. 混凝土强度等级不大于 C25 时，表中保护层厚度数值应增加 5mm。

5. 基础底面钢筋的保护层厚度，有混凝土垫层时应从垫层顶面算起，且不应小于 40mm。

（9）承台间连系梁中的纵向钢筋在端部的锚固要求（按受力要求）：从柱边缘开始锚固，水平段不小于 $35d$，不满足时，上、下部的钢筋从端边算起 $25d$，上弯 $10d$。

（10）连系梁中的箍筋，在承台梁不考虑抗震时，是不考虑延性要求的，所以一般不设置构造加密区，两承台梁箍筋，应有一向截面较高的承台梁箍筋贯通设置，当两向承台梁等高时，可任选一向承台梁的箍筋贯通设置。

当桩基承台的柱中心线或墙中心线与建筑定位轴线不重合时，应标注其定位尺寸；编号相同的桩基承台，可仅选择一个进行标注。

二、桩基承台编号

桩基承台分为独立承台和承台梁，分别按表 6-3 和表 6-4 的规定编号。

表 6-3　独立承台编号

类型	独立承台截面形状	代号	序号	说明
独立承台	阶形	CT_J	××	单阶截面即为平板式独立承台
	坡形	CT_P	××	

注：杯口独立承台代号可为 BCT_J 和 BCT_P，设计注写方式可参照杯口独立基础，施工详图应由设计者提供。

表 6-4　承台梁编号

类型	代号	序号	跨数及有无外伸
承台梁	CTL	××	（××）端部无外伸 （××A）一端有外伸 （××B）两端有外伸

三、独立承台的平面注写方式

独立承台的平面注写方式，分为集中标注和原位标注两部分内容。

1. 集中标注

独立承台的集中标注，是在承台平面上集中标注：独立承台编号、截面竖向尺寸、配筋三项必注内容，以及承台板底面标高（与承台底面基准标高不同时）和必要的文字注解两项选注内容。

（1）注写独立承台编号（必注内容），参见表 6-3。

独立承台的截面形式通常有两种：

1）阶形截面，编号加下标“J”，如 CT_J××；

2）坡形截面，编号加下标“P”，如 CT_P××。

（2）注写独立承台截面竖向尺寸（必注内容）。即注写 $h_1/h_2/\cdots$，具体标注为：

1）当独立承台为阶形截面时，如图 6-2 和图 6-3 所示。图 6-2 为两阶，当为多阶时，各阶尺寸自下而上用“/”分隔顺写。当阶形截面独立承台为单阶时，截面竖向尺寸仅为一个，且为独立承台总厚度，如图 6-3 所示。

2）当独立承台为坡形截面时，截面竖向尺寸注写为 h_1/h_2，如图 6-4 所示。

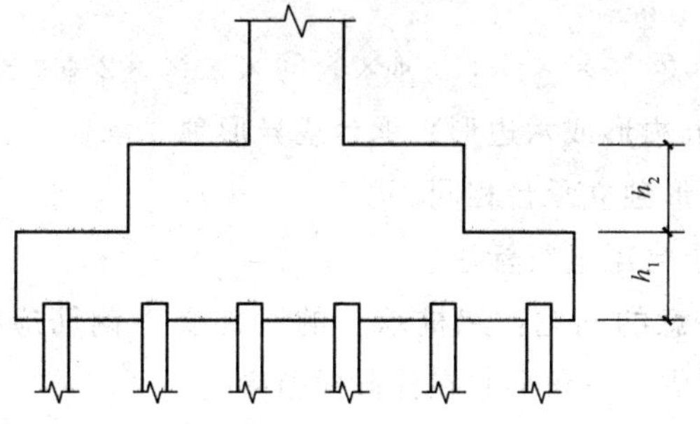

图 6-2　阶形截面独立承台竖向尺寸

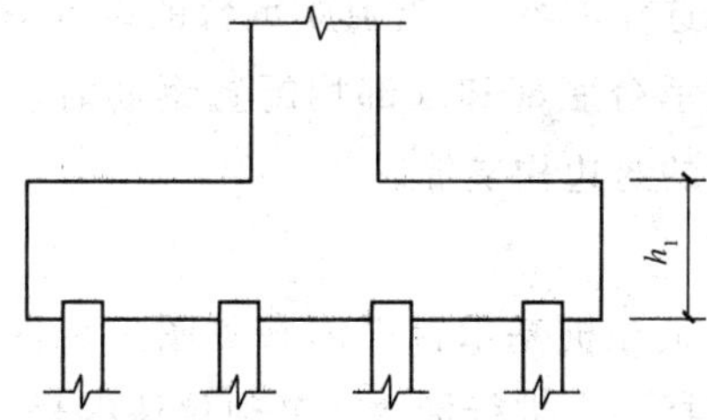

图 6-3　单阶截面独立承台竖向尺寸

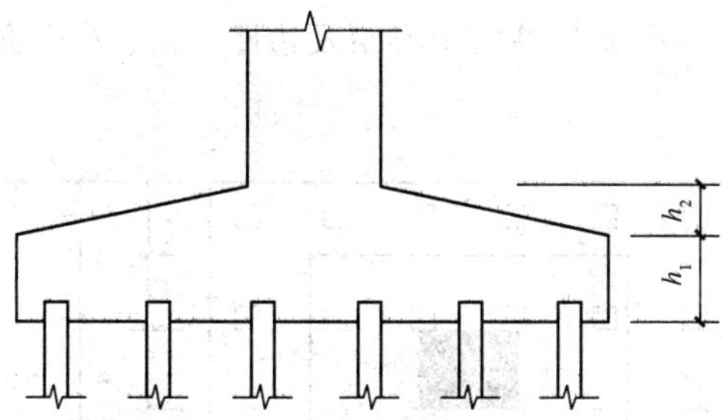

图 6-4　坡形截面独立承台竖向尺寸

（3）注写独立承台配筋（必注内容）。底部与顶部双向配筋应分别注写，顶部配筋仅用于双柱或四柱等独立承台。当独立承台顶部无配筋时则不注顶部。注写规定如下：

1）以 B 打头注写底板配筋，以 T 打头注写顶部配筋。

2）矩形承台 X 向配筋以 X 打头，Y 向配筋以 Y 打头；当两向配筋相同时，则以 X&Y 打头。

3）当为等边三桩承台时，以“△”打头，注写三角布置的各边受力钢筋（注明根数并在配筋值后注写“×3”），在“/”后注写分布钢筋。

例如：△××Φ××@×××3/φ××Φ×××。

4）当为等腰三桩承台时，以“△”打头注写等腰三角形底边的受力钢筋＋两对称斜边的受力钢筋（注明根数并在两对称配筋值后注写“×2”），在“/”后注写分布

钢筋。

例如：△××ⴲ××@×××+××ⴲ××@××××2/ϕ××@××。

5）当为多边形（五边形或六边形）承台或异形独立承台，且采用X向和Y向正交配筋时，注写方式与矩形独立承台相同。

6）两桩承台可按承台梁进行标注。

设计和施工时应注意的问题：三桩承台的底部受力钢筋应按三向板带均匀布置，且最里面的三根钢筋围成的三角形心在柱截面范围内。

（4）注写基础底面标高（选注内容）。当独立承台的底面标高与桩基承台底面基准标高不同时，应将独立承台底面标高注写在括号内。

（5）必要的文字注解（选注内容）。当独立承台的设计有特殊要求时，宜增加必要的文字注解。例如，当独立承台底部和顶部均配置钢筋时，注明承台板侧面是否采用钢筋封边以及采用何种形式的封边构造等。

2. 原位标注

独立承台的原位标注，是在桩基承台平面布置图上标注独立承台的平面尺寸，相同编号的独立承台，可仅选择一个进行标注，其他仅注编号。

（1）矩形独立承台。原位标注 x、y，x_c、y_c（或圆柱直径 d_c），x_i、y_i，a_i、b_i，$i=1$，2，3，…。其中，x、y 为独立承台两向边长，x_c、y_c为柱截面尺寸，而 x_i、y_i 为阶宽或坡形平面尺寸，a_i、b_i为桩的中心距及边距（a_i、b_i根据具体情况可不注），如图 6-5 所示。

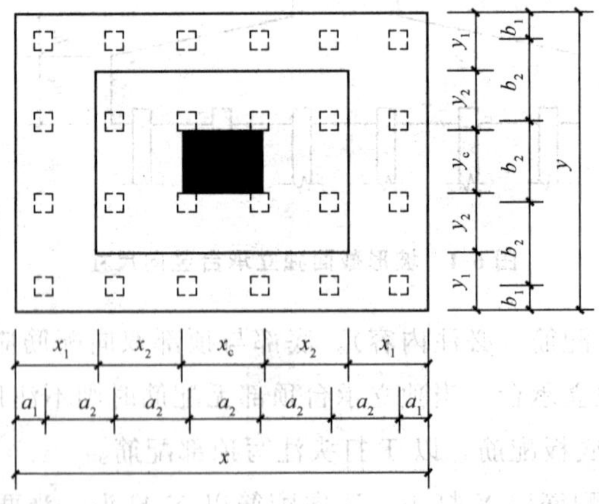

图 6-5　矩形独立承台平面原位标注

（2）三桩承台。结合X、Y双向定位，原位标注 x 或 y，x_c、y_c（或圆柱直径 d_c），a，x_i、y_i，$i=1$，2，3，…。其中，x 或 y 为三桩独立承台平面垂直于底边的高度，x_c、y_c为柱截面尺寸，x_i、y_i为承台分尺寸和定位尺寸，a 为桩中心距切角边缘的距离。

等边三桩独立承台平面原位标注，如图 6-6 所示。

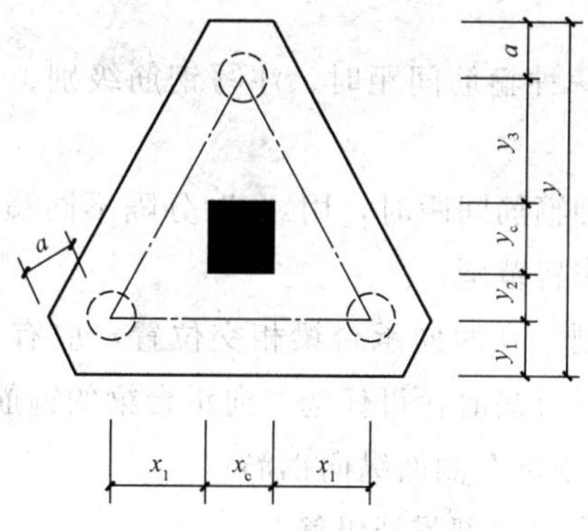

图 6-6　等边三桩独立承台平面原位标注

等腰三桩独立承台平面原位标注，如图 6-7 所示。

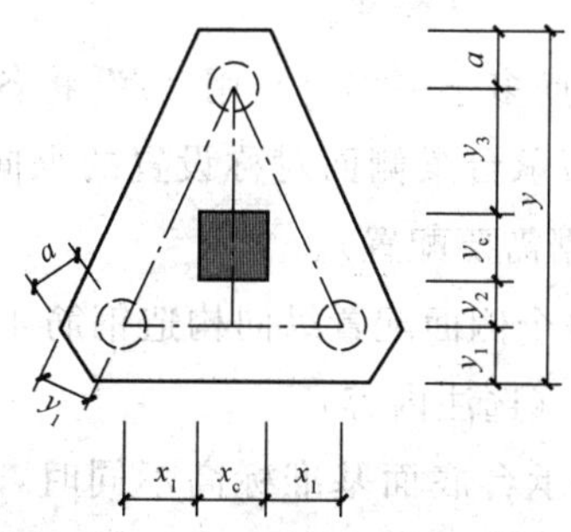

图 6-7　等腰三桩独立承台平面原位标注

（3）多边独立承台。结合 X、Y 双向定位，原位标注 x 或 y，x_c、y_c（或圆柱直径 d_c），x_i、y_i，a_i，$i=1$，2，3，…。具体设计时，可参照矩形独立承台或三桩独立承台的原位标注规定。

四、承台梁的平面注写方式

承台梁 CTL 的平面注写方式，分集中标注和原位标注两部分内容。

1. 集中标注

承台梁的集中标注内容为：承台梁编号、截面尺寸、配筋三项必注内容，以及承台梁底面标高（与承台底面基准标高不同时）、必要的文字注解两项选注内容。具体规定如下：

（1）注写承台梁编号（必注内容）

注写承台梁编号（必注内容），参见表 6-4。

（2）注写承台梁截面尺寸（必注内容）

注写承台梁截面尺寸（必注内容），即注写 $b\times h$，表示梁截面宽度与高度。

（3）注写承台梁配筋（必注内容）

1）注写承台梁箍筋

①当具体设计仅采用一种箍筋间距时，注写钢筋级别、直径、间距与肢数（箍筋肢数写在括号内，下同）。

②当具体设计采用两种箍筋间距时，用“/”分隔不同箍筋的间距，此时，设计应指定其中一种箍筋间距的布置范围。

③施工时应注意的问题。在两向承台梁相交位置，应有一向截面较高的承台梁箍筋贯通设置；当两向承台梁等高时，可任选一向承台梁的箍筋贯通设置。

2）注写承台梁底部、顶部及侧面纵向钢筋

①以 B 打头，注写承台梁底部贯通纵筋。

②以 T 打头，注写承台梁顶部贯通纵筋。

例如：B：5⏀25；T：7⏀25，表示承台梁底部配置贯通纵筋 5⏀25，梁顶部配置贯通纵筋 7⏀25。

③当梁底部或顶部贯通纵筋多于一排时，用“/”将各排纵筋自上而下分开。

④以大写字母 G 打头注写承台梁侧面对称设置的纵向构造钢筋的总配筋值（当梁腹板净高 $h_w \geqslant 450$mm 时，根据需要配置）。

例如：G8⏀14，表示梁每个侧面配置纵向构造钢筋 4⏀14，共配置 8⏀14。

（4）注写承台梁底面标高（选注内容）

当承台梁底面标高与桩基承台底面基准标高不同时，将承台梁底面标高注写在括号内。

（5）必要的文字注解（选注内容）

当承台梁的设计有特殊要求时，宜增加必要的文字注解。

2. 原位标注

（1）原位标注承台梁的附加箍筋或（反扣）吊筋

当需要设置附加箍筋或（反扣）吊筋时，将附加箍筋或（反扣）吊筋直接画在平面图中的承台梁上，原位直接引注总配筋值（附加箍筋的肢数注在括号内）。当多数梁的附加箍筋或（反扣）吊筋相同时，可在桩基承台平法施工图上统一注明，少数与统一注明值不同时，再原位直接引注。

施工时应注意的问题：附加箍筋或（反扣）吊筋的几何尺寸应参照标准构造详图，结合其所在位置的主梁和次梁的截面尺寸而定。

（2）原位注写承台梁外伸部位的变截面高度尺寸

当承台梁外伸部位采用变截面高度时，在该部位原位注写 $b \times h_1/h_2$，h_1 为根部截面高度，h_2 为尽端截面高度。

（3）原位注写修正内容

当在承台梁上集中标注的某项内容（如截面尺寸、箍筋、底部与顶部贯通纵筋或架立筋、梁侧面纵向构造钢筋、梁底面标高等）不适用于某跨或某外伸部位时，将其

修正内容原位标注在该跨或该外伸部位，施工时原位标注取值优先。

五、桩基承台的截面注写方式

桩基承台的截面注写方式，可分为截面标注和列表注写（结合截面示意图）两种表达方式。

采用截面注写方式，应在桩基平面布置图上对所有桩基进行编号，参见表 6-3 和表 6-4。

桩基承台的截面注写方式，可参照独立基础及条形基础的截面注写方式，进行设计施工图的表达。

第二节　桩基承台平法施工图标准构造详图

一、矩形承台 CT_J 和 CT_P 配筋构造

矩形承台 CT_J 和 CT_P 配筋构造，如图 6-8 所示。

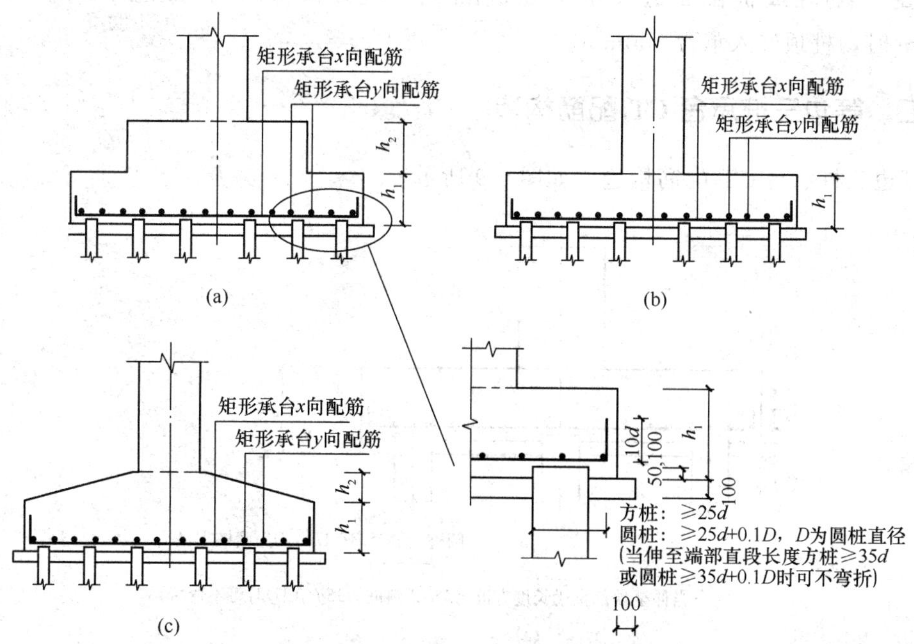

图 6-8　矩形承台 CT_J 和 CT_P 配筋构造

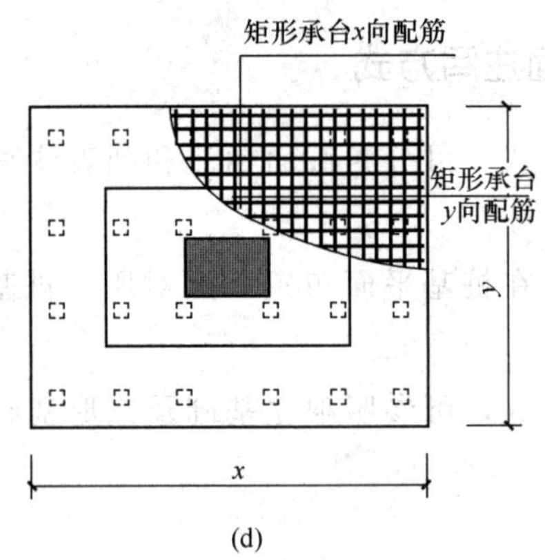

(d)

图 6-8 矩形承台 CT_J 和 CT_P 配筋构造（续）

（a）阶形截面 CT_J；（b）单阶形截面 CT_J；

（c）坡形截面 CT_p；（d）矩形承台配筋构造

构造图说明：

（1）该构造图适用于阶形截面承台 CT_J 和坡形截面承台 CT_P，阶形截面可为单阶或多阶。

（2）当桩径或桩截面边长小于 800mm 时，桩顶嵌入承台 50mm；当桩径大于 800mm 时，桩顶嵌入承台 100mm。

二、等边三桩承台 CT_J 配筋构造

等边三桩承台 CT_J 配筋构造，如图 6-9 所示。

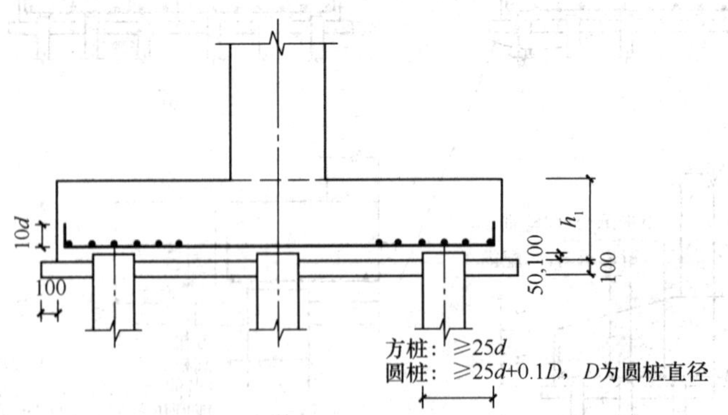

(a)

图 6-9 等边三桩承台 CT_J 配筋构造

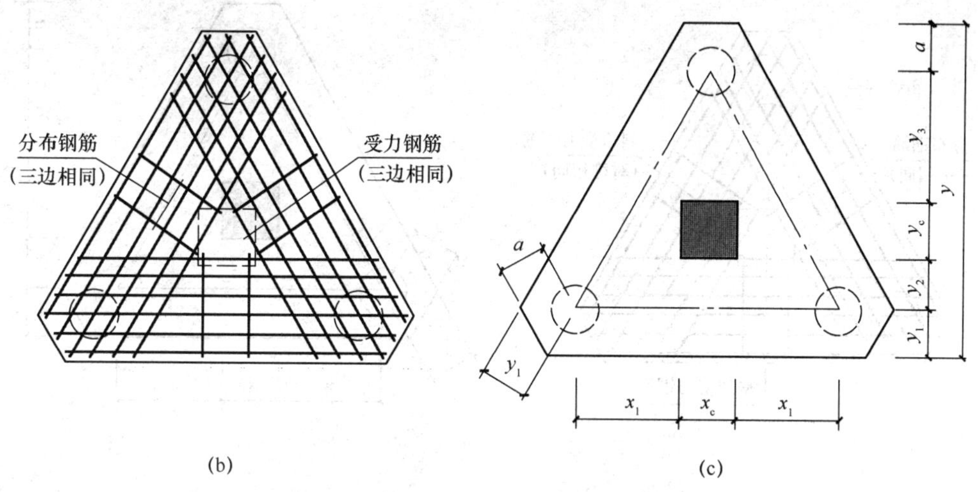

图 6-9　等边三桩承台 CT_J 配筋构造（续）

(a) 等边三桩承台 CT_J 剖面图；(b) 等边三桩承台 CJ_J 配筋构造；(c) 等边三桩承台 CJ_J 平面图

构造图说明：

(1) 当桩直径或桩截面边长小于 800mm 时，桩顶嵌入承台 50mm；当桩径或桩截面边长大于或等于 800mm 时，桩顶嵌入承台 100mm。

(2) 几何尺寸和配筋按具体结构设计和本图构造确定，等边三桩承台受力钢筋以"△"打头注写各边受力钢筋×3。

三、等腰三桩承台 CT_J 配筋构造

等腰三桩承台 CT_J 配筋构造，如图 6-10 所示。

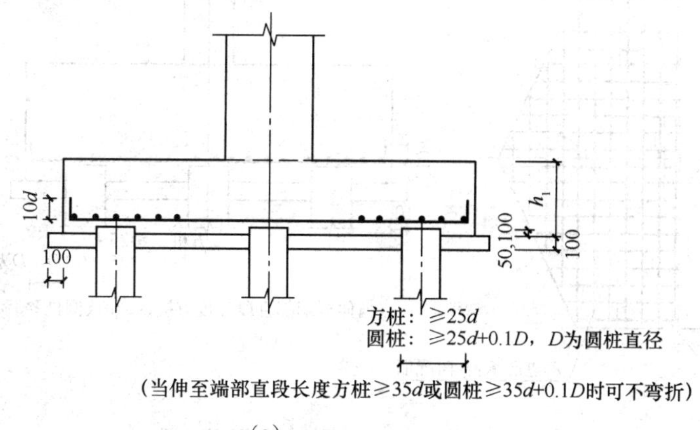

图 6-10　等腰三桩承台 CT_J 配筋构造

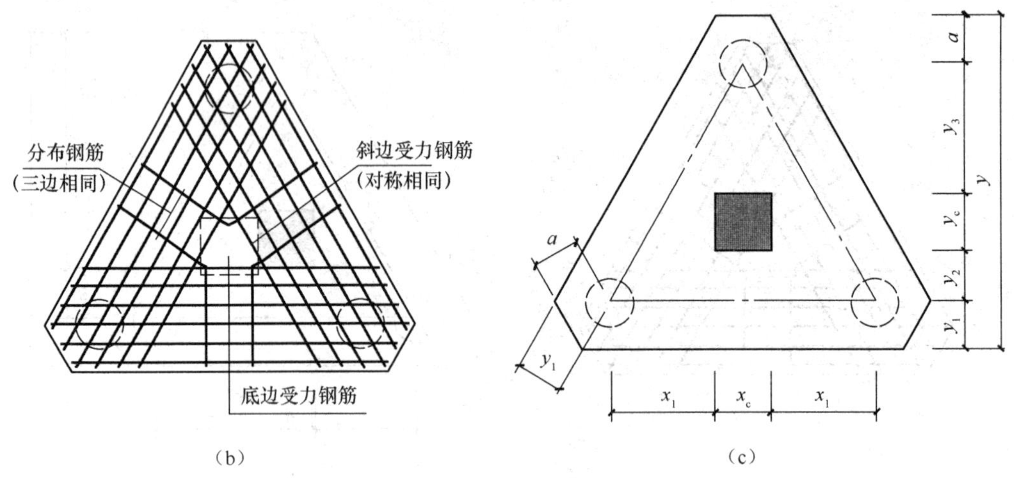

图 6-10　等腰三桩承台 CT_J 配筋构造（续）

(a) 等腰三桩承台 CT_J 剖面图；(b) 等腰三桩承台 CT_J 配筋构造；(c) 等腰三桩承台 CT_J 平面图

构造图说明：

(1) 当桩直径或桩截面边长小于 800mm 时，桩顶嵌入承台 50mm；当桩径或桩截面边长大于或等于 800mm 时，桩顶嵌入承台 100mm。

(2) 几何尺寸和配筋按具体结构设计和本图构造确定，等腰三桩承台受力钢筋以"△"打头注写底边受力钢筋＋对称等腰斜边受力钢筋×2。

四、等边六边形承台 CT_J配筋构造

等边六边形承台 CT_J配筋构造，如图 6-11 所示。

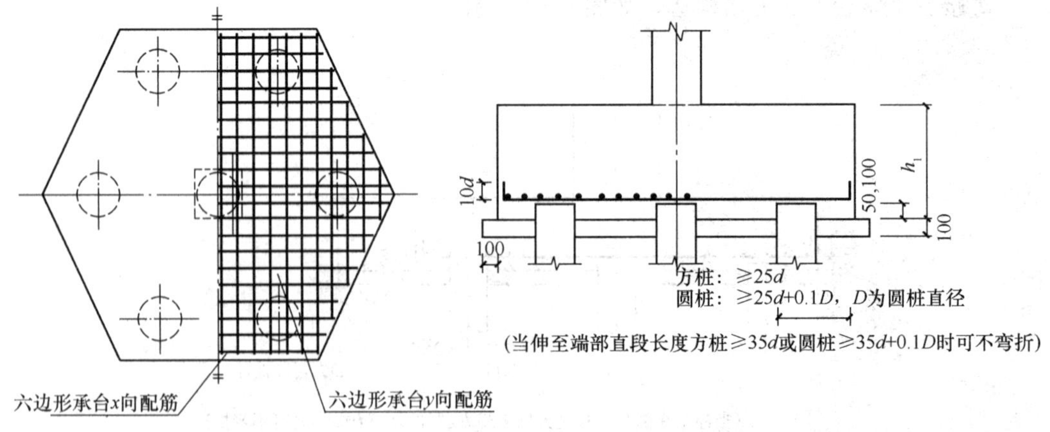

图 6-11　等边六边形承台 CT_J配筋构造

构造图说明：

(1) 当桩直径或桩截面边长小于 800mm 时，桩顶嵌入承台 50mm；当桩径或截面边长大于或等于 800mm 时，桩顶嵌入承台 100mm。

(2) 几何尺寸和配筋按具体结构设计和本图构造确定。

五、普通六边形承台 CT_J 配筋构造

普通六边形承台 CT_J 配筋构造，如图 6-12 所示。

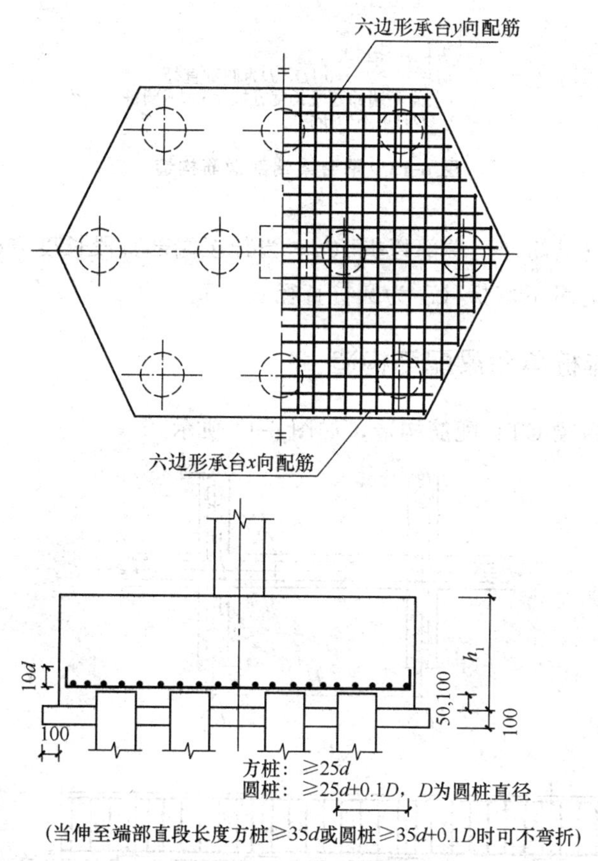

图 6-12　普通六边形承台 CT_J 配筋构造

构造图说明：

(1) 当桩直径或桩截面边长小于 800mm 时，桩顶嵌入承台 50mm；当桩径或截面边长大于或等于 800mm 时，桩顶嵌入承台 100mm。

(2) 几何尺寸和配筋按具体结构设计和本图构造确定。

六、墙下单排桩承台梁端部钢筋构造

承台梁端部钢筋构造，如图 6-13 所示。

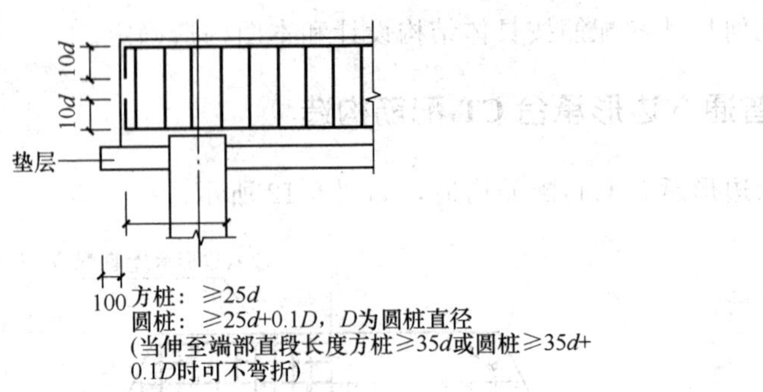

图 6-13　承台梁端部钢筋构造

构造图说明：

承台梁上下贯通纵筋伸至端部弯折 10d，当伸至端部直段长度方桩第一单元 35d 或圆桩≥35d+0.1D 时可不弯折（D 为圆桩直径）。

七、墙下单排桩承台梁配筋构造

墙下单排桩承台梁 CTL 配筋构造，如图 6-14 所示。

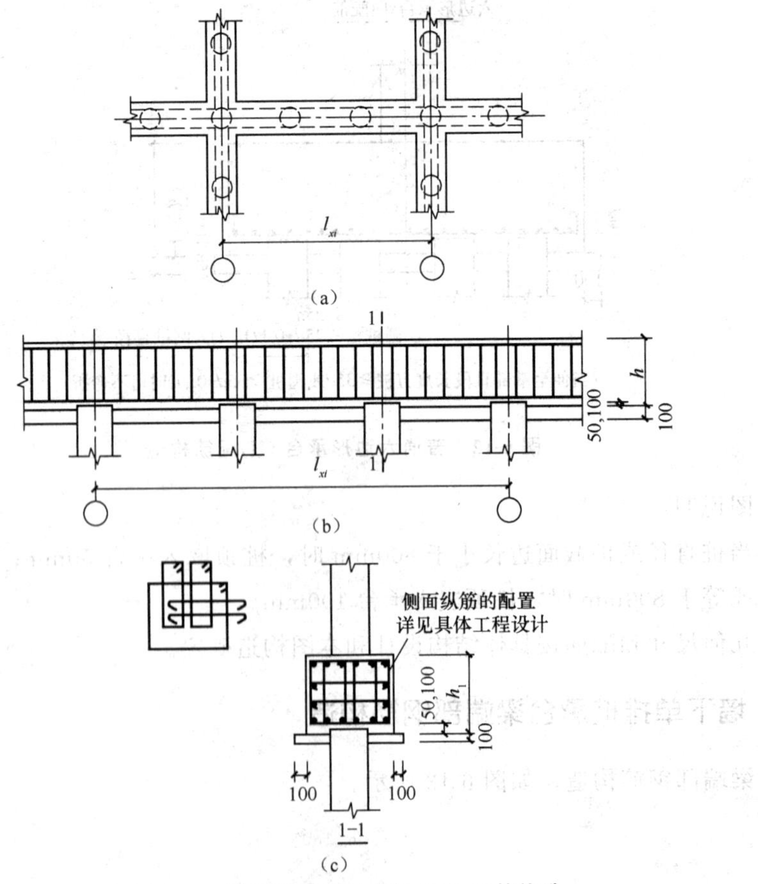

图 6-14　墙下单排桩承台梁 CTL 配筋构造

(a) 墙下单排桩承台平面图；(b) 墙下单排桩承台梁 CTL 钢筋构造；(c) 1—1 剖面图

构造图说明：

（1）当桩直径或桩截面边长小于 800mm 时，桩顶嵌入承台 50mm；当桩径或截面边长大于或等于 800mm 时，桩顶嵌入承台 100mm。

（2）拉筋直径为 8mm，间距为箍筋的 2 倍。当没有多排拉筋时，上下两排拉筋竖向错开设置。

八、墙下双排桩承台梁端部钢筋构造

墙下双排桩承台梁端部钢筋构造，如图 6-15 所示。

构造图说明：

承台梁上下贯通纵筋伸至端部弯折 10d，当伸至端部直段长度方桩第一单元 35d 或圆桩≥35d＋0.1D 时可不弯折（D 为圆桩直径）。

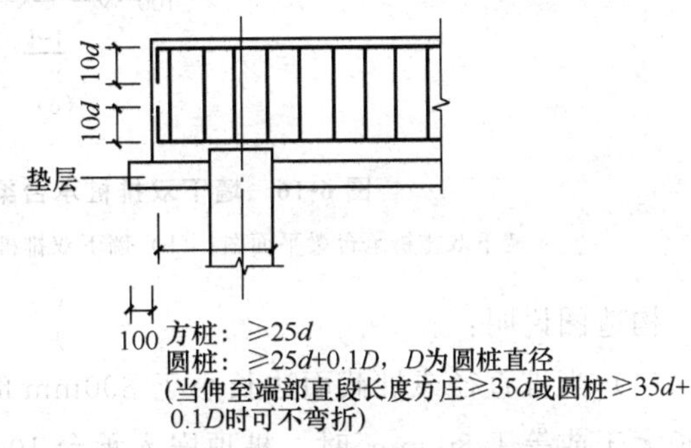

图 6-15　承台梁端部钢筋构造

九、墙下双排桩承台梁配筋构造

墙下双排桩承台梁 CTL 钢筋构造，如图 6-16 所示。

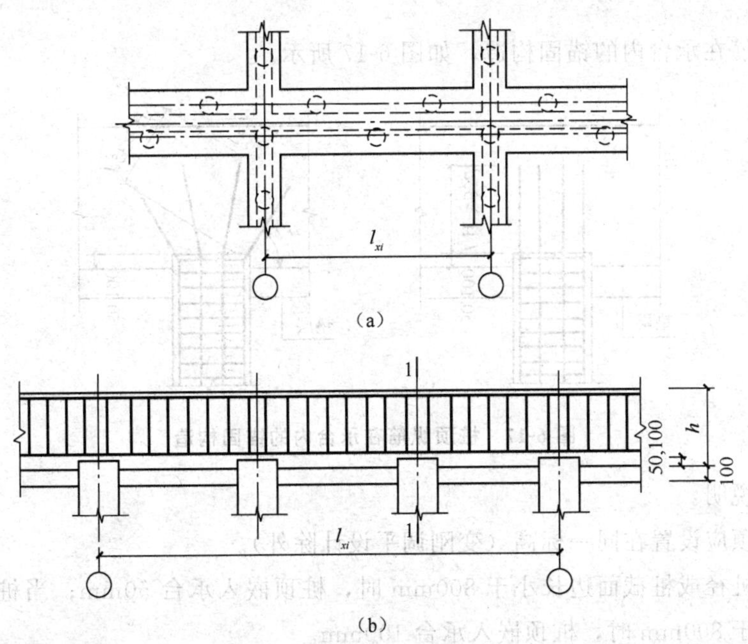

图 6-16　墙下双排桩承台梁 CTL 钢筋构造

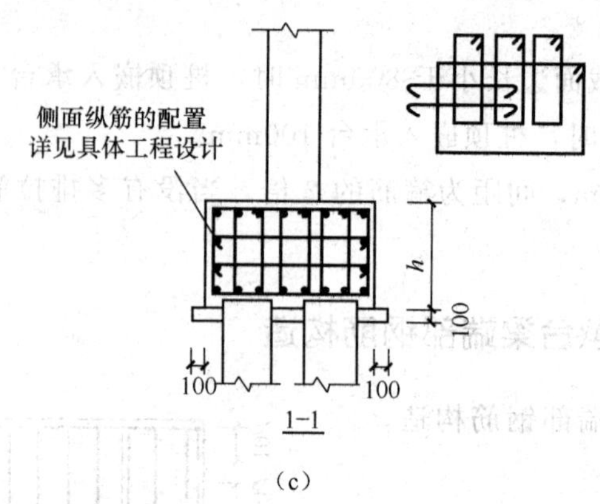

图 6-16 墙下双排桩承台梁 CTL 钢筋构造（续）

(a) 墙下双排桩承台梁平面图；(b) 墙下双排桩承台梁 CTL 钢筋构造；(c) 1—1 剖面图

构造图说明：

(1) 当桩直径或桩截面边长小于 800mm 时，桩顶嵌入承台 50mm；当桩径或截面边长大于或等于 800mm 时，桩顶嵌入承台 100mm。

(2) 拉筋直径为 8mm，间距为箍筋的 2 倍。当没有多排拉筋时，上下两排拉筋竖向错开设置。

十、桩顶纵筋在承台内的锚固构造

桩顶纵筋在承台内的锚固构造，如图 6-17 所示。

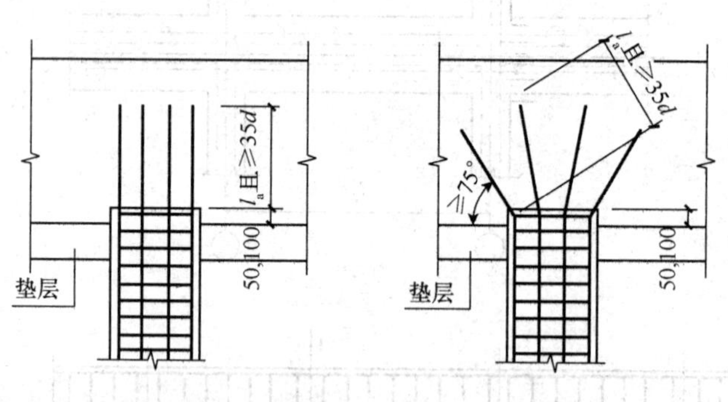

图 6-17 桩顶纵筋在承台内的锚固构造

构造图说明：

(1) 桩顶应设置在同一标高（变刚调平设计除外）。

(2) 当桩径或桩截面边长小于 800mm 时，桩顶嵌入承台 50mm；当桩径或截面边长大于或等于 800mm 时，桩顶嵌入承台 100mm。

(3) 桩纵向钢筋在承台内的锚固长度（抗压、抗拔桩，l_a、35d），按规定的要求不能小于 35d，地下水位较高，设计的抗拔桩，还有单桩承载力试验时，一般要求不小于 40d。

（4）大口径桩单柱无承台时，柱钢筋锚入大口径桩内，如人工挖孔桩，要设计拉梁。

（5）当桩顶纵筋预留长度大于承台厚度时，预留钢筋在承台内向四周弯成大于或等于 75°的方式处理。

第三节　桩基承台平法施工图实例

一、桩位平面布置图

1. 桩位平面布置图的具体内容

桩位平面布置图是用一个假想水平面将基础从桩顶附近切开，移去上面部分后向下部分作正投影所形成的水平投影图。桩位平面布置图的具体内容有：

（1）桩的名称、类型、数量、断面尺寸、桩长的选择、结构和其他在工工中应注意的事项。

（2）图名、比例。比例最好应与建筑平面一致，常采用 1∶100、1∶200。定位轴线及其编号、尺寸间距。

（3）桩平面位置反映出桩与定位轴线的相对关系。

2. 识读步骤

（1）看图名、绘图比例。

（2）与建筑首层平面图对照，校对定位轴线编号是否与之相符合。

（3）读设计说明，明确桩的施工方法、单桩承载力值、采用的持力层、桩身入土深度及控制、桩的构造要求。

（4）结合设计说明或桩详图，弄清楚不同长度桩的数量、桩顶标高和分布位置等。

（5）明确试桩的数量以及为试桩提供反力的锚桩数量、配筋情况，以便及时与设计单位共同确定试桩和锚桩桩位。

3. 识读实例

某桩位平面布置图，如图 6-18 所示。

（1）本工程采用泥浆护壁机械钻孔灌注桩，总桩数 23 根；以及其他有关桩基的详细内容。

（2）图名为桩位置平面图，比例为 1∶100。定位轴线为①～⑧和 A～H。

（3）定位轴线⑧和 E 交叉点附近的桩身，两个尺寸数字“55”分别表示桩的中线位置线距定位轴线⑧和 E 的距离均为 55mm。

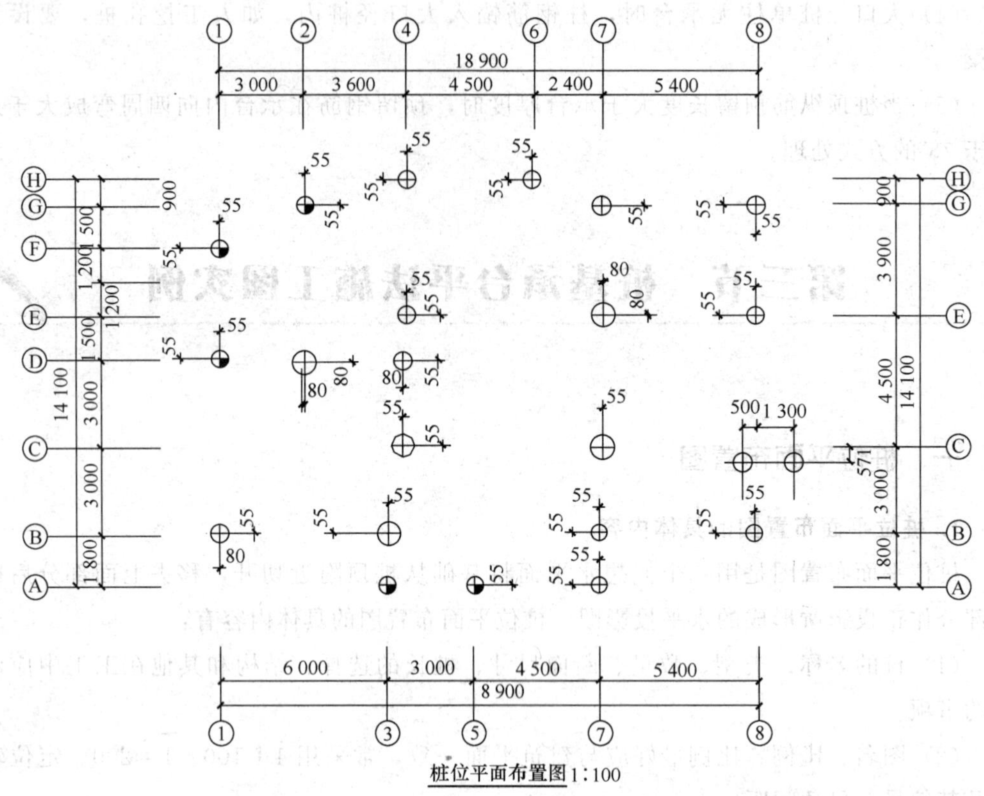

图 6-18 桩位平面布置图

定位轴线⑦和 G 交叉处的桩身，从图中可知，⑦号定位轴线穿过该桩身中心，G 号定位轴线偏离桩身中心线距离为 55mm。

二、承台平面布置图和承台详图

1. 承台平面布置图和承台详图的内容

（1）承台平面布置图

承台平面布置图是用一个略高于承台底面的假想水平面将桩基剖开移去上面部分，并向下做正投影所得到的水平投影图。

它的主要内容包括：图名、比例，定位轴线及其编号、尺寸间距，承台的位置和平面外形尺寸，承台的平面布置。

（2）承台详图

承台详图是反映承台或承台梁剖面详细几何尺寸、配筋及其他细部构造说明等内容的剖面图。

承台详图的主要表达内容有：

1）图名、比例，常采用 1∶20、1∶50 等比例；

2）承台或承台梁剖面形式、详细几何尺寸和配筋情况；

3）垫层的材料、强度等级和厚度；

4）其他相关注释。

2. 识读步骤

（1）看图名和绘图比例。

（2）与桩位布置平面图对照，看定位轴线及编号是否与之相符合。

（3）看承台的数量、形式和编号是否与桩布置平面图中的位置一一对应。

（4）读承台详图和基础梁的剖面图，明确各个承台的剖面形式、尺寸、标高、材料和配筋等。

（5）明确柱的尺寸、位置以及其与承台的相对位置关系。

（6）垫层的材料、强度等级和厚度。

3. 识读实例

某承台平面布置图和承台详图，如图 6-19 和图 6-20 所示。

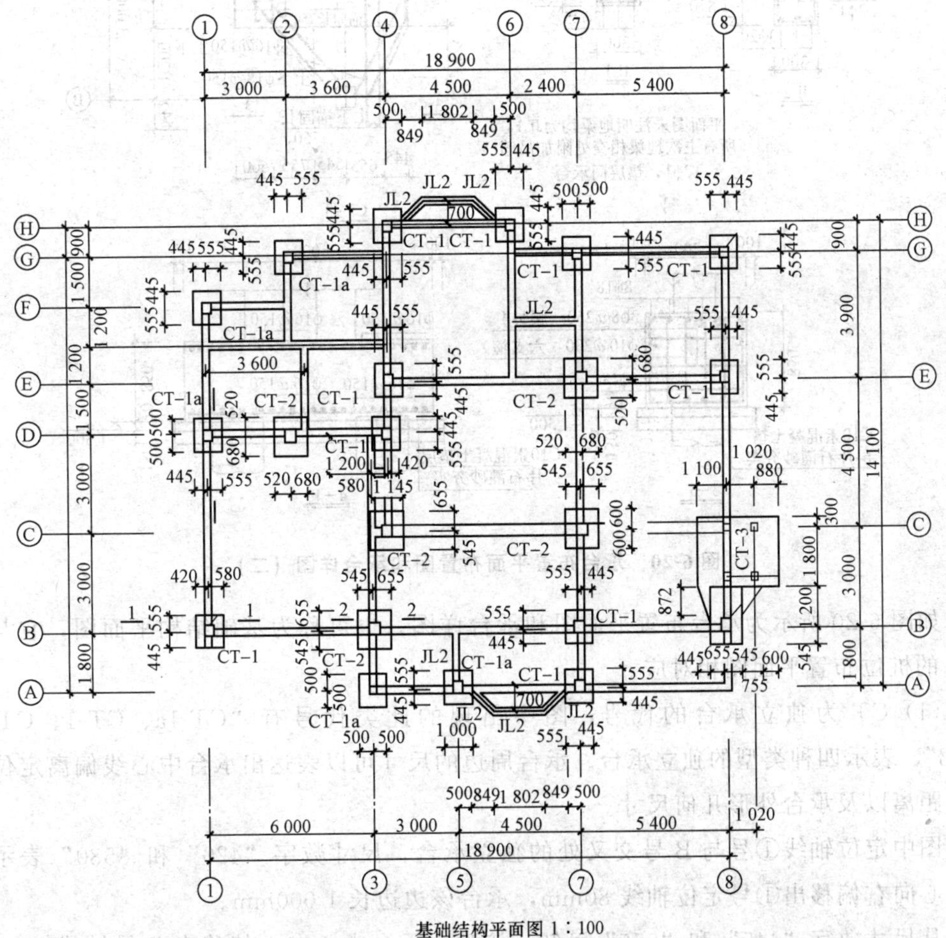

图 6-19　承台布置平面布置图和承台详图（一）

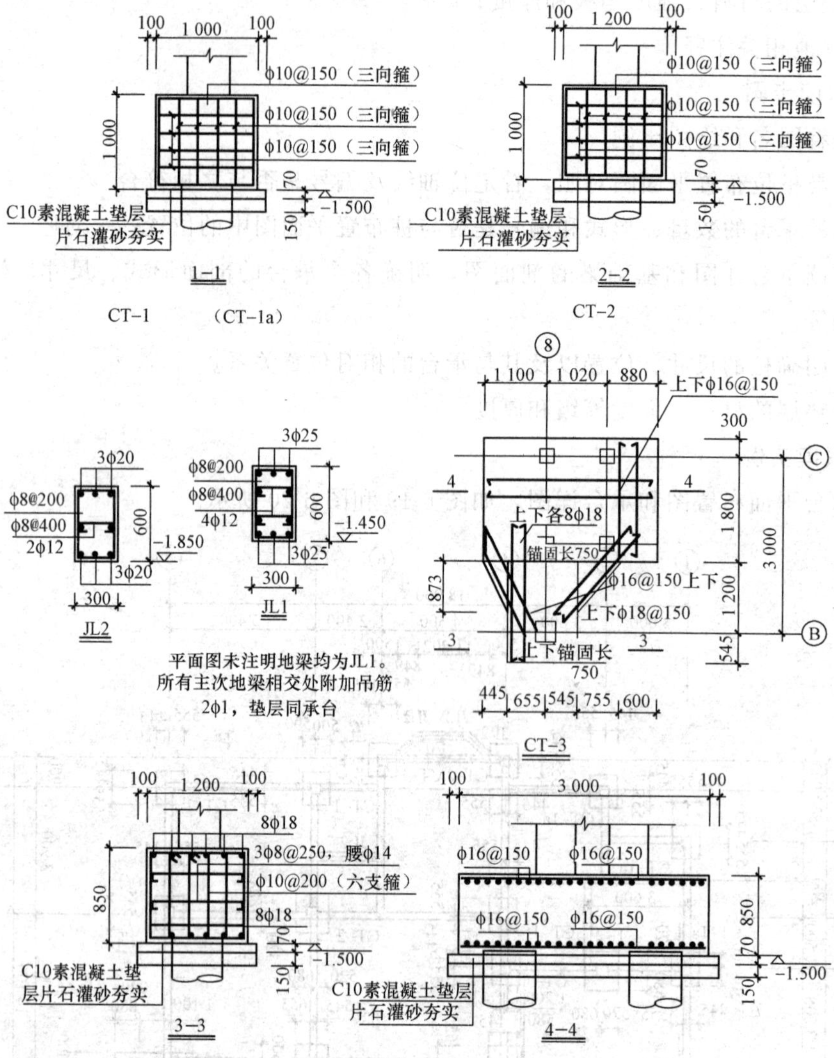

图 6-20　承台布置平面布置图和承台详图（二）

如图 6-20 所示为承台布置平面图和承台详图，也可称为基础结构平面图，它与图 6-19 的桩位布置平面图相对应。

(1) CT 为独立承台的代号，图中出现的此类代号有“CT-1a、CT-1、CT-2、CT-3”，表示四种类型的独立承台。承台周边的尺寸可以表达出承台中心线偏离定位轴线的距离以及承台外形几何尺寸。

图中定位轴线①号与 B 号交叉处的独立承台，尺寸数字“420”和“580”表示承台中心向右偏移出①号定位轴线 80mm，承台该边边长 1 000mm。

从尺寸数字“445”和“555”可知，该独立承台中心向上偏移出 B 号轴线 55mm，承台该边边长 1 000mm。

(2)“JL1、JL2”代表两种类型的地梁，从 JL1 剖面图下附注的说明可知，基础结

构平面图中未注明地梁均为JL1，所有主次梁相交处附加吊筋2ϕ14，垫层同垫台。

剖切符号1—1、2—2、3—3表示承台详图中承台在基础结构平面布置图上的剖切位置。

(3) 图中1—1、2—2分别为独立承台CT-1、CT-1a、CT-2的剖面图。

图中JL1、JL2分别为JL1、JL2的断面图。

图中CT-3为独立承台CT-3的平面详图，图4—3、4—4为独立承台CT-3的剖面图。

(4) 由1—1剖面图可知，承台高度为1 000mm，承台底面即垫层顶面标高为－1.500m。垫层分上、下两层，上层为70mm厚的C10素混凝土垫层，下层用片石灌砂夯实。

由于承台CT-1与承台CT-1a的剖面形状、尺寸相同，只是承台内部配置有所差别，如图中ϕ10@150为承台CT-1的配筋，其旁边括号内注写的三向箍为承台CT-1a的内部配筋，所以当选用括号内的配筋时，1—1表示的为承台CT-1a的剖面图。

(5) 从平面详图CT-3可知，该独立承台由两个不同形状的矩形截面组成，一个是边长为1 200mm的正方形独立承台，另一个为截面尺寸为2 100mm×3 000mm的矩形双柱独立承台。两个矩形部分之间用间距为150mm的ϕ8钢筋拉结成一个整体。

图中“上下ϕ6@150”表示该部分上下部分两排钢筋均为间距150mm的ϕ6钢筋；其中弯钩向左和向上的钢筋为下排钢筋，弯钩向右和向下的钢筋为上排钢筋。

(6) 剖切符号3—3、4—4表示断面图4—3、4—4在该详图中的剖切位置。

由3—3断面图可知，该承台断面宽度为1 200mm，垫层每边多出100mm，承台高度850mm，承台底面标高为－1.500m，垫层构造与其他承台垫层构造相同。

由4—4断面图可知，承台底部所对应的垫层下有两个并排的桩基，承台底部与顶部均纵横布置着间距150mm的ϕ6钢筋，该承台断面宽度为3 000mm，下部垫层两外侧边线分别超出承台宽两边线100mm。

(7) CT-3为编号为3的一种独立承台结构详图。A实际是该独立承台的水平剖面图，图中显示两个不同形状的矩形截面。它们之间用间距为150mm的Φ8钢筋拉结成一个整体。该图中上下Φ6@150表达的是上下两排Φ16的钢筋间距150mm均匀布置，图中钢筋弯钩向左和向上的表示下排钢筋，钢筋弯钩向右和向下的表示上排钢筋。还有，独立承台的剖切符号3—3、4—4分别表示对两个矩形部分进行竖直剖切。

(8) JL1和JL2为两种不同类型的基础梁或地梁。

JLI详图也是该种地梁的断面图，截面尺寸为300mm×600mm，梁底面标高为－1.450m；在梁截面内，布置着3根直径为Φ25的HRB级架立筋，3根直径为Φ25的HRB级受力筋，间距为200mm、直径为Φ8的HPB级箍筋，4根直径为Φ12的HPB级的腰筋和间距100mm、直径为Φ8的HPB级的拉筋。

JL2详图截面尺寸为300mm×600mm，梁底面标高为－1.850m；在梁截面内，上部布置着 3 根直径为⏀20 的 HRB 级的架立筋，底部为 3 根直径为⏀20 的 HRB 级的受力钢筋，间距为 200mm、直径为⏀8 的 HPB 级的箍筋，2 根直径为⏀12 的 HPB 级的腰筋和间距为 400mm、直径为⏀8 的 HPB 级的拉箍。

三、桩、承台平面布置图

1. 桩基础设计说明的主要内容

在图纸上不能反映出的设计要求，可通过在图纸上增加文字说明的方式表达。桩基础设计说明的主要内容有：

(1) 桩的种类、数量、施工方式、单桩承载力特征值。

(2) 桩所采用的持力层、桩入土深度的控制方法。

(3) 桩身采用的混凝土强度等级、钢筋类别和保护层厚度。

(4) 设计依据、桩的特定标高。

(5) 其他在施工中应注意的事项。

2. 识读实例

(1) 某建筑的桩、承台平面布置图，如图 6-21 所示，桩身详图和设计说明，如图 6-22 所示。

1) 图 6-21 和图 6-22 是该建筑的桩基础平面布置图，是以 1∶100 的比例绘制的。经核对，其轴线及尺寸与建筑平面图一致。

2) 阅读设计说明，可知本工程基础采用螺旋钻孔压灌混凝土桩（简称压灌桩），根据××勘察研究院提供的“岩土工程勘察报告”，选用圆砾层为桩端持力层，桩径为 600mm，桩长不小于 12m，单桩竖向承载力特征值 R_a＝2 000 kN。

3) 本工程桩顶标高有两种，电梯井基坑处桩顶标高为－4.150m，其余桩顶标高－2.550m，桩中心具体位置，如图所示，图中带粗实线十字的圆即是桩身截面，粗实线十字的中心即是桩身的中心。

4) 桩的入土深度控制和配筋要求：桩端全截面进入圆砾层长度不小于 1.5 倍桩径，桩顶嵌入承台内的长度为 70mm（一般取 50～100mm）；桩身配筋主筋为 8⏀14（8 根 HRB335 级钢，直径 14mm），埋入桩内的长度取 2/3 桩长，锚入承台中的长度为 35d，故总长度为 8 560mm（12 000×2/3＋35×14＋70＝8 560）。

箍筋采用螺旋式箍筋，HPB235 级钢、ϕ8@100/200，在桩顶部 2 000mm 范围内间距 100，除此箍筋间距 200mm；为增强钢筋笼的稳固性而设置的加劲筋ϕ16 每 2m 一道。

5) 阅读设计说明，可知桩身混凝土强度等级 C30，主筋保护层厚度 50mm；试桩数量 3 根，锚桩主筋同样采用 HRB335 级钢，直径 22mm，8 根（8⏀22），但与工程桩不同的是，桩身纵筋和箍筋是沿全长配置的。

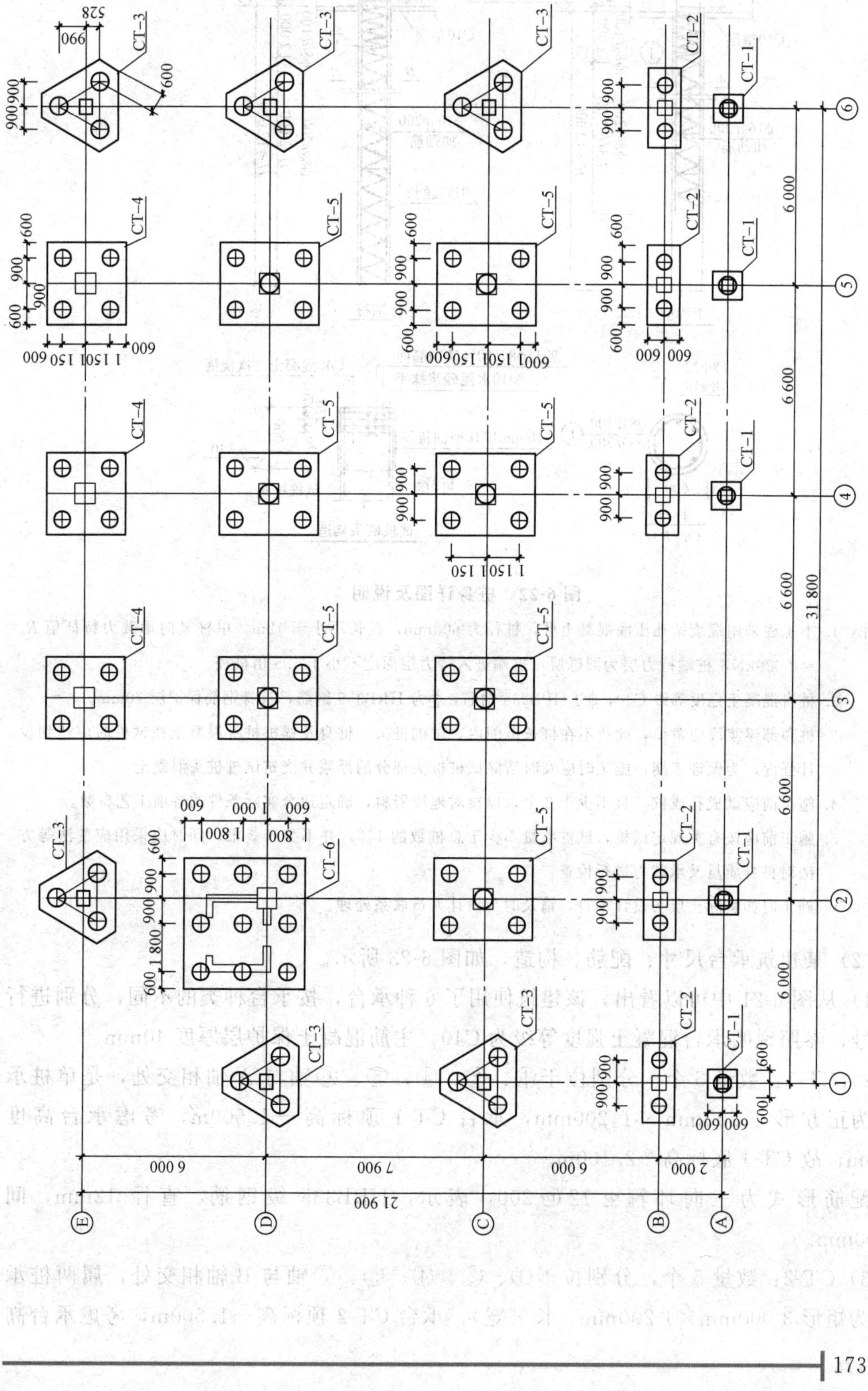

图 6-21　桩、承台平面布置图

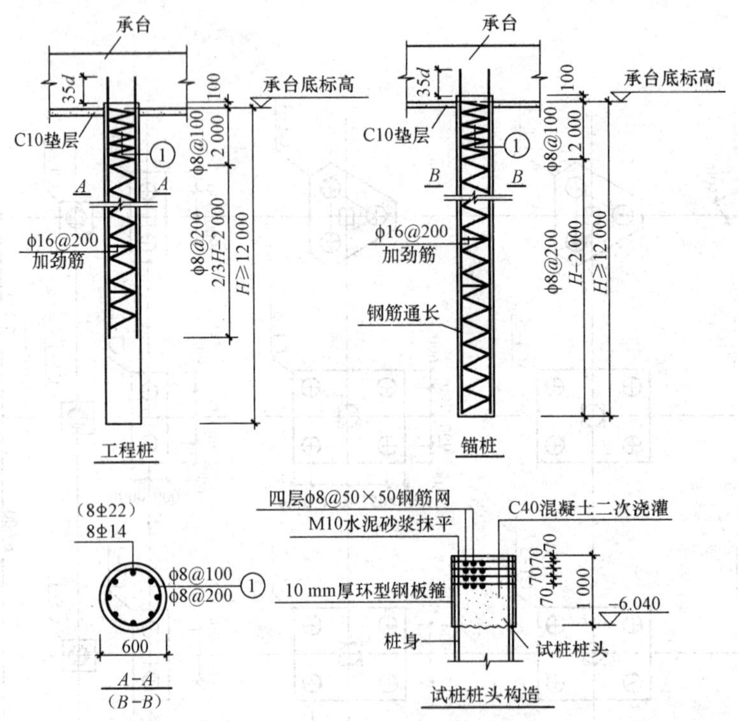

图 6-22　桩身详图及说明

注：1. 本工程采用螺旋钻孔压灌混凝土桩，桩径为 600mm，桩长不小于 12m，单桩竖向承载力特征值 R_a =2 000kN，桩端持力层为圆砾层，桩端进入持力层深度不小于 1.5 倍桩径。

2. 桩身混凝土强度等级 C30，ϕ为 HPB235 钢筋，Φ为 HRB335 钢筋，桩身钢筋保护层 70mm。

3. 桩顶部浮浆段应凿掉，此段不在桩长范围内，试桩桩头、桩身及锚桩桩身混凝土在试桩时应达到设计强度，为保证工期，施工时应及时清除试桩桩头部分的浮浆并浇筑试桩桩头混凝土。

4. 施工前应试成孔成桩，且不少于 2 个，以核对地质资料，确定适合实际条件的各项工艺参数。

5. 施工前应按有关规定试桩，试桩数量不少于总桩数的 1%，并不少于 3 根，同时应采用应变法等方法对桩身质量及承载力进行检查。

6. 施工时如实际土层与设计不符，请及时与设计人员联系处理。

（2）某建筑承台尺寸、配筋、构造，如图 6-23 所示。

1）从图 6-21 中可以看出，该建筑使用了 6 种承台，按承台种类的不同，分别进行了编号，参照说明承台混凝土强度等级为 C40，主筋混凝土保护层厚度 40mm。

2）CT-1：数量 5 个，分别位于①、②、④、⑤、⑥轴与 A 轴相交处，是单桩承台，为正方形 1 200mm×1 200mm，承台 CT-1 顶标高－1.500m，考虑承台高度 900mm，故 CT-1 底标高－2.400m。

配筋形式为三向环箍Φ 12＠200，表示：HRB335 级钢筋，直径 12mm，间距 200mm。

3）CT-2：数量 5 个，分别位于①、②、④、⑤、⑥轴与 B 轴相交处，属两桩承台，为矩形 3 000mm×1 200mm（长×宽），承台 CT-2 顶标高－1.500m，考虑承台高

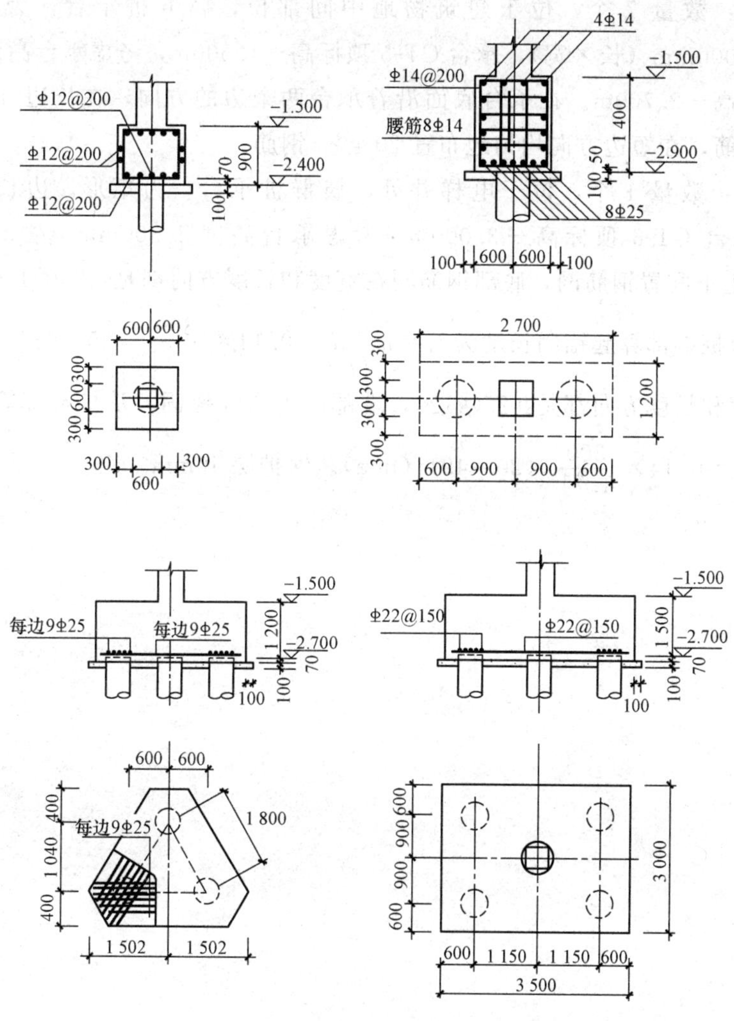

图 6-23　承台详图

度 1 400mm，故 CT-2 底标高－2.900m；两桩承台从受力的角度看就好比一根简支梁，因此它的配筋形式和简支梁的配筋形式相似，下部配置受力钢筋 10 ⏀ 25，上部配置为绑扎箍筋而设置的架立筋 4 ⏀ 14，箍筋为四肢箍⏀ 14@200；两侧配置侧面构造钢筋 8 ⏀ 14。

4）CT-3：数量 6 个，分别位于①、⑥轴相交处、②轴与 E 轴相交处，属三桩承台，承台的形状近似于一个三角形，但在角部做了 60°切角，承台 CT-3 顶标高－1.500m，考虑承台高度 1 200mm，故 CT-3 底标高－2.700m。CT-3 沿着三根桩的中心线，在承台下部配置了 9 ⏀ 25 的钢筋，同时钢筋之间间距为 100mm。

5）CT-4：数量 3 个，分别位于③、④、⑤轴与 E 轴相交处，属四桩承台，为正方形 3 000mm×3 000mm，承台 CT-4 顶标高－1.500m，考虑承台高度 1 200mm，故 CT-4 底标高－2.700m。在承台底面沿着承台两个边的方向均匀地布置 15 ⏀ 25 钢筋。

6）CT-5：数量 7 个，位于建筑物地中间部位，属五桩承台，为矩形，边长 3 500mm×3 000mm（长×宽），承台 CT-5 顶标高－1.500m，考虑承台高度 1 200mm，故 CT-5 底标高－2.700m。在承台底面沿着承台两个边的方向，在长边方向均匀地布置 22⏀25 钢筋，在短边方向均匀地布置 20⏀25 钢筋。

7）CT-6：数量 1 个，位于电梯井处，属群桩承台，为矩形，边长 4 800mm×4 800mm，承台 CT-6 顶标高－3.000m，考虑承台高度 1 300mm，故 CT-6 底标高－4.300m。上下配置钢筋网，底部钢筋网在宽度和长度方向都是⏀20@150，端部向上弯起锚固，从桩端部算起锚固长度为 $l_a=\alpha\frac{f_y}{f_t}d=0.14\times\frac{300}{1.71}\times25=614$（mm），顶部钢筋网在宽度和长度方向都是⏀25@120，端部向下弯起锚固，从桩端部算起锚固长度为 $l_a=\alpha\frac{f_y}{f_t}d=0.14\times\frac{300}{1.71}\times20=491$（mm）。保护层 40mm。

参考文献

[1] 中国建筑标准设计研究院 . 11G101－3 混凝土结构施工图平面整体表示方法制图规则和构造详图（独立基础、条形基础、筏形基础及桩基承台）[S] . 北京：中国计划出版社，2011.

[2] 中国建筑标准设计研究院 . 12G901－3 混凝土结构施工钢筋排布规则与构造识图（独立基础、条形基础、筏形基础及桩基承台）[S] . 北京：中国计划出版社，2011.

[3] 中华人民共和国住房和城乡建设部 . GB 50010—2010 混凝土结构设计规范 [S] . 北京：中国建筑工业出版社，2010.

[4] 中华人民共和国住房和城乡建设部 . GB 50007—2011 建筑地基基础设计规范 [S]. 北京：中国计划出版社，2011.

[5] 中华人民共和国住房和城乡建设部 . JGJ 3—2010 高层建筑混凝土结构技术规程 [S]. 北京：中国建筑工业出版社，2010.

[6] 中华人民共和国住房和城乡建设部 . GB 50176—1993 民用建筑热工设计规范 [S]. 北京：中国建筑科学研究院，1993.

[7] 张勇 . 建筑结构工程 [M] . 北京：中国建材工业出版社，2013.

[8] 上官子昌 . 11G101 图集应用——平法钢筋图识读 [M] . 北京：中国建筑工业出版社，2012.